海底地震勘测理论与应用

Ocean Bottom Seismic Theory and Application

阮爱国 等 编著

科学出版社

北京

内 容 简 介

本书对多年实践积累的海底地震（OBS）勘测相关技术进行了总结，对教科书中的一些相关的地震波基础理论作了解释性推导。全书共分9章，介绍了海洋地壳的特点、弹性本构关系和弹性波基本解与广义反射透射理论、地震波传播和分界面上的反射及透射、OBS 基本结构和信号特点、OBS 海上作业实用技术和数据处理技术、2-D 和 3-D 反演建模方法、横波和多次波的应用、天然地震的 OBS 接收函数和各向异性反演方法等。在主要章节中以 OBS 技术应用的大量实例，展示了在南海、西南印度洋中脊等地取得的研究成果。

本书适合从事海底地震勘测的科研人员以及高等院校相关专业的教师、高年级本科生和研究生阅读使用。

图书在版编目（CIP）数据

海底地震勘测理论与应用/阮爱国等编著. --北京：科学出版社，2018.6
ISBN 978-7-03-057732-0

Ⅰ. ①海… Ⅱ. ①阮… Ⅲ. ①海底-地震勘探-研究 Ⅳ. ①P631.4

中国版本图书馆 CIP 数据核字（2018）第 115706 号

责任编辑：孟美岑 陈娇娇/责任校对：张小霞
责任印制：肖 兴/封面设计：北京图阅盛世

科 学 出 版 社 出版
北京东黄城根北街16号
邮政编码：100717
http://www.sciencep.com

北京画中画印刷有限公司 印刷

科学出版社发行 各地新华书店经销
*

2018 年 6 月第 一 版 开本：787×1092 1/16
2018 年 6 月第一次印刷 印张：14
字数：314 000

定价：178.00 元
（如有印装质量问题，我社负责调换）

前　言

　　人们关于地球内部结构的认识主要来自地震观测，其他方法起辅助和佐证作用。因为地球是一个半径达 6370 km 左右的巨型实体球，人根本无法进入。地球从外向里，分为地表、地壳、地幔、地核，每一层还可做更精细的划分，如地幔中的软流层。这些知识主要是根据地震波传播的一些现象和规律获得的，而其他方法难以达到地球内部的深处。例如，钻探方法，最深也只有 10 km 左右，连地球的表皮都钻不透（地壳平均厚 35 km）。地震波在地球内部的传播，可以为地表观测站带来其内部各种分层界面和内部弹性结构（主要由速度来表达）的信息，称为震相。通过分析、计算各种震相的传播路径、旅行时间及波动振幅的衰减可以反推地球的内部结构和物质变化。然而，地球是一个复杂的系统，只知道一个平均的地球结构还不能满足人们的好奇心和各种科学研究的需求。要想知道某一区域更详细的结构，就需要做更细致的观测和研究，用地震方法给地球做 CT 就是这个目的。就像现代化的医院一样，用医学 CT 或核磁共振仪产生射线，对人体进行扫描，获得影像，从而确定身体某个部位是否有异常。利用地震射线做 CT，又称为地震层析成像，既可利用地球本身不断发生的天然地震，也可用人工方法产生地震波（核爆、炸药、机械振动），后者因为能量有限，价格昂贵，更适用于一个小区域或工程场地的层析成像。

　　不巧的是，地球表面的三分之二是海洋，而地震观测台站主要分布在陆地和零星的海岛，所以如何对海洋下面的地球深部结构做 CT 是个难题，特别是要克服上覆几百米至几千米的海水层造成的障碍。目前有两个办法：一是利用陆地台站观测到的经过海洋区域的地震波，特别是长波长的面波震相，但分辨率较差；二是在想了解其细致深部结构的海区，临时布设地震台进行观测。就后者而言，需解决的问题有：什么样的地震观测仪适用于海洋？使用什么样的震源？如何布设和回收地震仪？为此，已经想出了各种办法，其中的"海底地震仪"是目前研究海底深部构造最常用的工具。海底地震仪（ocean bottom seismometer，OBS）是将检波器直接放置在海底的一种地震观测系统，既可用于天然地震的观测（宽频带 OBS），也可用于人工源地震探测（宽频带和短周期 OBS 均可）。与传统的船载拖曳式多道地震系统相比，其主要特点包括：一是直接与海底接触，所以除了可以记录 P 波以外，还可以记录 S 波（对于人工源，震源仍在水面上，所以 S 波均为地层内部的转换波）；二是 OBS 除了用于小偏移距的反射地震调查外，主要用于大偏移距的广角反射/折射调查和天然地震观测，用于探测地壳深部和地幔结构；三是观测环境噪声低、精度高、信号分辨率高。OBS 人工源的做法是：首先，将一定数量的 OBS 按一定间距沿测线（2-D）和台阵（3-D）进行投放。其次，沿测线以气枪为震源进行炸测。向下传播的地震波通过海底面、沉积层、地壳各分层和莫霍面及地幔内部的反射和折射后，再向上传播被各个 OBS 记录；对回收的 OBS 原始记录进行各种校正，如 OBS 位置、炮点坐标、时间漂移、滤波等。最后，根据地震学理论，用射线追踪的正、反演技术，获得海洋下面的深部地壳和地幔速度结构。对单一测线获得 2-D 结构，对台阵则获得 3-D 结构。天然地震观测不需要专门的地震船和气枪，只是将一定数量的 OBS 投放到预定的海底坐标点位，观测一定时间（越长越好），记录海底本身的微震和发生在全球各地的大震。对经过滤波等处理后的记录，根据地震学理论，用各种方法研究 OBS 下方的地壳、岩石圈或更深的地幔和地核的速度结构。常用的有微震的定位和投影、远震接收函数反演、S 波各向异性反演、噪声反演等。

我国的 OBS 工作已经历了一个较长的发展过程。早先，我国内地只有中国科学院南海海洋研究所、中国科学院海洋研究所曾开展过 OBS 工作，但都是通过参与国际合作项目或与台湾地区合作，没有实际操作 OBS 的经历。中国科学院地质与地球物理研究所从 20 世纪 90 年代开始研制 OBS，并在南海东沙等地率先开展了人工源试验，设备最终获得成功并定型于 2010 年前后，为我国 OBS 的发展起到了重要的支撑作用。笔者于 2006 年率国家海洋局第二海洋研究所海底地震与深部构造课题组和中国科学院南海海洋研究所丘学林研究员的课题组合作，在中国南海大陆架工作中，引进德国 GeoPro 公司研发的 15 套短周期 OBS，在南海北部陆缘完成了三条总长约 1200 km 的长距离广角地震剖面，这是我国首次自主完成的正式的 OBS 探查项目。随后，在国家 973 项目和国家自然科学基金项目的支持下，国家海洋局第二海洋研究所与中国科学院地质地球物理研究所和南海海洋研究所合作，在南海北部边缘、南沙海域、中央海盆和礼乐滩等地完成了多条广角地震剖面和 3-D 地震探测台阵。2010 年国家海洋局第二海洋研究所牵头，与中国科学院南海海洋研究所、北京大学和法国巴黎地球物理研究所（IPGP）合作，在我国首次发现热液喷口的超慢速西南印度洋中脊开展了深部结构 3-D 层析成像调查，取得了丰硕成果。除了以上单位外，目前国内开展 OBS 调查与研究的单位越来越多，如国家海洋局第一海洋研究所、中国科学院海洋研究所、中国地质调查局青岛海洋地质研究所、福建省地震局、同济大学、广州海洋地质调查局等，调查区域为中国南海、东海、台湾海峡、马尼拉海沟、马里亚纳海沟、西南印度洋中脊、南极普里兹湾和非洲莫桑比克海峡。特别是汪品先院士主持的国家自然科学基金委员会重大研究计划"南海深海过程演变"在南海开展了全方位的 OBS 调查。

多年的实践为我国的海底地震调查与科研工作积累了许多宝贵的经验，同时也发现了一些问题。特别是与其他海洋地球物理调查手段相比，海底地震调查还没有建立行业或专项标准，也没有一本较全面的教材可供借鉴或用于人员培训，大都是各行其是，在项目验收时没有具体的质量标准或技术指标或参数来对调查资料进行评定。另外，OBS 在中国还是一项较新的技术，使用的单位日渐广泛，但也存在各种技术难题，导致设备损失严重，特别是近年在南海的工作。本书的编写就是基于上述考虑，将我们团队多年来积累的、被证明是比较好的 OBS 相关技术进行总结，包括海上作业、数据处理和反演建模，与大家分享，同时也是抛砖引玉之作，以便得到业内专家的指导。从 20 世纪 80 年代读大学算起，笔者从事地震科研工作已有 30 多年，常需要查阅地震波和弹性理论教科书的某些具体原理、公式，往往感到十分麻烦，因为众多的专业书籍或是长篇大论，或是不作推导地引用，或是基础理论的重复（如弹性动力学方程的推导），想要得到一个简明解答而不可得。为此，本书根据笔者的亲身体验和对前人著作的学习笔记，对一些工作中经常遇到的公式进行了引用、解释和推导，以方便读者。

本书是笔者和课题组的同事、学生及外单位合作者多年工作的阶段性总结，是大家共同努力的结果。在此感谢多年来与我密切合作的同事和朋友，他们是李家彪院士、丘学林研究员、赵明辉研究员、郝天珧研究员、游庆瑜研究员、楼海研究员、吴庆举研究员、陈永顺教授、王彦宾教授等；感谢多年来曾随我学习或工作的学生，他们是吴振利、李湘云、薛彬、卫小冬、牛雄伟、刘宏扬、潘少军、张洁、于志腾、王新洋、郭衍龙、胡昊、王奥星、王伟。特别要感谢对本书多个章节的编写做出直接贡献的卫小冬博士（第6、8章）、牛雄伟博士（第6、7章）、张洁博士（第1章）和胡昊博士生（第9章）。衷心感谢国家海洋局海底科学重点实验室的领导和全体同事多年来对海底地震和深部构造学科组的支持与帮助。本书获得了国家自然科学基金（91228205，41576037）的资助。

书中的疏漏之处在所难免，诚心希望读者予以指教和批评。愿本书的读者和我们一起努力，为我国的海底地震和深部构造学科的发展做出更大的贡献。

阮爱国

2018 年 1 月 18 日

目　　录

第1章 海洋地壳结构的主要特点

海底地震仪（OBS）人工源探测或天然地震观测，目标是揭示海底下面的地壳/洋壳、岩石圈和地幔等圈层结构。不管是用正演模拟还是用反演方法，都离不开初始模型这一基础。另外，地球物理的结果最终还是要通过地质故事来表达，因此有必要掌握海洋地壳结构的一些主要特点。海洋深部构造的研究区域十分宽广，从大洋向大陆方向，分别有洋中脊、洋盆、海山、海沟、岛弧、边缘海盆地、洋陆过渡带、大陆架等不同地质单元，其结构各具特点。作为本书的起点，本章根据教科书的相关内容和前人研究成果，对全球海洋不同单元的地壳结构的特点做一简要梳理，以方便读者。

1.1 标准洋壳

海洋地壳（简称洋壳，下同）是海洋岩石圈的重要组成部分，洋壳厚度一般为 5～15 km（White *et al.*，1992；任建业，2008），具有三层结构特征（图 1-1）。洋壳传统模型的表层是喷发的枕状玄武岩和席状流，下面是席状岩墙，下地壳的组成是辉长岩，来自于岩浆的结晶。地震结构通常也是以层状结构来表述，层 2A 是表层几百米厚的低速层（层 1 是位于玄武岩地壳上的沉积层，速度和厚度的区域性差别相当大）；层 2B 是一个过渡区域，此处 P 波速度向下迅速增加，层 3 的垂直速度梯度较小，具有较高的 P 波波速，为 6.5～7.0 km/s。大量的调查表明，地震层与岩石圈层并不是严格对应的，地震层主要受控于孔隙度。中地壳至下地壳（层 3），同时包含了岩墙和辉长岩体（Forsyth，2011）。

图 1-1 所示的是不同学者提出的各种标准洋壳结构模式，模型 1（Shor *et al.*，1970）和模型 5（Kennett，1982）没有中间层，模型 2、3（Woollard，1975）和模型 4（Parsons

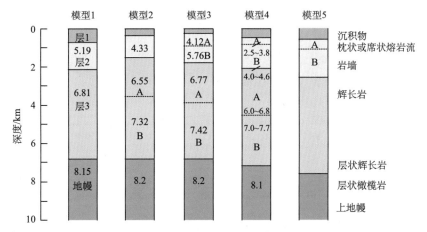

图 1-1 各种标准洋壳的结构模式

图中的数字代表 P 波速度，单位为 km/s

and Sclater, 1977)是具有中间层的太平洋构造模式，层 3 被进一步划分为层 3A 和层 3B。在模型 3、4 和 5 中，将层 2 进一步划分为层 2A 和层 2B，现在一般认为层 2 的进一步划分（分为 2 个部分或是 3 个部分）是较为合理的（Houtz and Ewing, 1976）。由于沉积层的厚度和速度存在很大的区域性变化，在不考虑沉积层厚度的情况下，根据图 1-1 所给出的模式可知，洋壳厚度在 6～7 km，速度值存在一定的差异。但对洋壳结构的深入研究发现，由于洋壳所处的地理位置不同、形成阶段不同，洋壳结构特征存在着很大的差异，传统的标准模式已经不能完全概括洋壳的特点，本章将从大洋中脊、深海盆和大陆边缘这个次序，介绍洋壳结构及其主要特点。

1.2 洋 中 脊

洋中脊是遍布全球海底的巨型隆起构造，根据板块构造理论，由于地幔对流，岩浆在洋中脊处上涌形成新洋壳，然后向两边扩张，所以洋中脊也称大洋扩张中心，是地球系统的重要组成单元。洋中脊的发现源于 19 世纪美国水文学家 Matthew Fontaine Maury 对深海声学方法的发展，通过新的技术方法得到了第一张北大西洋水深变化图（Maury，1967）。1872～1876 年英国"H.M.S.挑战者"号的环球科考是对洋中脊第一次系统的调查（Thomson，1877）。长期大量的科学考察最终确定了洋中脊贯穿于全球洋底，长度超过 65000 km（图 1-2）（Searle，2013）。

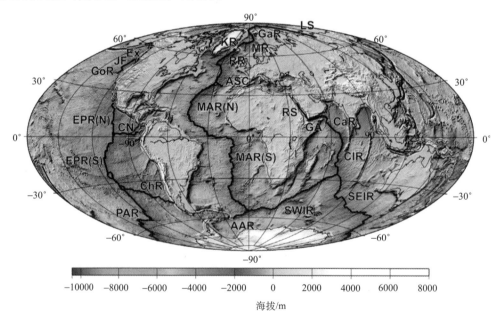

海拔/m

图 1-2 全球地形与洋中脊分布图（Searle，2013）

图中粗黑线代表洋中脊，边缘海盆洋中脊此处省略。AAR. American-Antarctic Ridge；ASC. Azores Spreading Centre；CaR. Carlsberg Ridge；ChR. Chile Rise；CIR. Central Indian Ridge；CN. Cocos-Nazca Spreading Centre；EPR. East Pacific Rise（north and south）；Ex. Explorer Ridge；GA. Gulf of Aden；GoR. Gorda Ridge；GaR. Gakkel Ridge；JF. Juan de Fuca Ridge；KR. Kolbeinsey Ridge；LS. Laptev Sea Rift；MAR. Mid-Atlantic Ridge（north and south）；MR. Mohns Ridge；PAR. Pacific-Antarctic Rise；RR. Reykjanes Ridge；RS. Red Sea；SEIR. Southeast Indian Ridge；SWIR. Southwest Indian Ridge

边缘海盆的扩张中心具有大洋中脊类似的功能，通常也将其归类为洋中脊（Searle，2013）。板块分离的速度从几毫米每年到 160 mm/a，在过去的某些时间段内存在更快的速度（Müller *et al.*，2008）。如表 1-1，根据扩张速率可以将洋中脊划分为超快速扩张洋中脊、快速扩张洋中脊、中速扩张洋中脊、慢速扩张洋中脊和超慢速扩张洋中脊。

表 1-1　洋中脊分类（Searle，2013）

类别	全扩张速率/(mm/a)	参考文献	例子
超快速扩张洋中脊	130～150	Sinton *et al.*，1991	20°S 东太平洋海隆
快速扩张洋中脊	90～130	Lonsdale，1977	13°N 东太平洋海隆
中速扩张洋中脊	50～90	Lonsdale，1977	胡安·德富卡海岭
慢速扩张洋中脊	20～50	Lonsdale，1977	北大西洋中脊
超慢速扩张洋中脊	<20	Grindlay *et al.*，1998	西南印度洋脊、北冰洋 Gakkel（加克）洋中脊

洋中脊通常会被转换断层和叠加洋脊错开或分段。地震波的传播为我们提供了探测洋中脊结构特征最为直接的方法之一。地震波速、地震波的各向异性受温度、组成、岩浆存在的影响。精细尺度的地壳和上地幔结构的层析成像，主要来自于主动源地震试验，如主动源海底地震仪探测，拖在船后的长排列水听器。大尺度和更深部的地幔结构，主要通过使用海底或陆地台站所记录的一段时间内的（几个月或几年）的远震信息来探测（Forsyth，2011）。

洋中脊的地壳结构相对于标准洋壳，不仅厚度显著减小（轴部厚度仅为 2 km 或者更小），而且还在轴部年轻洋壳的地震速度剖面上发现了低速洋壳和异常的壳幔混合层。低速洋壳层 P 波速度约为 5.0 km/s，位于海底之下几百米至几千米，该低速区域与中脊轴部之下岩浆房局部熔融的高温岩有关，壳幔混合层的 Pn（沿上地幔顶部莫霍面传播的折射波）速度为 7.2～7.8 km/s，高于洋壳底而低于上地幔的波速度。出现异常上地幔的中脊底下的莫霍面难以识别，Pn 速度一般为 7.9～8.1 km/s，Pn 速度小于或等于 7.8 km/s 的上地幔层称为异常上地幔（Minshull，2002；吴时国和喻普之，2006）。

洋中脊在不同海域也有不同的表现，如慢速扩张的大西洋中脊轴部部分地段缺失层 3，层 2 直接上覆于异常地幔之上。虽然层 2 较厚，但因完全缺失层 3，整个地壳厚度明显减薄。快速扩张的东太平洋海隆和其他一些洋中脊地段虽然有层 3 覆盖于异常上地幔之上，但因层 3 较薄和层 1 的缺失或极薄，整个地壳厚度还是比较薄的（吴时国和喻普之，2006）。

1.2.1　超快速和快速扩张洋中脊

超快速和快速扩张洋中脊（>90 mm/a）在形态上呈现为光滑而平缓隆起的海隆，轴部水深浅，如 20°S、9°N 和 13°N 东太平洋海隆等（图 1-3）。在轴部，洋中脊下通常存在着一个几千米宽的地幔低速区，此处的低速带指示岩浆的上涌区域。靠近莫霍面，下地壳低速带变窄，只有 7～8 km（Dunn *et al.*，2000）。在这个低速区域的上面存在着一个低速层，主要是扩张速度的降低或是破裂带的存在所导致的（Singh *et al*.，2006），其宽度在 250 m 至几千米内变化，通常用轴部岩浆房或熔融岩墙的存在来解释，厚度通常小于 100 m。通过模拟广角反射地震中的 P-S 转换波发现，沿着洋脊岩浆房的熔融程度的变化从 100%至小于 30%（Singh *et al*.，1998；Canales *et al*.，2006）。对于深部地壳中熔融量的估计（考虑了熔融和结晶的最小值），下地壳为 2%～8%，上地幔附近为 3%～12%（Dunn *et al*.，2000）（图 1-4）。

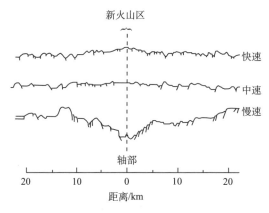

图 1-3　海底扩张，轴部洋中脊的断层形式和地貌特征（修改自 Macdonald，1982）

纵向相对横向放大 4 倍

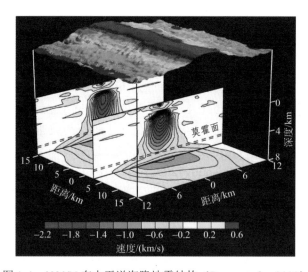

图 1-4　9°30′N 东太平洋海隆地震结构（Dunn *et al*.，2000）

　　此外，Orcutt 等（1976）通过主动源海底地震仪调查发现在 9°N 东太平洋海隆下 2 km 处存在显著的低速区域。洋壳的速度从表层的 5.3 km/s 增加到 2 km 处的 6.7 km/s，其下存在着一个低速通道，厚约 1.4 km，速度降低为 4.8 km/s。低速带下方 P 波速度从 6.2 km/s 逐步增加到 6.8 km/s，上地幔的速度为 7.7 km/s，距离海底面约 6 km。洋壳层状结构不明显，海底 2 km 下的低速可能指示了部分熔融或是岩浆房（图 1-5）。

1.2.2　中速扩张洋中脊

中速扩张中心的扩张速率为 50～90 mm/a，目前的研究表明，此类洋中脊的发育受到了岩浆循环和构造活动的共同作用（Kappel and Ryan，1986；Kappel and Normark，1987；Smith *et al.*，1994；Perfit and Chadwick，1998）。对于扩张中心主要受控于岩浆过程还是构造运动的关键是地壳内是否存在岩浆系统（Perfit and Chadwick，1998）。Van Ark 等（2007）通过多道反射地震调查，在胡安·德富卡海岭 Endeavour 洋脊段不同轴部区域都发现了壳内岩浆房的存在，位于洋中脊下方 2.1～3.3 km 处，在地震波速度上表现为低速的现象（图 1-6）。胡安·德富卡海岭其他洋中脊处的地震调查也表明洋脊段下存在轴部岩浆房（Canales *et al.*，2005，2006；Carbotte *et al.*，2006；Van Ark *et al.*，2007）。而且岩浆房的深度对于轴部洋中脊的地貌（轴部地堑的存在与否）（图 1-7）有很大的影响，因而轴部地貌主要是岩浆作用导致的，构造活动的作用很微弱（Carbotte *et al.*，2006）。中速扩张洋中脊和快速扩张洋中脊地貌和热液结构的不同与岩浆房的深度有关，中速扩张洋中脊的岩浆房位于海底以下 2～3.3 km，存在轴部地堑（图 1-7），而快速扩张洋中脊的岩浆房位于海底以下 0.5～1.5 km（Kent *et al.*，1993），轴部表现为光滑的海隆型（图 1-3）（Van Ark *et al.*，2007）。层 2A 的增长和快速扩张洋脊类似（Carbotte *et al.*，2006），然而在中速扩张洋脊不同洋脊段（Cleft、Vance 和 Endeavor Segments）轴部的层 2A 增长也存在着不同，指示了上地壳不同的形成和增生模式，有可能与岩浆供给有关（Canales *et al.*，2005）。

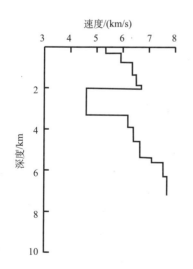
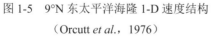

图 1-5　9°N 东太平洋海隆 1-D 速度结构
（Orcutt *et al.*，1976）

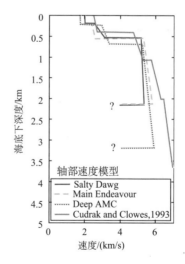

图 1-6　胡安·德富卡海岭的 Endeavour 洋中脊
1-D 速度结构（Van Ark *et al.*，2007）

地震折射调查中发现，胡安·德富卡海岭的 Endeavour 洋脊段轴部层 2A 具有很低的 P 波速度（2.6～2.8 km/s），平均厚度仅为 0.4 km，变化范围可达 0.2 km，层 2B 和层 2C 的速度相对于平均速度（层 2B 为 4.8～5.37 km/s，层 2C 为 5.81～6.34 km/s）而言高出 0.4～0.6 km/s，但这些数值主要限制于洋中脊下方 2 km 宽的范围内。层 3 的 P 波速度在洋中脊底下降低了 0.1～0.2 km/s（为 6.5～7.3 km/s），可能受高温的影响（Cudrak and Clowes，1993）（图 1-8）。Van Ark 等（2007）的研究发现 Endeavour 洋中脊层 2 表层 P 波速度约为 2 km/s，在海底下 2.1 km 和 3.3 km 处 P 波速度可达 5.7 km/s 和 6 km/s，其下存在一个低速区，P 波速度降低为 4 km/s，此处的低速被认为是岩浆房所导致的。McDonald 等（1994）在胡安·德富卡海岭 45°N，北部 Cleft 洋中脊的地震调查中指出洋壳上部速度很低，从表层的 2.56 km/s 增加到底部的 2.76 km/s，层 2A（玄武岩层）的厚度为 0.2～0.55 km，平均厚度为 0.35 km。

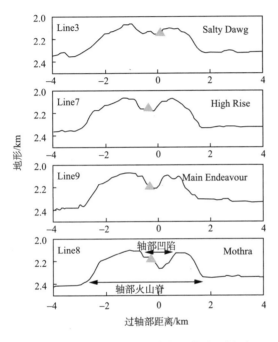

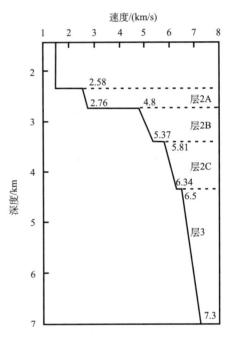

图 1-7　Endeavour 轴部隆起处的地形剖面（Van Ark *et al.*，2007）

三角形代表喷口的位置

图 1-8　胡安·德富卡海岭的 Endeavour 洋脊段平均 1-D 速度模型（Cudrak and Clowes，1993）

1.2.3　慢速扩张洋中脊

慢速扩张洋中脊（20～50 mm/a）在地形地貌上表现为具有深、粗糙和高幅度的轴部裂谷状（图 1-3），裂谷沿着洋中脊走向展布，两侧为裂谷山脊。在谷底和谷壁存在许多正断层，显示洋底地壳承受巨大的张力作用（吴时国和喻普之，2006）。但在岩浆供应量较大的区域，如大西洋中脊冰岛段（靠近热点），其地形地貌与快速扩张洋脊类似，呈现出海隆形。

在慢速扩张洋中脊，沿轴方向的各段间的结构存在着显著的变化。一般而言，接近转换断层容易呈现出更深和更宽的轴部裂谷形态，以及更薄的地壳（Hooft *et al.*，2000；Hosford *et al.*，2001；Dunn *et al.*，2005）。在破裂带内，玄武岩地壳的厚度仅为 1 km 或是更薄，但在地震探测中可能存在一个几千米厚的破裂带，地震速度上表现为低速，类似于地壳。破裂带中的低速可能是地幔物质与水相互作用导致的。靠近洋脊中段有着最浅的水深、最厚的地壳厚度，速度降低，表明地幔的熔岩流被输送到了洋脊段的中心处（Rabinowicz *et al.*，1993；Sparks *et al.*，1993；Magde *et al.*，1997）。由此看来，在洋脊段中部，岩石圈应该更薄、更热、更脆弱。海底扩张更多是岩浆作用主导的，而末端是构造作用主导的（Cannat，1993；Tucholke and Lin，1994；Gràcia *et al.*，1999；Rabain *et al.*，2001）。慢速扩张洋脊不同于快速扩张洋脊的一个主要特征是，在慢速扩张洋脊海底通常会出露下地壳或者上地幔的超镁铁质岩石。拆离断层表面，叫做窗棱构造，被认为是长期活动的低角度正断层的底盘（Canales *et al.*，2004），通常发育在洋脊段末端的转换断层的内角上，会出露大量的下地壳和上地幔物质。

在北大西洋 23°20′N 的 2-D 折射地震实验（Canales *et al.*，2000b），35°N 的 3-D 地震试验（Hooft *et al.*，2000；Dunn *et al.*，2005）中探测到在中到下地壳处有低速带的存在（图 1-9）。在热点附近的地震学研究发现其地壳内有着明显的岩浆系统。在 Reykjanes 洋中脊的地震调查结果表示在地壳内有着一个浅的岩浆房，显示出一个大范围的低速区域。在

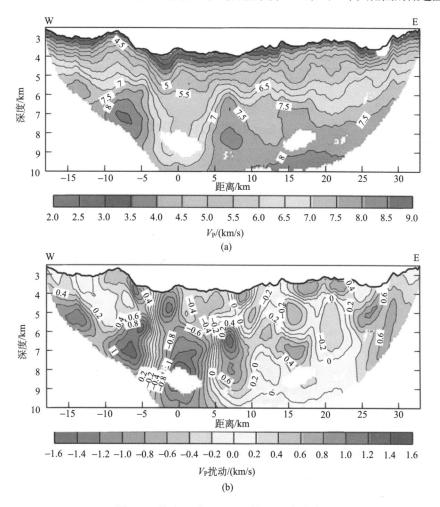

图 1-9　北大西洋 23°20′N 的 2-D 地震结果

Reykjanes 洋中脊的地壳结构和快速扩张洋脊的结构更为类似，其岩浆供给充足，地幔温度更高。在大西洋南部的 Azores islands 存在着热点，地震调查的结果也显示出壳内岩浆房（Singh *et al.*，2006）。岩浆房和热液区域的位置表明，这些岩浆房为活动热液喷口输送热量。

　　大西洋中脊 35°N 区域的研究较为详细，Hooft 等（2000）利用折射地震数据精细地揭示了大西洋 35°N 附近的三段洋中脊的地壳结构（图 1-10，图 1-11）。研究表明每段洋

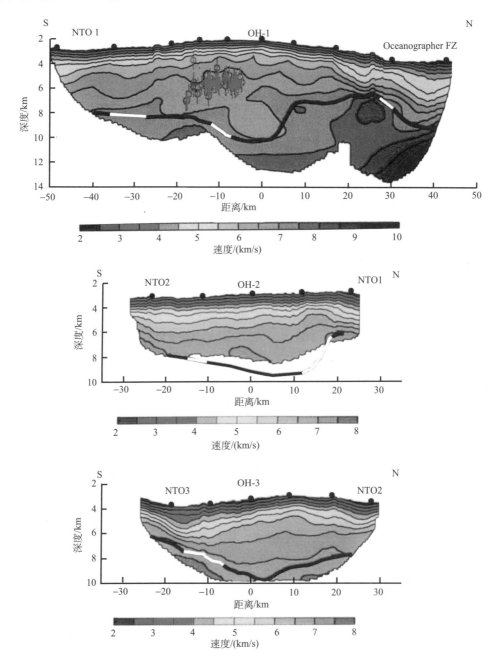

图 1-10　大西洋洋中脊段（从左侧为非转换不连续到右侧的破裂带）的 P 波速度模型（Hooft *et al.*，2000）

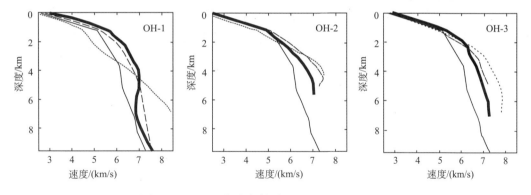

图 1-11 1-D 平均速度剖面（Hooft *et al.*，2000）

洋中脊中段为粗黑线，非转换不连续为长虚线，洋中脊破裂带为短虚线

中脊中段厚度最大，可达 8.1 km、6.9 km 和 6.6 km，每段洋中脊的平均厚度相近，为 5.6 km、5.7 km 和 5.1 km。洋中脊段末端的地壳厚度减薄，为 2.5～5 km。在靠近洋中脊中段的地方层 2 的 P 波速度迅速增长，到海底下为 1.5～5.5 km/s，然后在海底 3 km 下增加为 6.5 km/s。层 3 的速度从顶部的 6.5 km/s 增长到底部的 7.2 km/s（除 OH-1 剖面）。在 OH-1 剖面洋中脊中段层 3 内部存在速度降低的现象，低速的存在表明部分熔融的存在。在洋中脊破裂带处的地壳速度与洋中脊中段存在着很大的差异，典型的速度梯度较低的洋壳层 3 并不存在。除了在洋中脊破裂带处上地幔的 P 波速度增加为 7.8 km/s，三个洋中脊段上地幔顶部的速度均为 7.4 km/s。

总体而言，慢速扩张洋中脊相对于快速扩张洋中脊，洋壳在 1～2 km 很窄的区域内发育，但通常发生在整个轴部裂谷内（Barclay *et al.*，1998）。在洋脊段末端，低速区域存在于轴部或者离轴区域，主要由于强构造拉伸作用下形成的裂缝和断裂。在洋脊段末端的洋壳通常缺少层 2 到层 3 的过渡带，上地壳低速区会异常厚（Sinha and Louden，1983；Canales *et al.*，2000a；Hosford *et al.*，2001），而地壳到地幔的过渡区出现在 3 km 的深度（Canales *et al.*，2000a；Dunn *et al.*，2005）。在洋脊段中心处，洋壳内通常存在着一个低速带延伸到地幔（Hooft *et al.*，2000；Dunn *et al.*，2005），推测为部分熔融所导致的。

1.2.4 超慢速扩张洋中脊

对于超慢速扩张洋中脊（扩张速率小于 20 mm/a）的研究主要集中在西南印度洋中脊，北冰洋的 Gakkel 洋中脊、Mohns 洋中脊、Knipovich 洋中脊（KR），美洲-南极洲洋中脊（Snow and Edmonds，2007）。早期针对超慢速扩张中心地壳结构的调查中指出，其地壳厚度很薄，平均厚度为 2.5～4.5 km（Géli *et al.*，1994；Kodaira *et al.*，1997，1998；Klingelhöfer *et al.*，2000；Coakley and Cochran，1998；Ritzmann *et al.*，2002；Cochran *et al.*，2003；Jokat *et al.*，2003）。但近期有科学家通过地球化学和地球物理的方法指出在西南印度洋中脊在 35°30′E、52°20′E 和 50°25′E 处存在着厚地壳（Niu *et al.*，2015）。超慢速扩张洋脊速度结构总结见表 1-2。

表 1-2　超慢速扩张洋脊速度结构总结（Jokat and Schmidt-Aursch，2007）

剖面	站位	水深/km	地壳厚度/km	层 2 V_P/（km/s）	层 3 V_P/（km/s）	V_{Pn}/（km/s）	位置	类型
Western Volcanic Zone								
20010170	171	3.8	3.2	2.4~3.6	—	7.6		1
	172	3.8	1.2	3.2~4.3	—	7.6		1
20010180	181	3.8	4.9	2.4~5.2	—	7.6		2
20010190	191	4.0	2.5	3.0~5.0	—	7.7		2
Sparsely Magmatic Zone								
20010150	151	4.9	2.5	3.5~5.4	—	7.4	NTS	2
	152	—	—	—	—	—		
20010160	161	4.0	1.4	4.0~6.0	—	7.7	NTS/R	3
20010200	201	4.7	1.9	3.4~4.9	—	7.8	R	2
20010210	211	4.5	2.1	3.9~6.2	—	7.7	NTS	3
Eastern Volcanic Zone								
20010220	221-W	4.0	2.7	3.0~6.4	—	7.6	NTS/R	2
	221-E	4.0	2.7	4.2~6.1	—	7.6	NTS	3
	222	4.5	2.6	3.9~5.4	—	7.6	NTS	2
20010230	231	4.3	2.7	3.0~4.2	—	7.5	NTS	1
	232	4.0	3.3	3.2~6.1	—	7.7	R	2
20010240	241	4.5	2.9	3.6~4.9	—	7.7	NTS	1
	242	—	—	—	—	—		
20010250	251	4.8	3.5	3.2~6.0	—	7.7	R	2
Knipovich	Ridge[a]	3.2	3.7	4.0~4.5	—	8.0		
Knipovich	Ridge[b]	3.4	5.5	3.5~7.1	—	7.6		
Mohns	Ridge[c]	3.2	4.0	2.5~3.0	5.8~6.8	7.2~7.6		
SW Indian	Ridge[d]	3.0~4.2	3.0~6.0	3.0~6.4	6.5~7.0	8.0		
Molloy	Rideg[e]	2.0	4.0	—	6.6~7.1	7.9		

Jokat 和 Schmidt-Aursch（2007）在北冰洋的 Gakkel 洋中脊西段的研究中发现，沿着 Gakkel 洋中脊其洋壳厚度总体地壳非常薄，由一层高速度梯度的岩浆岩组成，缺少标准洋壳的层 3。在岩浆聚集的洋中脊段，洋壳厚度可达 3.5 km，在非岩浆作用段洋壳厚度减薄，仅为 1.4~2.9 km，洋壳层 2 表层的速度都相对较低，为 2.4~4.2 km/s，在其莫霍面存在一个很大的速度间断，从 6.4 km/s 直接变化到约 7.4 km/s。

Niu 等（2015）基于海底 OBS 广角地震数据，在 49°17′~50°49′E 西南印度洋中脊开展了地壳结构的研究。速度模型（图 1-12）揭示出洋壳层 2 的厚度变化小，洋壳层 3 的厚度和莫霍面的深度存在较大变化（Li et al.，2015；Niu et al.，2015；Zhao et al.，2013）。从第 29 段洋中脊中央向东，经非转换不连续（NTD）至龙旂活动喷口热液区（模型中 0~29 km），洋壳层 2A 与 2B 厚度分别为 0.5 km 和 1.8 km，洋壳层 3 平均厚 2.8 km，莫霍面埋深 8.6 km，地壳厚约 5.1 km。第 28 段（模型中 29~56 km），洋壳层 2A 厚 0.8 km，海底表层速度变化大（2.4~4.1 km/s）。洋壳层 2 厚度变化不大，约 1.9 km。下地壳平均厚度约 3.0 km，莫霍面埋深约 8.6 km。第 28 段东端和 NTD（模型中 56~66 km），洋壳层 2B 达 2.4 km，顶界面速度稍低（4.0~4.4 km/s），洋壳层 3 厚约 2.4 km。在第 27 段（模型中 66~138 km），洋壳层 2A 与 2B 在厚度上变化都较大（分别为 0.5~1.1 km 和 0.9~1.5 km），海底面速度最低为 1.8 km/s。洋壳层 3 大大增厚（达 8.2 km），地壳最厚处达 10.2 km。上地幔速度为 8.0 km/s。

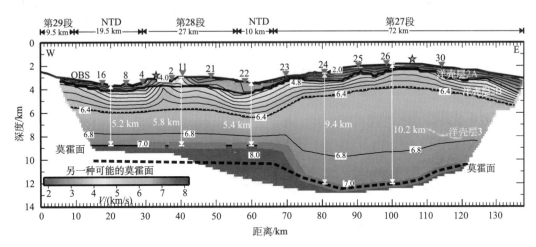

图 1-12　西南印度洋中脊沿轴测线的地壳模型和速度结构（Niu *et al.*，2015）

1.3　深海盆地

　　深海盆地位于大洋中脊与大陆边缘之间，水深 2000~3000 m 到 5000~6000 m 的洋底地域，西太平洋边缘海盆地（如千岛盆地、日本海、冲绳海槽、四国盆地、帕里西维拉海盆、西菲律宾盆地、南中国海盆地等）具有类似特征，通常也将其归为深海盆地。盆地内的洋壳与标准洋壳一致，具有三层地壳结构（图 1-1）。第一层（洋壳层 1）为沉积层，主要由陆源、生物成因、自生和火山等沉积物组成，速度和厚度的区域性差别相当大。第二层（洋壳层 2）为基底层，亦叫火山岩层和玄武岩层，由玄武岩和辉绿岩组成。该层以玄武岩为主，并夹有固结的沉积层。第三层（洋壳层 3）为大洋层，是洋壳的主体，由辉长岩组成，厚度也存在一定变化（吴时国和喻普之，2006；任建业，2008）。

1.3.1　正常洋壳

　　通过太平洋和大西洋正常洋壳的结构研究表明，上地幔的平均速度一般为 7.9~7.8 km/s，在洋壳下由于存在着一些水平的各向异性，变化幅度一般在 5%。速度超过 7.6 km/s 一般都被认为是地幔。洋壳层 2（最上部 20 km）具有较大的速度梯度 1 s^{-1}，年轻洋壳顶部的速度很低，通常反映了裂隙、破裂和孔隙度的存在。洋壳 3 的速度梯度相对小很多，厚度是层 2 的两倍以上，速度从顶部的 6.4 km/s 增加到底部的 7.2 km/s。如果层 3 底部存在着一些高速物质，通常会将其另外划分为层 3B。太平洋内年龄小于 30 Ma 的洋壳的平均厚度为 6.48±0.75 km，年龄大于 30 km 的洋壳的平均厚度为 6.87±0.29 km/s。大西洋内年龄小于 30 Ma 的洋壳的平均厚度为 6.97±0.57 km，年龄大于 30 Ma 的洋壳的

平均厚度为 7.59±0.49 km。综合太平洋和大西洋洋壳的厚度可以得到平均洋壳厚度为
7.08±0.78 km，层 2 的平均速度为 2.5～6.6 km/s，厚度为 2.11±0.55 km；层 3 的平均速度
为 6.6～7.6 km/s，厚度为 4.97±0.90 km（表 1-3）（White *et al.*，1992）。

表 1-3　正常洋壳结构特征（White *et al.*，1992）

区域	地壳年龄/Ma	平均厚度/km
太平洋	<30	6.48±0.75
太平洋	>30	6.87±0.29
大西洋	<30	6.97±0.57
大西洋	>30	7.59±0.49
大西洋和太平洋	所有	7.08±0.78
全球平均	速度/(km/s)	厚度/km
洋壳层 2	2.5～6.6	2.11±0.55
洋壳层 3	6.6～7.6	4.97±0.90
地幔	>7.6	

　　丘学林等（2011）通过对南海 OBS973-1 海底地震仪剖面的处理分析，得到了西南
次海盆南部海盆内地壳的速度结构，火成洋壳厚 5～6 km，层 2 和层 3 在厚度上相当，
为 2～2.5 km，速度为 5.5～6.9 km/s，莫霍面埋深为 11 km，上地幔速度约 8.0 km/s（图
1-13）。Zhang 等（2016）通过西南次海盆 T1 测线的分析获知，海盆内正常火成洋壳（测
线 0～25 km 和 110～130 km）的厚度为 5.5～6.9 km，其中层 2 厚 1.6～2.9 km，层 3 厚
3.3～4.0 km，层 2 速度为 4.6～6.4 km/s，层 3 速度为 6.4～7.1 km/s，上地幔埋深约 10.5 km，
速度为 8.0 km/s（图 1-14）。

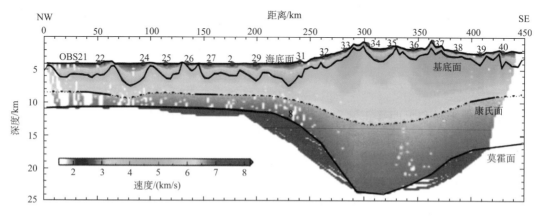

图 1-13　OBS973-1 测线的最终模型和地壳速度结构（丘学林等，2011）

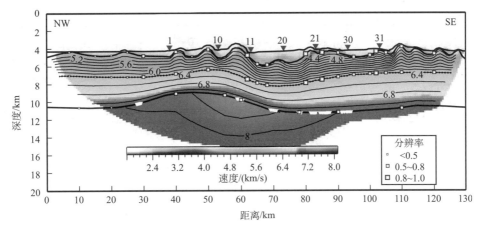

图 1-14　T1 测线 P 波速度结构（Zhang *et al.*，2016）

1.3.2　异常洋壳

破裂带区域的洋壳厚度比正常洋壳薄，通常仅为正常洋壳的一半（Potts *et al.*，1986；Minshull *et al.*，1991），个别区域可以减薄到 1 km。破裂带下洋壳层 3 的速度要比正常洋壳层 3 的速度更早观测到。对此的解释是破裂带区的层 3 并不像正常洋壳那样经历了下方岩浆多期次侵入形成，而是由周边横向运移来的岩浆经历复杂的结晶和固化过程形成的。另外，在非火山型大陆边缘附近生成的洋壳也显示出变薄的特征（White *et al.*，1992）。

异常洋壳也包括了洋壳的增生，在洋壳板块内部，由于岩浆作用在原来的洋壳上加载新的岩浆形成增厚的洋壳，这类产物通常被称为海山（洋壳型）。利用 OBS（H）对海山的调查始于 20 世纪 80 年代左右（Peirce and White，1991），包括太平洋、大西洋、印度洋等众多海域，大量的洋壳型海山的内部结构特征被揭示。

Peirce 和 White（1991）通过调查和研究得到北大西洋东部 Josephine 海山的速度模型。该海山被典型的洋壳所包围，其本身的地壳类型为加厚的洋壳。速度模型表明海山下沉积层速度为 1.8～3.7 km/s。Josephine 海山上地壳的顶面速度为 3.2～5.2 km/s，局部低速（3.2～4.0 km/s）推断为岩浆在浅水区喷发所引起的。下地壳的底界速度为 6.8～7.4 km/s。6.4 km/s 的速度等值线在海山之下基本持平，小于 6.4 km/s 的等值线略微向上抬升，大于 6.4 km/s 的等值线在速度结构图中呈现出与 6.4 km/s 等值线类似的特征（图 1-15）。

Weigel 和 Grevemeyer（1999）利用 OBH 对 Great Meteor 海山的调查（图 1-16）发现，该海山是一个岩浆侵入占主导的海山，在海山下存在着一个高速区域。在 Great Meteor 海山的翼部和顶部的纵波波速为 3.3～5.6 km/s，在海山下 2～3 km 处为岩浆侵入和喷发的速度分界面，速度大于 6.0 km/s 的侵入物质（速度为 6.0～6.5 km/s，甚至可以大于 6.5 km/s）几乎贯穿了整个海山。海山下 7.5～8.0 km/s 的速度被认为是下地壳下的底侵和地壳内侵入的综合表现。上地幔的速度为 8.1 km/s。

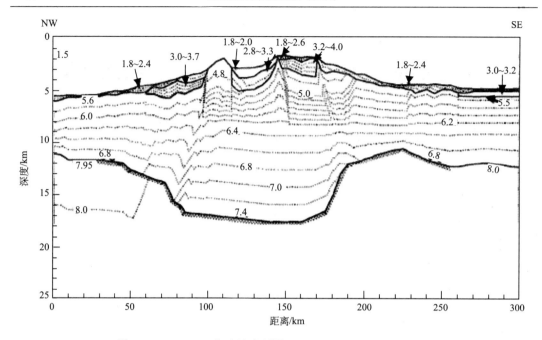

图 1-15　Josephine 海山速度剖面（Peirce and Barton，1991）

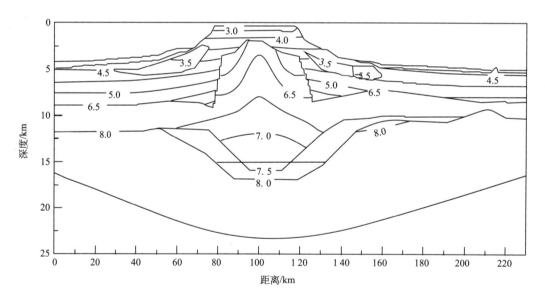

图 1-16　Great Meteor 海山速度结构（Weigel and Grevemeyer，1999）

Contreras-Reyes 等（2010）在 Louisville 海山的 OBS 调查中发现 Louisville 海山（图 1-17）是岩浆侵入占主导的海山，海山内部的速度高于两侧正常洋壳的速度。海山两侧下凹处充填的沉积物速度为 1.6～4.0 km/s。海山下 1.5 km 的范围内，P 波速度迅速达到 6.4 km/s。1.5 km 以下速度为 6.4～7.5 km/s。海山下上地幔的速度达 8.3 km/s。正常洋壳下上地幔的速度为 8.1 km/s。

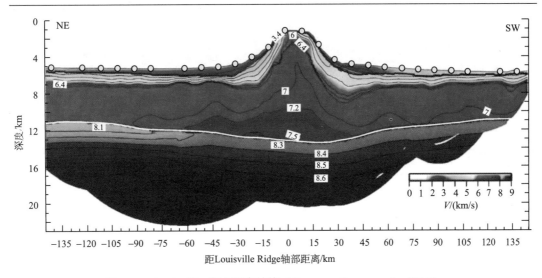

图 1-17　Louisville 海山速度结构（Contreras-Reyes *et al.*，2010）

1.4　大 陆 边 缘

大陆边缘分为主动大陆边缘和被动大陆边缘两种类型，它们的结构特征各不相同。主动大陆边缘也称汇聚型大陆边缘、活动边缘等，发育于板块俯冲边界；被动大陆边缘也称大西洋型大陆边缘、离散型大陆边缘。

1.4.1　主动大陆边缘

主动大陆边缘的结构从大洋向大陆方向依次有海沟、弧-沟间隙、火山弧及其上的弧内盆地，以及弧后区域。主动大陆边缘根据弧后区域的不同又可进一步划分为西太平洋型和安第斯型。西太平洋型大陆边缘弧后区域为底部具有洋壳的宽阔的边缘海，而安第斯型大陆边缘的弧后区域为宽度不大的陆相上叠盆地（任建业，2008）。横越岛弧-海沟系，地壳类型和厚度存在着交替变化的现象。

日本南海海槽俯冲区域是典型的岛弧-海沟系（西太平洋型大陆边缘），图 1-18 显示了过东部南海海槽俯冲带的 P 波速度结构。Zenisu Ridge 附近为大洋区域，地壳包括了 6层。上面的两层是沉积层，速度为 1.7～1.8 km/s 和 2.0～2.7 km/s。沉积层下方还包括了层 A～D，层 A 的速度为 4.0～4.5 km/s，平均厚度约 0.6 km；层 B 的速度为 4.8～5.6 km/s，而且速度梯度较大（$0.5\ \mathrm{s}^{-1}$）；层 C 和层 D 的速度分别为 6.3～6.5 km/s 和 6.7～6.9 km/s，这两层的速度梯度很小，尤其是层 D 的速度梯度小于 $0.05\ \mathrm{s}^{-1}$。上地幔的速度为 7.8 km/s，洋脊附近的地壳厚度为 8～11 km（Nakanishi *et al.*，2002）。莫霍面的形态显示出向北的一个倾斜，角度约 10°。在南海海槽轴部附近，两个沉积层（1.6～1.8 km/s 和 2.1～2.9 km/s）的总厚度可达 2 km。沉积层下地壳结构与 Zenisu Ridge 区域一致。大陆坡附近的地壳结构显示了沉积楔和俯冲洋壳的存在。沉积楔由 6 层沉积层组成，速度分别 1.7～2.0 km/s、2.0～3.3 km/s、2.7～3.2 km/s、3.3～3.8 km/s、3.8～4.3 km/s 和 4.8～5.3 km/s。沉积层最大厚度在 60 km 处达 9 km。沉积层底下的地壳块体向着岛弧方向增厚，岛弧上地壳的速度为 5.6～5.8 km/s，在剖面 140 km 处速度减小为 5.3 km/s（靠近 Enshu Fault）。岛弧下地壳速度为 6.2～6.3 km/s。在岛弧地壳的下方同样存在着俯冲下去的洋壳层 A～D，向着日本岛弧方向加深至 25 km（Nakanishi *et al.*，2002）。

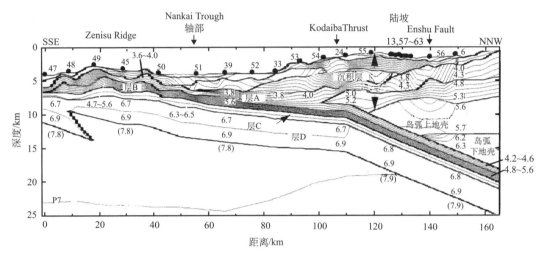

图 1-18　过东部南海海槽俯冲带的 P 波速度结构（Nakanishi *et al.*，2002）

1.4.2　被动大陆边缘

　　被动大陆边缘根据不同的构造和岩浆过程可以分为 3 类（图 1-19）：火山型被动大陆边缘、非火山型被动大陆边缘和张裂-转换型被动大陆边缘。火山型被动大陆边缘一般比较狭窄，地壳拉伸减薄的作用有限，岩浆活动占据主导地位。非火山型被动大陆边缘以破裂过程中岩浆量稀少为特点。通过地幔的去顶作用，地壳和岩石圈在数十千米至上百千米范围内发生强烈的拉张减薄作用。洋陆过渡带中广泛出现蛇纹石化地幔橄榄岩。张裂-转换型被动大陆边缘以张裂形变中伴有颇大的走滑剪切分量为特征，且坡度比较陡峭，陆隆发育较差，其上缺乏巨厚的沉积楔形体，整个大陆边缘的宽度也较小（曹洁冰和周祖翼，2003）。被动大陆边缘的结构从大洋向大陆方向，地壳和厚度存在着较大的差异。

　　挪威中部大陆边缘（Lofoten 大陆边缘）是一个火山型被动大陆边缘，是由大陆张裂和海底扩张形成的，沿着大陆边缘存在强烈的岩浆活动。通过大量的海底地震探测获得了其地壳结构模型（图 1-20）。正常洋壳区域（磁异常条带 19～21），地壳总厚度为 7 km，包括沉积层、上地壳（4.9～5.5 km/s），中地壳层（6.3～6.9 km/s）和下地壳层（7.0 km/s）。速度和厚度与标准的北大西洋洋壳一致（Eldholm and Grue，1994），这里的上、中和下地壳分别对应着层 2、层 3A 和层 3B。洋壳增厚区域（磁异常条带 21-24），上地壳（4.9～5.5 km/s）和中地壳（6.3～6.9 km/s）与正常洋壳区域一致，但却存在着异常厚的下地壳（约 5 km）和一个高速层（7.3 km/s）。洋陆过渡带区的宽度约 30 km，向着陆壳的方向下地壳的速度由 7.0 km/s 减小为 6.8 km/s。减薄的陆壳区的地壳厚度最厚为

25 km，在向陆的玄武岩层（4.4～5.2 km/s）下的陆壳最薄，仅为 9～12 km（Kodaira *et al.*，1995）。

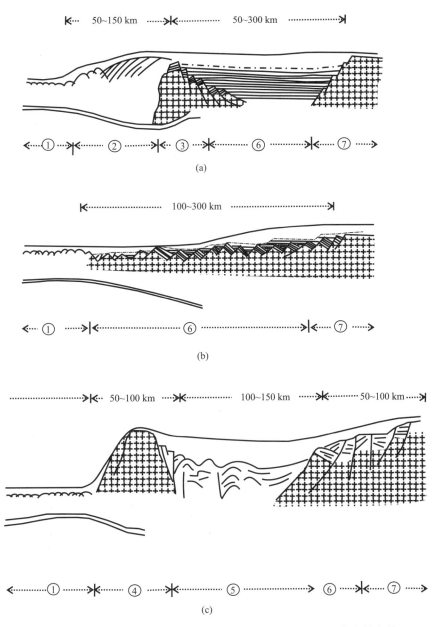

图 1-19　三种被动大陆边缘类型组成单元的比较（据 COSOD Ⅱ；引自金性春等，1995）

（a）火山型被动大陆边缘；（b）非火山型被动大陆边缘；（c）张裂-转换型被动大陆边缘

　　安哥拉/刚果大陆边缘位于南大西洋中部，是非火山型被动大陆边缘，代表了下陆壳或是上地幔出露于洋陆过渡带区的典型例子。Sibuet 和 Tucholke（2013）通过广角折射反射地震数据揭示该大陆边缘的 P 波速度结构（图 1-21）。安哥拉/刚果大陆边缘岩石圈可以被划分为两层，上层厚 3~5 km，速度变化范围为 5.3~6.8 km/s，存在着强烈的横向变化。下层厚 2 km，速度为 7.2~7.8 km/s。在洋陆过渡带区域岩石圈上层的速度虽然与下地壳的部分速度重合，但是低于正常值（6.9~7.2 km/s），推断是由于下地壳变形和断层存在。而岩石圈下层（7.2~7.8 km/s）则代表了部分蛇纹石化的现象。

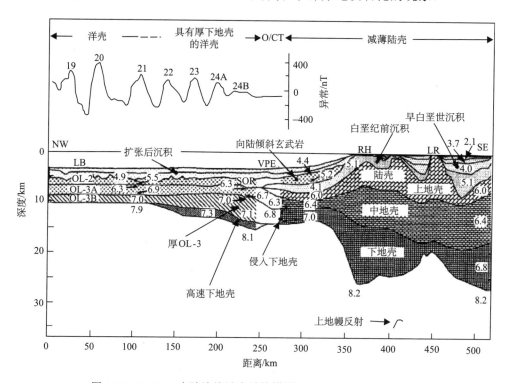

图 1-20　Lofoten 大陆边缘地壳结构模型（Kodaira *et al.*，1995）

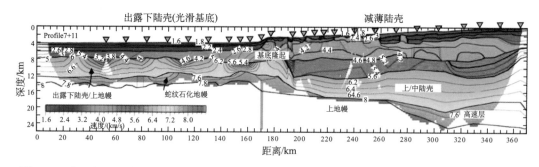

图 1-21　安哥拉/刚果大陆边缘 P 波速度结构（非火山型大陆边缘）（Sibuet and Tucholke，2013）

参 考 文 献

曹洁冰，周祖翼. 2003. 被动大陆边缘：从大陆张裂到海底扩张. 地球科学进展, 18(5): 730-736.

陈永顺. 2004. 地球的环境、自然灾害和大地构造学. 地球科学进展与评论(第二卷). 北京: 高等教育出版社, 252.

金性春，周祖翼，汪品先. 1995. 大洋钻探与中国地球科学. 上海: 同济大学出版社.

丘学林, 赵明辉, 敖威等. 2011. 南海西南次海盆与南沙地块的犕犆犛探测和地壳结构. 地球物理学报, 54(12): 3117-3128.

任建业. 2008. 海洋底构造导论. 武汉: 中国地质大学出版社.

吴时国, 喻普之. 2006. 海底构造学导论. 北京: 科学出版社.

Barclay A H, Toomey D R. 2003. Shear wave splitting and crustal anisotropy at the Mid-Atlantic Ridge, 35°N. Journal of Geophysical Research: Solid Earth, 108(B8): 2378.

Barclay A H, Toomey D R, Solomon S C. 1998. Seismic structure and crustal magmatism at the mid-atlantic ridge, 35°n. Journal of Geophysical Research Solid Earth, 103(B8): 17827-17844.

Canales J P, Detrick R S, Lin J, Collins J A, Toomey D R. 2000a. Crustal and upper mantle seismic structure beneath the rift mountains and across a nontransform offset at the mid-atlantic ridge (35°n). Journal of Geophysical Research Solid Earth, 105(B2): 2699-2719.

Canales J P, Collins J A, Escartín J, Detrick R S. 2000b. Seismic structure across the rift valley of the mid-atlantic ridge at 23°20′ (mark area): implications for crustal accretion processes at slow spreading ridges. Journal of Geophysical Research Solid Earth, 105(B12): 28411-28425.

Canales J P, Tucholke B E, Collins J A. 2004. Seismic reflection imaging of an oceanic detachment fault: atlantis megamullion (mid-atlantic ridge, 30°10′N). Earth & Planetary Science Letters, 222(2): 543-560.

Canales J P, Detrick R S, Carbotte S M, et al. 2005. Upper crustal structure and axial topography at intermediate spreading ridges: seismic constraints from the southern juan de fuca ridge. Journal of Geophysical Research Solid Earth, 110(B12104)(doi:10.1029/2005JB003630).

Canales J P, Singh S C, Detrick R S, et al. 2006. Seismic evidence for variations in axial magma chamber properties along the southern Juan de Fuca Ridge. Earth and Planetary Science Letters, 246(3): 353-366.

Cannat M. 1993. Emplacement of mantle rocks in the seafloor at mid-ocean ridges. Journal of Geophysical Research Solid Earth, 98(B3): 4163-4172.

Carbotte S M, Detrick R S, Harding A, et al. 2006. Rift topography linked to magmatic processes at the intermediate spreading juan de fuca ridge. Geology, 34(3): 209-212.

Coakley B J, Cochran J R. 1998. Gravity evidence of very thin crust at the gakkel ridge (arctic ocean). Earth & Planetary Science Letters, 162(1-4): 81-95.

Cochran J R, Kurras G J, Edwards M H, Coakley B J. 2003. The gakkel ridge: bathymetry, gravity anomalies, and crustal accretion at extremely slow spreading rates. Journal of Geophysical Research Solid Earth, 108(2): 2116 (doi:10.1029/2002JB001830).

Contreras-Reyes E, Grevemeyer I, Watts A B, et al. 2010. Crustal intrusion beneath the Louisville hotspot track. Earth and Planetary Science Letters, 289(3): 323-333.

Cudrak C F, Clowes R M. 1993. Crustal structure of Endeavour Ridge Segment, Juan de Fuca Ridge, from a detailed seismic refraction survey. Journal of Geophysical Research: Solid Earth, 98(B4): 6329-6349.

Detrick R S, Buhl P, Vera E, et al. 1987. Multi-channel seismic imaging of a crustal magma chamber along the East Pacific Rise. Nature, 326(6108): 35-41.

Dunn R A, Toomey D R, Solomon S C. 2000. Seismic structure and physical properties of the crust and shallow mantle beneath the East Pacific Rise, 9 degrees 30 minutes N. Journal of Geophysical Research, 105(B10): 23537-23555.

Dunn R A, Vedran Leki, Detrick R S, Toomey D R. 2005. Three-dimensional seismic structure of the mid-atlantic ridge (35°n): evidence for focused melt supply and lower crustal dike injection. Journal of Geophysical Research Solid Earth, 110(B9) (doi: 10.1029/2004JB003473).

Eldholm O, Grue K. 1994. North Atlantic volcanic margins: Dimensions and production rates. Journal of Geophysical Research: Solid Earth, 99(B2): 2955-2968.

Filmer P E, McNutt M K, Webb H F, Dixon D J. 1994. Volcanism and archipelagic aprons in the Marquesas and Hawaiian Islands. Marine Geophysical Research, 16(5): 385-406.

Forsyth D W. 2011. Seismic Structure at Mid-Ocean Ridges//Encyclopedia of Solid Earth Geophysics. Berlin: Springer.

Géli L, Renard V, Rommevaux C. 1994. Ocean crust formation processes at very slow spreading centers: a model for the mohns ridge, near 72°N, based on magnetic, gravity and seismic data. Journal of Geophysical Research Solid Earth, 99(B2): 2995-3013.

Gràcia E, Bideau D, Hekinian R, Lagabrielle Y. 1999. Detailed geological mapping of two contrasting second-order segments of the mid-atlantic ridge between oceanographer and hayes fracture zones (33°30′N-35°N). Journal of Geophysical Research Solid Earth, 104(B10): 22903-22921.

Grevemeyer I, Flueh E R, Reichert C, et al. 2001. Crustal architecture and deep structure of the Ninetyeast Ridge hotspot trail from active-source ocean bottom seismology. Geophysical Journal International, 144(2): 414-431.

Grindlay N R, Madsen J A, Rommevaux-Jestin C, Sclater J. 1998. A different pattern of ridge segmentation and mantle Bouguer gravity anomalies along the ultra-slow spreading Southwest Indian Ridge (15°30′E to 25°E). Earth Planetary Science Letter, 161: 243-253.

Harmon N, Forsyth D W, Weeraratne D S. 2009. Thickening of young Pacific lithosphere from high-resolution Rayleigh wave tomography: A test of the conductive cooling model. Earth and Planetary Science Letters, 278(1): 96-106.

Hill D P, Zucca J J. 1987. Geophysical constraints on the structure of Kilauea and Mauna Loa volcanoes and some implications for seismomagmatic processes. United States Geological Survey Professional Paper, 1350(2): 903-917.

Hooft E E E, Detrick R S, Toomey D R, et al. 2000. Crustal thickness and structure along three contrasting spreading segments of the Mid-Atlantic Ridge, 33. 5-35 N. Journal of Geophysical Research: Solid Earth, 105(B4): 8205-8226.

Hosford A, Lin J, Detrick R S. 2001. Crustal evolution over the last 2 m.y. at the mid-atlantic ridge oh1 segment, 35°n. Journal of Geophysical Research Solid Earth, 106(B7): 13269-13285.

Houtz R, Ewing J. 1976. Upper crustal structure as a function of plate age. Journal of Geophysical Research, 81(14): 2490-2498.

Jokat W, Schmidt-Aursch M C. 2007. Geophysical characteristics of the ultraslow spreading gakkel ridge, arctic ocean. Geophysical Journal of the Royal Astronomical Society, 168(3): 983-998.

Jokat W, Schmidt-Aursch M C. 2010. Geophysical characteristics of the ultraslow spreading Gakkel Ridge, Arctic Ocean. Geophysical Journal of the Royal Astronomical Society, 168(3): 983-998.

Jokat W, Ritzmann O, Schmidtaursch M C, et al. 2003. Geophysical evidence for reduced melt production on the arctic ultraslow gakkel mid-ocean ridge. Nature, 423(6943): 962-965.

Kappel E S, Normark W R. 1987. Morphometric variability within the axial zone of the southern juan de fuca ridge: interpretation from sea marc ii, sea marc i, and deep-sea photography. Journal of Geophysical Research Solid Earth, 92(B11): 11291-11302.

Kappel E S, Ryan W B F. 1986. Volcanic episodicity and a non-steady state rift valley along northeast pacific spreading centers: evidence from sea marc i. Journal of Geophysical Research Solid Earth, 91(B14):

13925-13940.

Kennett J P. 1982. Marine Geology. Englewood Cliffs: Prentice Hall.

Kent G M, Harding A J, Orcutt J A. 1993. Distribution of magma beneath the east pacific rise between the clipperton transform and the 9°17′N deval from forward modeling of common depth point data. Journal of Geophysical Research Solid Earth, 98(B8): 13945-13969.

Klingelhöfer F, Géli L, White R S. 2000. Geophysical and geochemical constraints on crustal accretion at the very-slow spreading mohns ridge. Geophysical Research Letters, 27(10): 1547-1550.

Kodaira S, Mjelde R, Sellevoll M A, et al. 1995. Crustal transect across the Lofoten Volcanic Passive Continental Margin, N. Norway, obtained by use of ocean bottom seismographs, and implications for its evolution. Journal of Physics of the Earth, 43(6): 729-745.

Kodaira S, Mjelde R, Gunnarsson K, et al. 1997. Crustal structure of the kolbeinsey ridge, north atlantic, obtained by use of ocean bottom seismographs. Journal of Geophysical Research Solid Earth, 102(B2): 3131-3151.

Kodaira S, Mjelde R, Gunnarsson K, et al. 1998. Evolution of oceanic crust on the kolbeinsey ridge, north of iceland, over the past 22 myr. Terra Nova, 10(1): 27-31.

Li J, Jian H C, Chen Y J, et al. Seismic observation of an extremely magmatic accretion at the ultraslow spreading Southwest Indian Ridge. Geophysical Research Letters, 42: 2656-2663.

Lonsdale P. 1977. Structural geomorphology of a fast-spreading rise crest: the east pacific rise near 3°25′S. Marine Geophysical Research, 3(3): 251-293.

Macdonald K C. 1982. Mid-ocean ridges: Fine scale tectonic, volcanic and hydrothermal processes within the plate boundary zone. Annual Review of Earth and Planetary Sciences, 10(1): 155-190.

Magde L S, Sparks D W, Detrick R S. 1997. The relationship between buoyant mantle flow, melt migration, and gravity bull's eyes at the mid-atlantic ridge between 33°N and 35°N. Earth & Planetary Science Letters, 148(1): 59-67.

Maury M F. 1967. The Physical Geography of the Sea, and Its Meteorology. London: Thomas Nelson & Son, 1855 and 1860.

McDonald M A, Webb S C, Hildebrand J A, et al. 1994. Seismic structure and anisotropy of the Juan de Fuca Ridge at 45 N. Journal of Geophysical Research: Solid Earth, 99(B3): 4857-4873.

Minshull T A. 2002. 55 Seismic structure of the oceanic crust and passive continental margins. International Geophysics, 81: 911-924.

Minshull T A, White R S, Mutter J C, et al. 1991. Crustal structure at the Blake Spur Fracture Zone from expanding spread profiles. Journal of Geophysical Research Atmospheres, 96(B6): 9955-9984.

Müller R D, Sdrolias M, Gaina C, Roest W R. 2008. Age, spreading rates, and spreading asymmetry of the world's ocean crust. Geochemistry Geophysics Geosystems, 9(4): Q04006.

Nakanishi A, Shiobara H, Hino R, et al. 2002. Deep crustal structure of the eastern Nankai Trough and Zenisu Ridge by dense airgun-OBS seismic profiling. Marine Geology, 187(1-2): 47-62.

Niu X, Ruan A, Li J, et al. 2015. Along-axis variation in crustal thickness at the ultraslow spreading southwest indian ridge (50°E) from a wide-angle seismic experiment. Geochemistry Geophysics Geosystems, 16(2): 468-485.

Orcutt J A, Kennett B L, Dorman L M. 1976. Structure of the East Pacific Rise from an ocean bottom seismometer survey. Geophysical Journal International, 45(2): 305-320.

Parsons B, Sclater J G. 1977. An analysis of the variation of ocean floor bathymetry and heat flow with age.

Journal of Geophysical Research, 82(5): 803-827.

Peirce C, Barton P J. 1991. Crustal structure of the Madeira-Tore Rise, eastern North Atlantic-results of a DOBS wide-angle and normal incidence seismic experiment in the Josephine Seamount region. Geophysical Journal International, 106(2): 357-378.

Perfit M R, Chadwick W W J. 1998. Magmatism at mid-ocean ridges: constraints from volcanological and geochemical investigations investigations. In: Buck W R et al. (ed.) Geophysical Monograph Series 106: Faulting and Magmatism at Mid-Ocean Ridges. Washington, DC: AGU. 59-115.

Potts C G, White R S, Louden K E. 1986. Crustal structure of Atlantic fracture zones- II. The Vema fracture zone and transverse ridge. Geophysical Journal of the Royal Astronomical Society, 86(2): 491-513.

Rabain A, Cannat M, Escartín J, et al. 2001. Focused volcanism and growth of a slow spreading segment (mid-atlantic ridge, 35°N). Earth & Planetary Science Letters, 185(1): 211-224.

Rabinowicz M, Rouzo S, Sempere J C, Rosemberg C. 1993. Three-dimensional mantle flow beneath mid-ocean ridges. Journal of Geophysical Research Solid Earth, 98(B5): 7851-7869.

Rees B A, Detrick R, Coakley B J. 1993. Seismic stratigraphy of the Hawaiian flexural moat. Geological Society of America Bulletin, 105(2): 189-205.

Ritzmann O, Jokat W, Mjelde R, Shimamura H. 2002. Crustal structure between the knipovich ridge and the van mijenfjorden (svalbard). Marine Geophysical Researches, 23(5-6): 379-401.

Searle R. 2013. Mid-Ocean Ridges. Cambridge: Cambridge University Press.

Shor Jr G G, Menard H W, Raitt R W. 1970. Structure of the Pacific basin. The Sea, 4(2): 3-27.

Sibuet J C, Tucholke B E. 2013. The geodynamic province of transitional lithosphere adjacent to magma-poor continental margins. Geological Society London Special Publications, 369(1): 1.

Singh S C, Kent G M, Collier J S, et al. 1998. Melt to mush variations in crustal magma properties along the ridge crest at the southern East Pacific Rise. Nature, 394(6696): 874-878.

Singh S C, Crawford W C, Carton H, et al. 2006. Discovery of a magma chamber and faults beneath a Mid-Atlantic Ridge hydrothermal field. Nature, 442(7106): 1029-1032.

Sinha M C, Louden K E. 1983. The oceanographer fracture zone—i. crustal structure from seismic refraction studies. Geophysical Journal of the Royal Astronomical Society, 75(3): 713-736.

Sinton J M, Smaglik S M, Mahoney J J, Macdonald K C. 1991. Magmatic processes at superfast spreading mid-ocean ridges: glass compositional variations along the east pacific rise 13°-23°S. Journal of Geophysical Research Atmospheres, 96(B4): 6133-6155.

Smith M C, Perfit M R, Jonasson I R. 1994. Petrology and geochemistry of basalts from the southern juan de fuca ridge: controls on the spatial and temporal evolution of mid-ocean ridge basalt. Journal of Geophysical Research Solid Earth, 99(B3): 4787-4812.

Snow J E, Edmonds H N. 2007. Ultraslow-spreading ridges rapid paradigm changes. Oceanography, 20(1): 90-101.

Sparks D W, Parmentier E M, Morgan J P. 1993. Three-dimensional mantle convection beneath a segmented spreading center: implications for along-axis variations in crustal thickness and gravity. Journal of Geophysical Research Solid Earth, 98(B12): 21977-21995.

Thomson C W. 1877. The Atlantic: A Preliminary Account of the General Results of the Exploring Voyage of HMS Challenger during the Year 1873 and the Early Part of the Year 1876. Cambridge: Cambridge University Press.

Tucholke B E, Lin J. 1994. A geologic model for the structure of ridge segments in slow spreading ocean crust. Journal of Geophysical Research, 99: 11937-11958.

Van Ark E M, Detrick R S, Canales J P, *et al*. 2007. Seismic structure of the Endeavour Segment, Juan de Fuca Ridge: Correlations with seismicity and hydrothermal activity. Journal of Geophysical Research: Solid Earth, 112(B2): 97-117.

Weigel W, Grevemeyer I. 1999. The Great Meteor seamount: seismic structure of a submerged intraplate volcano. Journal of Geodynamics, 28(1): 27-40.

White R S, McKenzie D, O'Nions R K. 1992. Oceanic crustal thickness from seismic measurements and rare earth element inversions. Journal of Geophysical Research: Solid Earth, 97: 19683-19715.

Wolfe C J, McNutt M K, Detrick R S. 1994. The Marquesas archipelagic apron: Seismic stratigraphy and implications for volcano growth, mass wasting, and crustal underplating. Journal of Geophysical Research: Solid Earth, 99(B7): 13591-13608.

Woollard G P. 1975. The interrelationships of crustal and upper mantle parameter values in the Pacific. Reviews of Geophysics, 13(1): 87-137.

Zhang J, Li J, Ruan A, *et al*. 2016. The velocity structure of a fossil spreading centre in the Southwest Sub-basin, South China Sea. Geological Journal, 51(S1): 548-561.

Zhao M H, Qiu X L, Li J B, *et al*. 2013. Three-dimensional seismic structure of the Dragon Flag oceanic core complex at the ultraslow spreading Southwest Indian Ridge (49°39′E). Geochemistry, Geophysics, Geosystems, 14: 4544-4563.

第 2 章 弹性力学常用方程

弹性介质的特性由受力与变形的关系来表达，即所谓的本构关系。在各类有关专著和教科书中都有不同程度的描述和推导，但很难查到各类对称体系或各向异性线弹性介质的本构关系的具体表达和推导。为此，本章根据作者早期的研究，推导出弹性介质具体的本构关系表达式。然后对多种教科书进行综合，引用他人的研究成果，给出常用的线弹性各向同性介质的基本方程，同时根据教科书较详细地解释性地推导了弹性动力学方程。另外，根据作者多年的体会，发现理论地震图等经常采用的弹性波柱谐表达和广义反射透射矩阵往往会给科技人员和学生造成一些困惑，不知其来龙去脉，为此本章对前人的理论进行了较详细的解读和推导，以方便读者。

2.1 弹性本构关系及常用方程

2.1.1 本构关系

线弹性各向异性介质的应力应变本构关系可以表示为

$$[\boldsymbol{\sigma}] = \begin{bmatrix} \sigma_x \\ \sigma_y \\ \sigma_z \\ \tau_{yz} \\ \tau_{xz} \\ \tau_{xy} \end{bmatrix} = \begin{bmatrix} c_{11} & c_{12} & c_{13} & c_{14} & c_{15} & c_{16} \\ c_{21} & c_{22} & c_{23} & c_{24} & c_{25} & c_{26} \\ c_{31} & c_{32} & c_{33} & c_{34} & c_{35} & c_{36} \\ c_{41} & c_{42} & c_{43} & c_{44} & c_{45} & c_{46} \\ c_{51} & c_{52} & c_{53} & c_{54} & c_{55} & c_{56} \\ c_{61} & c_{62} & c_{63} & c_{64} & c_{65} & c_{66} \end{bmatrix} \begin{bmatrix} \varepsilon_x \\ \varepsilon_y \\ \varepsilon_z \\ v_{yz} \\ v_{xz} \\ v_{xy} \end{bmatrix} \quad c_{ij} = c_{ji} \tag{2-1}$$

式中，σ_i、τ_{ij} 分别为正应力、剪应力；ε_i、v_{ij} 分别为正应变、剪应变；c_{ij} 为弹性模量。
应变与位移的关系为

$$\varepsilon_x = \frac{\partial u_x}{\partial x}$$

$$v_{yz} = \frac{\partial u_y}{\partial z} + \frac{\partial u_z}{\partial y}$$

$$\varepsilon_y = \frac{\partial u_y}{\partial y}$$

$$v_{xz} = \frac{\partial u_z}{\partial x} + \frac{\partial u_x}{\partial z}$$

$$\varepsilon_z = \frac{\partial u_z}{\partial z}$$

$$v_{xy} = \frac{\partial u_x}{\partial y} + \frac{\partial u_y}{\partial x}$$

$$\tag{2-2}$$

式中，$u_i(i=x,y,z)$ 为位移分量。

应变能表达式（克拉比隆公式）可以写成

$$W = \frac{1}{2}(\sigma_x \varepsilon_x + \sigma_y \varepsilon_y + \sigma_z \varepsilon_z + \tau_{yz} v_{yz} + \tau_{xz} v_{xz} + \tau_{xy} v_{xy}) \tag{2-3}$$

将式（2-1）代入式（2-3）得

$$W = \frac{1}{2}c_{11}\varepsilon_x^2 + c_{12}\varepsilon_x\varepsilon_y + c_{13}\varepsilon_z\varepsilon_x + c_{14}v_{yz}\varepsilon_x + c_{15}v_{xz}\varepsilon_x + c_{16}v_{xy}\varepsilon_x + \frac{1}{2}c_{22}\varepsilon_y^2 + c_{23}\varepsilon_z\varepsilon_y$$

$$+ c_{24}v_{yz}\varepsilon_y + c_{25}v_{xz}\varepsilon_y + c_{26}v_{xy}\varepsilon_y + \frac{1}{2}c_{33}\varepsilon_z^2 + c_{34}v_{yz}\varepsilon_z + c_{35}v_{xz}\varepsilon_z + c_{36}v_{xy}\varepsilon_z + \frac{1}{2}c_{44}v_{yz}^2 \tag{2-4}$$

$$+ c_{45}v_{xz}v_{yz} + c_{46}v_{xy}v_{yz} + \frac{1}{2}c_{55}v_{xz}^2 + c_{56}v_{xy}v_{xz} + c_{66}\frac{1}{2}v_{xy}^2$$

利用式（2-4），对各类本构关系，根据其对称性，作适当的坐标对称变换或旋转，可以方便地讨论弹性模量的形式，这是因为不管坐标如何变化应变能都要求保持不变，而对称变换条件下弹性模量的形式也是不变的。下面我们推导一个实用的应变能表达式从而给出不同各向异性弹性对称体系的本构形式。

设坐标系关于 Z 轴在水平面顺时针旋转 θ 角度，则有

$$\begin{cases} x = x'\cos\theta + y'\sin\theta \\ y = -x'\sin\theta + y'\cos\theta \\ z = z' \end{cases}$$

$$\begin{cases} u_x = u_{x'}\cos\theta + u_{y'}\sin\theta \\ u_y = -u_{x'}\sin\theta + u_{y'}\cos\theta \\ u_z = u_{z'} \end{cases} \tag{2-5}$$

再利用应变与位移的关系式（2-2）推得

$$W' = \frac{1}{2}c'_{11}(\cos^2\theta\varepsilon_x + \sin^2\theta\varepsilon_y - \frac{1}{2}\sin 2\theta v_{xy})^2 + c'_{12}(\cos^2\theta\varepsilon_x + \sin^2\theta\varepsilon_y - \frac{1}{2}\sin 2\theta v_{xy})$$

$$\cdot(\sin^2\theta\varepsilon_x + \cos^2\theta\varepsilon_y + \frac{1}{2}\sin 2\theta v_{xy}) + c'_{13}(\cos^2\theta\varepsilon_x + \sin^2\theta\varepsilon_y - \frac{1}{2}\sin 2\theta v_{xy})\varepsilon_z$$

$$+ c'_{14}(\cos^2\theta\varepsilon_x + \sin^2\theta\varepsilon_y - \frac{1}{2}\sin 2\theta v_{xy})(\sin\theta v_{xz} + \cos\theta v_{yz}) + c'_{15}(\cos^2\theta\varepsilon_x + \sin^2\theta\varepsilon_y$$

$$- \frac{1}{2}\sin 2\theta v_{xy})(\cos\theta v_{xz} - \sin\theta v_{yz}) + c'_{16}(\cos^2\theta\varepsilon_x + \sin^2\theta\varepsilon_y - \frac{1}{2}\sin 2\theta v_{xy})(\sin 2\theta(\varepsilon_x - \varepsilon_y)$$

$$+ \cos 2\theta v_{xy}) + \frac{1}{2}c'_{22}(\sin^2\theta\varepsilon_x + \cos^2\theta\varepsilon_y + \frac{1}{2}\sin 2\theta v_{xy})^2 + c'_{23}(\sin^2\theta\varepsilon_x + \cos^2\theta\varepsilon_y$$

$$+ \frac{1}{2}\sin 2\theta v_{xy})\varepsilon_z + c'_{24}(\sin^2\theta\varepsilon_x + \cos^2\theta\varepsilon_y + \frac{1}{2}\sin 2\theta v_{xy})(\sin\theta v_{xz} + \cos\theta v_{yz})$$

$$+ c'_{25}(\sin^2\theta\varepsilon_x + \cos^2\theta\varepsilon_y + \frac{1}{2}\sin\theta v_{xy})(\cos\theta v_{xz} - \sin\theta v_{yz}) + c'_{26}(\sin^2\theta\varepsilon_x + \cos^2\theta\varepsilon_y$$

$$+ \frac{1}{2}\sin 2\theta v_{xy})(\sin 2\theta(\varepsilon_x - \varepsilon_y) + \cos 2\theta v_{xy}) + \frac{1}{2}c'_{33}\varepsilon_z^2 + c'_{34}(\sin\theta v_{xz} + \cos\theta v_{yz})\varepsilon_z$$

$$
\begin{aligned}
&+ c'_{35}(\cos\theta v_{xz} - \sin\theta v_{yz})\varepsilon_z + c'_{36}(\sin 2\theta(\varepsilon_x - \varepsilon_y) + \cos 2\theta v_{xy})\varepsilon_z + \frac{1}{2}c'_{44}(\sin\theta v_{xz} \\
&+ \cos\theta v_{yz})^2 + c'_{45}(\sin\theta v_{xz} + \cos\theta v_{yz})(\cos\theta v_{xz} - \sin\theta v_{yz}) + c'_{46}(\sin\theta v_{xz} + \cos\theta v_{yz}) \\
&\cdot (\sin 2\theta(\varepsilon_x - \varepsilon_y) + \cos 2\theta v_{xy}) + \frac{1}{2}c'_{55}(\cos\theta v_{xz} - \sin\theta v_{yz})^2 + c'_{56}(\sin 2\theta(\varepsilon_x - \varepsilon_y) \\
&+ \cos 2\theta v_{xy})(\cos\theta v_{xz} - \sin\theta v_{yz}) + \frac{1}{2}c'_{66}(\sin 2\theta(\varepsilon_x - \varepsilon_y) + \cos 2\theta v_{xy})^2
\end{aligned}
$$

$$
(2\text{-}6)
$$

对于对称变换有 $c_{ij} = c'_{ij}$。将式（2-6）与式（2-4）相比较，并将不同对称角 θ 代入，可推得一些主要类型各向异性介质的弹性模量结构。例如，三角形 II 对称系统，没有对称平面，但绕 Z 轴每旋转 120° 有一个对称性，令应变分量中只有 $v_{xy} \neq 0$，其余都为零，并将 $\theta = \frac{2}{3}\pi$ 和 $\theta = \frac{4}{3}\pi$ 分别代入式（2-6），要求应变能不变，立即可以推得 $c_{16} = c_{26} = 0$；若分别令 $\varepsilon_x \neq 0$，其余应变分量为零，$\varepsilon_y \neq 0$，其余应变分量为零，可以推得 $c_{11} = c_{22}$ 及 $c_{66} = \frac{1}{2}(c_{11} - c_{12})$，等等。经过上述推算，得到表 2-1，给出了物理上可实现的 9 种（两个为亚系）各向异性对称系统的弹性模量结构形式，外加各向同性介质的本构关系，简述如下。

1）各向同性（isotropy）

各向同性是在均匀岩石介质中所有的平面都是对称平面，弹性性质在各个方向都是相同的。通常有以下三种情况：不含裂隙的本征各向同性、岩石中的裂隙是随机形成的、岩石结晶或颗粒取向是随机的。

2）六角形对称或横向各向同性（hexagonal symmetry or transverse isotropy）

这种对称有两种情况。一种称为 VTI 横向各向同性，其对称轴是竖向的，从物理上讲是长波长条件下周期性交替薄层平均构成的各向异性，因此又称 PTL 各向异性，现已将该类各向异性发展成一般的薄层，而周期性不是必要条件。在地壳中，特别是在沉积盆地中，细微的层状岩石将导致 PTL 各向异性。另一种称为 HTI 横向各向同性，或方位各向异性，其对称轴是水平向的，一般是由平行排列的竖直裂隙、裂缝产生的，由于地壳一定范围内普遍存在应力导致的饱和裂隙的优势定向排列，Crampin 等（1984）将这一现象称为广泛扩容各向异性（extensive dilatancy anisotropy）。

3）正交对称各向异性（orthorhombic symmetry）

正交对称在上地幔中被认为是由相对于扩张中心排列的正交结晶橄榄石形成的；在沉积盆地中所发现的这种各向异性可以解释为 VTI 与 HTI 的组合，是具有水平对称轴的 EDA 裂隙与具有竖向对称轴的薄层各向异性的结合。

4）单斜对称（monoclinic symmetry）

该对称由两套非正交的平行裂隙形成，往往在近地表形成。当观测平面不垂直 EDA 裂隙水平走向时，构成的弹性体系为单斜对称。

表 2-1　各向异性对称系统及其弹性模量

三斜（无对称平面，21 个独立常数） $c_{ij}=c_{ji}$ $$\begin{bmatrix} c_{11} & c_{12} & c_{13} & c_{14} & c_{15} & c_{16} \\ & c_{22} & c_{23} & c_{24} & c_{25} & c_{26} \\ & & c_{33} & c_{34} & c_{35} & c_{36} \\ & & & c_{44} & c_{45} & c_{46} \\ & & & & c_{55} & c_{56} \\ & & & & & c_{66} \end{bmatrix}$$	单斜（一个对称平面，或一个双褶对称轴，非零独立常数 13 个） $$\begin{bmatrix} c_{11} & c_{12} & c_{13} & 0 & 0 & c_{16} \\ & c_{22} & c_{23} & 0 & 0 & c_{26} \\ & & c_{33} & 0 & 0 & c_{36} \\ & & & c_{44} & c_{45} & 0 \\ & & & & c_{55} & 0 \\ & & & & & c_{66} \end{bmatrix}$$	正交（3 个相互正交的对称面，或 3 个正交的双褶对称轴，非零独立常数 9 个） $$\begin{bmatrix} c_{11} & c_{12} & c_{13} & 0 & 0 & 0 \\ & c_{22} & c_{23} & 0 & 0 & 0 \\ & & c_{33} & 0 & 0 & 0 \\ & & & c_{44} & 0 & 0 \\ & & & & c_{55} & 0 \\ & & & & & c_{66} \end{bmatrix}$$
三方Ⅰ（一个三褶对称轴和一个与之正交的双褶对称轴，非零独立常数 6 个） $$\begin{bmatrix} c_{11} & c_{12} & c_{13} & c_{14} & 0 & 0 \\ & c_{11} & c_{13} & -c_{14} & 0 & 0 \\ & & c_{33} & 0 & 0 & 0 \\ & & & c_{44} & 0 & 0 \\ & & & & c_{44} & c_{14} \\ & & & & & c_{66} \end{bmatrix}$$ $2c_{66}=c_{11}-c_{12}$	三方Ⅱ（一个三褶对称轴，非零独立常数 7 个） $$\begin{bmatrix} c_{11} & c_{12} & c_{13} & c_{14} & c_{15} & 0 \\ & c_{11} & c_{13} & -c_{14} & -c_{15} & 0 \\ & & c_{33} & 0 & 0 & 0 \\ & & & c_{44} & 0 & -c_{15} \\ & & & & c_{44} & c_{14} \\ & & & & & c_{66} \end{bmatrix}$$ $2c_{66}=c_{11}-c_{12}$	四方Ⅰ（一个四褶对称轴和一个与之正交的双褶对称轴，独立常数 6 个） $$\begin{bmatrix} c_{11} & c_{12} & c_{13} & 0 & 0 & 0 \\ & c_{11} & c_{13} & 0 & 0 & 0 \\ & & c_{33} & 0 & 0 & 0 \\ & & & c_{44} & 0 & 0 \\ & & & & c_{44} & 0 \\ & & & & & c_{66} \end{bmatrix}$$
四方Ⅱ（一个四褶对称轴，非零独立常数 7 个） $$\begin{bmatrix} c_{11} & c_{12} & c_{13} & 0 & 0 & c_{16} \\ & c_{11} & c_{13} & 0 & 0 & -c_{16} \\ & & c_{33} & 0 & 0 & 0 \\ & & & c_{44} & 0 & 0 \\ & & & & c_{44} & 0 \\ & & & & & c_{66} \end{bmatrix}$$	立方（3 个正交平面及平分面都是对称平面，独立常数 3 个） $$\begin{bmatrix} c_{11} & c_{12} & c_{12} & 0 & 0 & 0 \\ & c_{11} & c_{12} & 0 & 0 & 0 \\ & & c_{11} & 0 & 0 & 0 \\ & & & c_{33} & 0 & 0 \\ & & & & c_{33} & 0 \\ & & & & & c_{33} \end{bmatrix}$$	六角形（绕 Z 轴的每一个平面都是对称平面或有一个无限褶对称轴，独立常数 5 个） $$\begin{bmatrix} c_{11} & c_{12} & c_{13} & 0 & 0 & 0 \\ & c_{11} & c_{13} & 0 & 0 & 0 \\ & & c_{33} & 0 & 0 & 0 \\ & & & c_{44} & 0 & 0 \\ & & & & c_{44} & 0 \\ & & & & & c_{66} \end{bmatrix}$$ $2c_{66}=c_{11}-c_{12}$
各向同性（2 个独立常数） $$\begin{bmatrix} \lambda+2\mu & \lambda & \lambda & 0 & 0 & 0 \\ & \lambda+2\mu & \lambda & 0 & 0 & 0 \\ & & \lambda+2\mu & 0 & 0 & 0 \\ & & & \mu & 0 & 0 \\ & & & & \mu & 0 \\ & & & & & \mu \end{bmatrix}$$	注 1： 　　双褶对称是指绕某一个轴旋转 180° 出现对称，三褶对称角则为 120°，而四褶对称角为 90°，无限褶对称是指每个旋转角都是对称角，也就是横向各向同性。另外，上述表达的对称轴一般是指 Z 轴 注 2： 　　本表只给出了主对角元素和上三角元素，下三角元素与之对称	

2.1.2　各向同性线弹性常用方程

这方面的理论工作，可以参阅有关教科书（钱伟长和叶开源，1956；徐芝纶，1982）。下面直接引用表达有关公式。

（1）各向同性本构关系矩阵形式为：$[\boldsymbol{\sigma}]=[\boldsymbol{C}][\boldsymbol{\varepsilon}]$，展开为

$$\begin{bmatrix} \sigma_x \\ \sigma_y \\ \sigma_z \\ \tau_{xy} \\ \tau_{yz} \\ \tau_{zx} \end{bmatrix} = \begin{bmatrix} \lambda + 2\mu & \lambda & \lambda & 0 & 0 & 0 \\ \lambda & \lambda + 2\mu & \lambda & 0 & 0 & 0 \\ \lambda & \lambda & \lambda + 2\mu & 0 & 0 & 0 \\ 0 & 0 & 0 & 2\mu & 0 & 0 \\ 0 & 0 & 0 & 0 & 2\mu & 0 \\ 0 & 0 & 0 & 0 & 0 & 2\mu \end{bmatrix} \begin{bmatrix} \varepsilon_x \\ \varepsilon_y \\ \varepsilon_z \\ v_{xy} \\ v_{yz} \\ v_{zx} \end{bmatrix} \qquad (2\text{-}7)$$

（2）应变与位移的关系。

$$\varepsilon_x = \frac{\partial u_x}{\partial x}$$

$$\varepsilon_y = \frac{\partial u_y}{\partial y}$$

$$\varepsilon_z = \frac{\partial u_z}{\partial z}$$

$$v_{xy} = \frac{1}{2}\left(\frac{\partial u_x}{\partial y} + \frac{\partial u_y}{\partial x} \right)$$

$$v_{yz} = \frac{1}{2}\left(\frac{\partial u_y}{\partial z} + \frac{\partial u_z}{\partial y} \right)$$

$$v_{zx} = \frac{1}{2}\left(\frac{\partial u_z}{\partial x} + \frac{\partial u_x}{\partial z} \right) \qquad (2\text{-}8)$$

注意，这里为了和通用式子相一致，重新对剪应变与位移的关系做了定义。

（3）拉梅常数与杨氏模量和泊松比的关系。

杨氏模量：

$$E = \frac{\mu(3\lambda + 2\mu)}{\lambda + \mu}$$

泊松比：

$$\sigma = \frac{\lambda}{2(\lambda + \mu)}$$

拉梅常数：

$$\lambda = \frac{\sigma \cdot E}{(1 - 2\sigma)(1 + \sigma)}$$

$$\mu = \frac{E}{2(1 + \sigma)} \qquad (2\text{-}9)$$

2.1.3　线弹性运动方程

这方面的理论工作，可以参阅有关教科书（胡德绥，1989）。设连续体，t 时刻，区域 V，密度 $\rho(\boldsymbol{x},t)$，体力 $\boldsymbol{f}(\boldsymbol{x},t)$，速度 $\boldsymbol{v}(\boldsymbol{x},t)$，表面应力 $\overset{n}{\boldsymbol{t}}$。

连续体线动量：

$$P_i(t) = \int_V \rho v_i \mathrm{d}v \tag{2-10}$$

连续体受力：

$$F_i(t) = \int_S^n t_i \mathrm{d}\vec{S} + \int_V \rho f_i \mathrm{d}v = \oint_S \tau_{ji} n_j \mathrm{d}s + \int_V \rho f_i \mathrm{d}v = \oint_S \tau_{ji,j} \mathrm{d}v + \int_V \rho f_i \mathrm{d}v \tag{2-11}$$

根据动量原理 $F_i(t) = \dfrac{\mathrm{d}P_i(t)}{\mathrm{d}t}$；合并上述两式得（去掉积分号）弹性体运动平衡方程：

$$\tau_{ji,j} + \rho f_i = \rho \frac{\mathrm{d}v_i}{\mathrm{d}t} = \rho \frac{\mathrm{d}^2 u_i}{\mathrm{d}t^2} \tag{2-12}$$

式（2-12）即为用应力张量表达的线弹性运动方程。一般情况下，只考虑弹性体的变形而不考虑刚性位移，体力可以不计。对该式展开可以得到三个分量方程（$i=1, 2, 3$），其中的下标逗号表示对坐标求导，相同指标为哑指标，遵守求和约定。对于弹性静力学问题，一般用应力来表达，然后采用应力函数方法求解；而对于动力学问题常用位移来表达。为了方便大家的使用，下面给出全套的弹性力学方程的直角坐标表达。

1. 弹性动力学方程（三维，应力表达）

这方面的理论工作，可以参阅有关教科书（王龙甫，1979）。

（1）平衡方程。

$$\begin{cases} \dfrac{\partial \sigma_x}{\partial x} + \dfrac{\partial \tau_{xy}}{\partial y} + \dfrac{\partial \tau_{xz}}{\partial z} + f_x = \rho \dfrac{\partial^2 u}{\partial t^2} \\[3mm] \dfrac{\partial \tau_{xy}}{\partial x} + \dfrac{\partial \sigma_y}{\partial y} + \dfrac{\partial \tau_{yz}}{\partial z} + f_y = \rho \dfrac{\partial^2 v}{\partial t^2} \\[3mm] \dfrac{\partial \tau_{xz}}{\partial x} + \dfrac{\partial \tau_{yz}}{\partial y} + \dfrac{\partial \sigma_z}{\partial z} + f_z = \rho \dfrac{\partial^2 w}{\partial t^2} \end{cases} \tag{2-13}$$

（2）几何方程。

应变与位移关系：

$$\begin{cases} \varepsilon_x = \dfrac{\partial u}{\partial x} \\[3mm] \varepsilon_y = \dfrac{\partial v}{\partial y} \\[3mm] \varepsilon_z = \dfrac{\partial w}{\partial z} \end{cases}$$

$$\begin{cases} v_{xy} = \dfrac{\partial u}{\partial y} + \dfrac{\partial v}{\partial x} \\[3mm] v_{yz} = \dfrac{\partial v}{\partial z} + \dfrac{\partial w}{\partial y} \\[3mm] v_{zx} = \dfrac{\partial w}{\partial x} + \dfrac{\partial u}{\partial z} \end{cases} \tag{2-14}$$

介质连续协调方程：

$$\begin{cases} \dfrac{\partial^2 \varepsilon_x}{\partial y^2} + \dfrac{\partial^2 \varepsilon_y}{\partial x^2} = \dfrac{\partial^2 v_{xy}}{\partial x \partial y} \\[3mm] \dfrac{\partial^2 \varepsilon_y}{\partial z^2} + \dfrac{\partial^2 \varepsilon_z}{\partial y^2} = \dfrac{\partial^2 v_{yz}}{\partial y \partial z} \\[3mm] \dfrac{\partial^2 \varepsilon_z}{\partial x^2} + \dfrac{\partial^2 \varepsilon_x}{\partial z^2} = \dfrac{\partial^2 v_{xz}}{\partial z \partial x} \end{cases}$$

$$\begin{cases} \dfrac{\partial}{\partial x}\left[\dfrac{\partial v_{xz}}{\partial y} + \dfrac{\partial v_{xy}}{\partial z} - \dfrac{\partial v_{yz}}{\partial x}\right] = 2\dfrac{\partial^2 \varepsilon_x}{\partial y \partial z} \\[3mm] \dfrac{\partial}{\partial y}\left[\dfrac{\partial v_{xy}}{\partial z} + \dfrac{\partial v_{yz}}{\partial x} - \dfrac{\partial v_{xz}}{\partial y}\right] = 2\dfrac{\partial^2 \varepsilon_y}{\partial z \partial x} \\[3mm] \dfrac{\partial}{\partial z}\left[\dfrac{\partial v_{yz}}{\partial x} + \dfrac{\partial v_{xz}}{\partial y} - \dfrac{\partial v_{xy}}{\partial z}\right] = 2\dfrac{\partial^2 \varepsilon_z}{\partial x \partial y} \end{cases} \tag{2-15}$$

（3）本构方程（物理方程）。

用应变表达应力：

$$\begin{cases} \sigma_x = \lambda\theta + 2\mu\varepsilon_x \\ \sigma_y = \lambda\theta + 2\mu\varepsilon_y \\ \sigma_z = \lambda\theta + 2\mu\varepsilon_z \\ \theta = \varepsilon_x + \varepsilon_y + \varepsilon_z \end{cases} \quad \begin{array}{l} \tau_{xy} = \mu v_{xy} \\ \tau_{yz} = \mu v_{yz} \\ \tau_{zx} = \mu v_{zx} \end{array} \tag{2-16}$$

用应力表达应变：

$$\begin{aligned} \varepsilon_x &= \frac{1}{E}[\sigma_x - \sigma(\sigma_y + \sigma_z)] & v_{xy} &= \frac{1}{\mu}\tau_{xy} \\ \varepsilon_y &= \frac{1}{E}[\sigma_y - \sigma(\sigma_z + \sigma_x)] & v_{yz} &= \frac{1}{\mu}\tau_{yz} \\ \varepsilon_z &= \frac{1}{E}[\sigma_z - \sigma(\sigma_x + \sigma_y)] & v_{zx} &= \frac{1}{\mu}\tau_{zx} \\ \theta &= \frac{1-2\sigma}{E}\Theta & \Theta &= \sigma_x + \sigma_y + \sigma_z \end{aligned} \tag{2-17}$$

（4）应力边界条件。

$$\begin{cases} X_N = \sigma_x l + \tau_{xy} m + \tau_{xz} n & \big|_S \\ Y_N = \tau_{yx} l + \sigma_y m + \tau_{yz} n & \big|_S \\ Z_N = \tau_{zx} l + \tau_{zy} m + \sigma_z n & \big|_S \end{cases} \tag{2-18}$$

2. 用位移表达弹性动力学方程（Navier 方程）

这方面的理论工作，可以参阅有关教科书（胡德绥，1989）。下面直接引出有关公式。

$$\mu U_{i,jj} + (\lambda + \mu)U_{j,ji} + \rho f_i = \rho \ddot{U}_i \tag{2-19}$$

可以写成矢量形式：

$$\mu\nabla^2 \boldsymbol{U} + (\lambda + \mu)\nabla(\nabla \cdot \boldsymbol{U}) + \rho \boldsymbol{f} = \rho \ddot{\boldsymbol{U}} \tag{2-20}$$

也可以写成：

$$(\lambda + 2\mu)\nabla(\nabla \cdot \boldsymbol{U}) - \mu\nabla \times (\nabla \times \boldsymbol{U}) + \rho \boldsymbol{f} = \rho \ddot{\boldsymbol{U}} \tag{2-21}$$

以上三个方程就是弹性动力学方程的位移表达的三种形式。再加上初始条件、边界条件，就可以求解地震波，进而可以求取应变（利用几何关系）、求取应力（利用本构方程）。

（1）上述推导应用了如下表达式：

$$\nabla^2 \boldsymbol{U} = \nabla(\nabla \cdot \boldsymbol{U}) - \nabla \times (\nabla \times \boldsymbol{U}) \tag{2-22}$$

（2）式（2-20）拉氏算子是对位移矢量而言，实际表达如下：

$$\nabla^2 \boldsymbol{U} = \nabla^2 U_x \boldsymbol{i} + \nabla^2 U_y \boldsymbol{j} + \nabla^2 U_z \boldsymbol{k} \tag{2-23}$$

2.2　弹性动力学方程的解

本节的解释性推导是根据 Ari 和 Sarva（1981）的理论工作。

2.2.1　波动方程的基本解

不含力源的 Navier 方程为

$$\alpha^2 \nabla(\nabla \cdot \boldsymbol{u}) - \beta^2 \nabla \times \nabla \times \boldsymbol{u} = \frac{\partial^2 \boldsymbol{u}}{\partial t^2} \tag{2-24}$$

其中，

$$\alpha^2 = \frac{\lambda + 2\mu}{\rho} \quad （可以证明是 P 波速度）$$

$$\beta^2 = \frac{\mu}{\rho} \quad （可以证明是 S 波速度）$$

将位移矢量用势函数的梯度和旋度表达为

$$\boldsymbol{U} = \nabla\varphi + \nabla \times \boldsymbol{\Psi}$$

代入弹性方程（2-24），推得两个波动方程：

$$\begin{cases} \nabla^2\varphi = \dfrac{1}{\alpha^2}\ddot{\varphi} \\[2mm] \nabla^2\boldsymbol{\Psi} = \dfrac{1}{\beta^2}\ddot{\boldsymbol{\Psi}} \end{cases} \tag{2-25}$$

这个方程常用于地震波的动力学和传播理论研究，可以统一写成：

$$\nabla^2\psi = \frac{1}{c^2}\frac{\partial^2\psi}{\partial t^2} \tag{2-26}$$

其中，$\psi(\boldsymbol{r},t)$ 为波动；c 为传播速度。通过下面的关系来改变独立变量，设

$$
\begin{cases}
u = t - \dfrac{1}{c}(lx + my + nz) \\[3mm]
v = t + \dfrac{1}{c}(lx + my + nz)
\end{cases}
\qquad (l^2 + m^2 + n^2 = 1)
\tag{2-27}
$$

即原来的四个变量（三个坐标一个时间）变成两个新变量的函数。

$$
\frac{\partial}{\partial t} = \left(\frac{\partial}{\partial v} + \frac{\partial}{\partial u} \right)
$$

$$
\frac{\partial}{\partial x} = \frac{l}{c} \left(\frac{\partial}{\partial v} - \frac{\partial}{\partial u} \right)
$$

这样，式（2-26）转化成：

$$
4 \frac{\partial^2 \psi}{\partial u \partial v} = 0
\tag{2-28}
$$

积分得：

$$
\psi = f(u) + g(v) = f\left(t - \frac{lx + my + nz}{c} \right) + g\left(t + \frac{lx + my + nz}{c} \right)
\tag{2-29}
$$

这就是所谓的波动方程达朗伯特（D. Alembert）解。对于给定的时间，当 $lx + my + nz = \mathrm{const}$ 时，波动 ψ 为常数。而 $lx + my + nz = \mathrm{const}$ 是法向余弦为 $(l,\ m,\ n)$ 的平面方程，因此这些波称为平面波，这些平面称为波阵面。

对式（2-26）两边作傅里叶变换得：

$$
\nabla^2 S + k_c^2 S = 0 \qquad k_c = \omega / c
\tag{2-30}
$$

这就是所谓的亥姆霍兹（Helmholtz）方程。

其中，

$$
S(\boldsymbol{r}, \omega) = \int_{-\infty}^{\infty} \psi(\boldsymbol{r}, t) \mathrm{e}^{-\mathrm{i}\omega t} \mathrm{d}t
\tag{2-31}
$$

反过来，

$$
\psi(\boldsymbol{r}, t) = \frac{1}{2\pi} \int_{-\infty}^{\infty} S(\boldsymbol{r}, \omega) \mathrm{e}^{\mathrm{i}\omega t} \mathrm{d}\omega
\tag{2-32}
$$

由于 $\psi(\boldsymbol{r}, t)$ 是实数，所以根据式（2-31）有共轭关系 $S(\boldsymbol{r}, -\omega) = S^*(\boldsymbol{r}, \omega)$，因此有

$$
\psi(\boldsymbol{r}, t) = \frac{1}{\pi} \mathrm{Re} \int_{0}^{\infty} S(\boldsymbol{r}, \omega) \mathrm{e}^{\mathrm{i}\omega t} \mathrm{d}\omega
\tag{2-33}
$$

定义单位矢量 $\boldsymbol{p}$ 和传播矢量 $\boldsymbol{k}$：

$$
\boldsymbol{p} = l\boldsymbol{e}_x + m\boldsymbol{e}_y + n\boldsymbol{e}_z \qquad \boldsymbol{k} = k_c \boldsymbol{p}
\tag{2-34}
$$

只考虑式（2-29）中的 f 部分，根据式（2-31）有

$$
S(\boldsymbol{r}, \omega) = \int_{-\infty}^{\infty} f\left(t - \frac{\boldsymbol{p} \cdot \boldsymbol{r}}{c} \right) \mathrm{e}^{-\mathrm{i}\omega t} \mathrm{d}t = \left\{ \int_{-\infty}^{\infty} f(t) \mathrm{e}^{-\mathrm{i}\omega t} \mathrm{d}t \right\} \mathrm{e}^{-\mathrm{i}\boldsymbol{k}\boldsymbol{r}} = S(0, \omega) \mathrm{e}^{-\mathrm{i}\boldsymbol{k}\boldsymbol{r}}
\tag{2-35}
$$

令

$$S(0,\omega) = A(\omega)\mathrm{e}^{-\mathrm{i}\chi_0(\omega)}\qquad A\ 和\ \chi_0\ 均为实数$$

由式（2-33）得

$$\psi(\boldsymbol{r},t) = \frac{1}{\pi}Re\int_0^\infty A(\omega)\mathrm{e}^{\mathrm{i}[\omega t - \boldsymbol{k}\cdot\boldsymbol{r} - \chi_0(\omega)]}\mathrm{d}\omega \tag{2-36}$$

式（2-36）表明波函数 $\psi(\boldsymbol{r},t)$ 是平面波在整个频率范围上的积分，这就是叠加的傅里叶原理。波函数某个频谱分量其形式为

$$\psi(\boldsymbol{r},t,\omega_0) = A(\omega_0)\cos[\omega_0(t - \frac{\boldsymbol{p}\cdot\boldsymbol{r}}{c}) - \chi_0] \tag{2-37}$$

由式（2-37）可以看出，在时间域，周期 $T = \dfrac{2\pi}{\omega_0}$，在空间域，波长 $\varLambda = \dfrac{2\pi c}{\omega_0}$，波函数不变，所以说 ψ 在时间和空间上都是谐函数。同样可以讨论 f 和 g 都存在的情况。

2.2.2　标量亥姆霍兹方程的分解（柱坐标）

前面讨论说明，求解波动方程，可以化成在频率域求解亥姆霍兹方程，而求解亥姆霍兹方程往往是通过分离变量法进行的。在柱坐标系中，方程（2-30）的形式为

$$\frac{\partial^2 S}{\partial r^2} + \frac{1}{r}\frac{\partial S}{\partial r} + \frac{1}{r^2}\frac{\partial^2 S}{\partial\varphi^2} + \frac{\partial^2 S}{\partial z^2} + k_\mathrm{c}^2 S = 0 \tag{2-38}$$

分离变量，令

$$S = R(r)\varPhi(\varphi)H(z) \tag{2-39}$$

将式（2-39）代入式（2-38）得

$$\frac{\mathrm{d}^2 R}{\mathrm{d}r^2} + \frac{1}{r}\frac{\mathrm{d}R}{\mathrm{d}r} + \left(k^2 - \frac{m^2}{r^2}\right)R = 0 \tag{2-40}$$

$$\frac{\mathrm{d}^2\varPhi}{\mathrm{d}\varphi^2} + m^2\varPhi = 0 \tag{2-41}$$

$$\frac{\mathrm{d}^2 H}{\mathrm{d}z^2} - (k^2 - k_\mathrm{c}^2)H = 0 \tag{2-42}$$

其中，k 和 m 为分离常数。式（2-40）即为 m 阶贝塞尔方程，其解为贝塞尔函数 $J_m(kr)$；而式（2-41）的解为 $\mathrm{e}^{\pm im\varphi}$；令 $v_\mathrm{c}^2 = k^2 - k_\mathrm{c}^2$，式（2-42）的解为 $\mathrm{e}^{\pm v_\mathrm{c}z}$。为了保证解的单值性，要求 m 必须为整数。所以有

$$S^\pm(\boldsymbol{r},\omega) = \sum_{m=-\infty}^\infty \int_0^\infty A(m,k)\mathrm{e}^{\pm v_\mathrm{c}z}J_m(kr)\mathrm{e}^{im\varphi}\mathrm{d}k = \sum_{m=-\infty}^\infty \int_0^\infty A(m,k)\mathrm{e}^{\pm v_\mathrm{c}z}Y_m(kr,\varphi)\mathrm{d}k \tag{2-43}$$

其中，$A(m,k)$ 是任意待定函数；$Y_m(kr,\varphi) = J_m(kr)\mathrm{e}^{im\varphi}$。

2.2.3　矢量亥姆霍兹方程的分解（柱坐标）

前面讨论了波动方程及其频率域中所对应的标量亥姆霍兹方程的分解。对于所关心

的弹性动力学方程，其在频率域内对应的是矢量亥姆霍兹方程。下面讨论矢量亥姆霍兹方程的分解。

矢量亥姆霍兹方程为

$$\nabla^2 \boldsymbol{u} + k_c^2 \boldsymbol{u} = 0 \tag{2-44}$$

为了避开高阶偏微分方程求解，首先要找一个方法，将 $\boldsymbol{u}$ 分解成三个独立的矢量，在一个标量势中它们的每一个只与二阶偏微分方程相关，而每个标量方程可以对其关于独立变量进行分离。如果能找到这样的矢量，它们将构成矢量方程的完全解。这种解必须满足下面三个条件：

（1）矢量解在某种意义上必须是正交的；

（2）三个标量方程可以分离；

（3）某个矢量解必须与一个坐标面相切，而第二个解必须与之正交。

亥姆霍兹分解定理：

$$\boldsymbol{u} = \nabla \Phi + \nabla \times \boldsymbol{A} \quad \nabla \cdot \boldsymbol{A} = 0 \tag{2-45}$$

式（2-45）中右边的第一项称为径向分量。下面要找两个切向分量，使之满足第三个条件。

考虑一般的曲线坐标 (q_1, q_2, q_3)，相尺度因子为 (h_1, h_2, h_3)。设矢量 $\boldsymbol{a}$ 与曲面 $q_1 = \mathrm{const}$ 正交，而 $\Psi(q_i)$ 是标量亥姆霍兹方程 $\nabla^2 \Psi + k_c^2 \Psi = 0$ 的解。因为 $\boldsymbol{a}\Psi$ 与 $q_1 = \mathrm{const}$ 正交，所以矢量 $\boldsymbol{M} = \nabla \times (\boldsymbol{a}\Psi)$ 与这个曲面相切。因此有（利用 $\nabla^2 \Psi + k_c^2 \Psi = 0$）

$$\nabla^2 \boldsymbol{M} + k_c^2 \boldsymbol{M} = \nabla \times [\Psi \nabla^2 \boldsymbol{a} + 2(\nabla \Psi \cdot \nabla \boldsymbol{a})] \tag{2-46}$$

如果矢量 $\boldsymbol{M}$ 满足矢量亥姆霍兹方程，则 $\nabla^2 \boldsymbol{a}$ 和 $\nabla \times (\nabla \Psi \cdot \nabla \boldsymbol{a})$ 均为零。当 $\boldsymbol{a}$ 是 q_1 方向的常矢量，或 $\boldsymbol{a} = \boldsymbol{r}$，上述条件就可满足。这些对 $\boldsymbol{a}$ 的限制，使得矢量亥姆霍兹方程可分解的曲线坐标系降为 6 种，它们是直角、圆柱、椭圆柱、双曲柱、球和圆锥。在前面四个坐标系中 $\boldsymbol{a} = \boldsymbol{e}_z$，在后面两个坐标系中 $\boldsymbol{a} = \boldsymbol{r}$。

为了得到第二个切向解使之产生的场正交一个坐标面，设

$$\boldsymbol{N} = \frac{1}{k_c} \nabla \times \nabla \times (\boldsymbol{a}\chi) \quad \nabla^2 \chi + k_c^2 \chi = 0$$

由于算子 $(\nabla^2 + k_c^2)$ 与 $(\nabla \times)$ 互补，所以 $\nabla^2 \boldsymbol{N} + k_c^2 \boldsymbol{N} = 0$。引入 $\dfrac{1}{k_c}$ 是为了两个切向解尺度相等。至此，我们已定义了取决于标量势的三个独立的矢量场，它们的线性组合可产生矢量亥姆霍兹方程的通解，其形式便于物理边界条件的应用。这三个矢量是

$$\boldsymbol{M} = \nabla \times (\boldsymbol{a}\Psi) = (\nabla \Psi) \times \boldsymbol{a}$$

$$\boldsymbol{N} = \frac{1}{k_c} \nabla \times \nabla \times (\boldsymbol{a}\chi) \tag{2-47}$$

$$\boldsymbol{L} = \frac{1}{k_c} \nabla \Phi$$

其中，Φ、Ψ 和 χ 都是标量亥姆霍兹方程的解。$\boldsymbol{L}$、$\boldsymbol{M}$ 和 $\boldsymbol{N}$ 被称为汉森矢量（Hansen vectors）。可以很容易地证明它们是线性独立的。另外还可得到下列性质：

$$\nabla \cdot \boldsymbol{M} = 0$$

$$\nabla \cdot \boldsymbol{N} = 0$$

$$\nabla \cdot \boldsymbol{L} = -k_c \boldsymbol{\Phi}$$

$$\nabla \times \boldsymbol{L} = 0$$

$$\boldsymbol{N} = k_c \boldsymbol{a} \chi + \frac{1}{k_c} \nabla \frac{\partial(w\chi)}{\partial q_1} \tag{2-48}$$

其中，$\boldsymbol{a} = w\boldsymbol{e}_1$，$\boldsymbol{e}_1$ 是 q_1 方向上的单位矢量。如果 $\boldsymbol{\Phi}$、$\boldsymbol{\Psi}$ 和 χ 都相同，有

$$\boldsymbol{M} = k_c \boldsymbol{L} \times \boldsymbol{a} = \frac{1}{k_c} \nabla \times \boldsymbol{N}$$

$$\boldsymbol{N} = \frac{1}{k_c} \nabla \times \boldsymbol{M} \tag{2-49}$$

将一个离散形式 $S = f(q_1)Y(q_2, q_3)$ 标量本征函数代入式（2-47）得本征矢量：

$$\boldsymbol{M} = f\boldsymbol{C}$$

$$k_c \boldsymbol{N} = \left[k_c^2(wf) + \frac{1}{h_1} \frac{\partial^2(wf)}{\partial q_1^2} \right] \boldsymbol{P} + \frac{1}{w} \frac{\partial(wf)}{\partial q_1} \boldsymbol{B}$$

$$k_c \boldsymbol{L} = (\frac{1}{h_1} \frac{\partial f}{\partial q_1}) \boldsymbol{P} + \frac{1}{w} f\boldsymbol{B} \tag{2-50}$$

$\boldsymbol{P}$、$\boldsymbol{B}$ 和 $\boldsymbol{C}$ 只依赖于坐标 q_2 和 q_3，被称为面谐矢量，表达式为

$$\boldsymbol{P} = Y\boldsymbol{e}_1$$

$$\boldsymbol{B} = w\nabla Y = \boldsymbol{e}_1 \times \boldsymbol{C} \tag{2-51}$$

$$\boldsymbol{C} = \nabla \times (\boldsymbol{a}Y) = \nabla Y \times \boldsymbol{a} = \boldsymbol{B} \times \boldsymbol{e}_1$$

对于柱坐标，根据式（2-43），我们定义柱谐矢量为

$$\boldsymbol{P}_m(kr, \varphi) = \boldsymbol{e}_z Y_m(kr, \varphi) = \boldsymbol{e}_z J_m(kr)\mathrm{e}^{im\varphi}$$

$$\boldsymbol{B}_m(kr, \varphi) = \frac{1}{k} \nabla Y_m(kr, \varphi) = \left(\boldsymbol{e}_r \frac{\partial}{\partial(kr)} + \boldsymbol{e}_\varphi \frac{1}{kr} \frac{\partial}{\partial \varphi} \right) Y_m(kr, \varphi) \tag{2-52}$$

$$\boldsymbol{C}_m(kr, \varphi) = \frac{1}{k} \nabla \times [\boldsymbol{e}_z Y_m(kr, \varphi)] = \left(\boldsymbol{e}_r \frac{1}{kr} \frac{\partial}{\partial \varphi} - \boldsymbol{e}_\varphi \frac{\partial}{\partial(kr)} \right) Y_m(kr, \varphi)$$

可以证明满足正交关系。注意到在柱坐标系中 $w = 1$，$f = \exp(\pm v_c z)$，$v_c^2 = k^2 - k_c^2$，这时由式（2-50）得到柱坐标的本征矢量：

$$\boldsymbol{M}_m^\pm = \boldsymbol{C}_m \mathrm{e}^{\pm v_c z}$$

$$\boldsymbol{N}_m^\pm = \frac{1}{k_c} (k^2 \boldsymbol{P}_m \pm v_c \boldsymbol{B}_m) \mathrm{e}^{\pm v_c z} \tag{2-53}$$

$$\boldsymbol{L}_m^\pm = \frac{1}{k_c} (\pm v_c \boldsymbol{P}_m + \boldsymbol{B}_m) \mathrm{e}^{\pm v_c z}$$

2.2.4 弹性动力学方程的本征矢量解（柱坐标）

无力源项的 Navier 方程为

$$\alpha^2 \nabla^2 \boldsymbol{u} - \beta^2 \nabla \times \nabla \times \boldsymbol{u} = \frac{\partial^2 \boldsymbol{u}}{\partial t^2} \tag{2-54}$$

对方程两边做傅里叶变换：

$$\boldsymbol{u}(\boldsymbol{r}, \omega) = \int_{-\infty}^{\infty} \boldsymbol{u}(\boldsymbol{r}, t) \mathrm{e}^{-\mathrm{i}\omega t} \mathrm{d}t \tag{2-55}$$

Navier 方程变成：

$$\alpha^2 \nabla^2 \boldsymbol{u} - \beta^2 \nabla \times \nabla \times \boldsymbol{u} = \omega^2 \boldsymbol{u} \tag{2-56}$$

将位移分解为散度分量和旋度分量：

$$\boldsymbol{u} = \boldsymbol{u}_\alpha + \boldsymbol{u}_\beta$$

$$\nabla \times \boldsymbol{u}_\alpha = 0$$

$$\nabla \times \boldsymbol{u}_\beta = 0 \tag{2-57}$$

将式（2-57）代入式（2-56）得到两个矢量亥姆霍兹方程：

$$(\nabla^2 + k_\alpha^2) \boldsymbol{u}_\alpha = 0$$

$$(\nabla^2 + k_\beta^2) \boldsymbol{u}_\beta = 0$$

根据前面的讨论，$\nabla \times \boldsymbol{M} = 0$，$\nabla \times \boldsymbol{N} = 0$，$\nabla \times \boldsymbol{L} = 0$，对照式（2-57），我们知道 $\boldsymbol{u}_\alpha$ 的解为 $\boldsymbol{L}$，而 $\boldsymbol{u}_\beta$ 的解为另两个汉森矢量的线性组合。用柱谐矢量表示汉森矢量，叠加求和得

$$\boldsymbol{u}(r, \varphi, z, \omega) = \int_0^\infty k\mathrm{d}k \sum_{m=-\infty}^{\infty} [U(\omega, k, z)\boldsymbol{B}_k^m + V(\omega, k, z)\boldsymbol{C}_k^m + W(\omega, k, z)\boldsymbol{P}_k^m] \tag{2-58}$$

返回到时间域有

$$\boldsymbol{u}(r, \varphi, z, t) = u_r \boldsymbol{e}_r + u_\varphi \boldsymbol{e}_\varphi + u_z \boldsymbol{e}_z$$

$$= \frac{1}{2\pi} \int_{-\infty}^{+\infty} \mathrm{d}\omega \exp(\mathrm{i}\omega t) \int_0^{+\infty} k\mathrm{d}k \sum_{m=-\infty}^{\infty} (U\boldsymbol{B}_k^m + V\boldsymbol{C}_k^m + W\boldsymbol{P}_k^m) \tag{2-59}$$

2.3 水平层状介质的传输矩阵

弹性介质广义反射透射矩阵是理论地震图的重要算法之一，也是常用的接收函数方法中理论接收函数的核心。本节的解读性推导，是根据 Kennett 和 Kerry（1979，1986）、Kennett（1983）和其他学者的理论工作。

在水平层状各向同性弹性介质组成的半无限空间，由于介质参数（P 波速度、S 波速度和密度）只是深度的函数，描述地震波激发与传播的波动方程及应力-应变本构关系经过数学变换后可化成一阶偏微分方程。根据边界条件及震源激发方式，可以求出偏微

分方程。

2.3.1　均匀介质中微分方程的建立

柱坐标系下弹性动力学方程为（无力源）

$$
\begin{cases}
\dfrac{\partial \sigma_r}{\partial r} + \dfrac{1}{r}\dfrac{\partial \tau_{r\theta}}{\partial \theta} + \dfrac{\partial \tau_{rz}}{\partial z} + \dfrac{\sigma_r - \sigma_\theta}{r} = \rho \dfrac{\partial^2 u_r}{\partial t^2} \\[2mm]
\dfrac{\partial \tau_{r\theta}}{\partial r} + \dfrac{1}{r}\dfrac{\partial \sigma_\theta}{\partial \theta} + \dfrac{\partial \tau_{\theta z}}{\partial z} + \dfrac{2\tau_{r\theta}}{r} = \rho \dfrac{\partial^2 u_\theta}{\partial t^2} \\[2mm]
\dfrac{\partial \tau_{rz}}{\partial r} + \dfrac{1}{r}\dfrac{\partial \tau_{\theta z}}{\partial \theta} + \dfrac{\partial \sigma_z}{\partial z} + \dfrac{\tau_{rz}}{r} = \rho \dfrac{\partial^2 u_z}{\partial t^2}
\end{cases}
\tag{2-60}
$$

均匀各向同性介质本构方程为

$$
\begin{bmatrix}
\sigma_r \\ \sigma_\theta \\ \sigma_z \\ \tau_{\theta z} \\ \tau_{rz} \\ \tau_{r\theta}
\end{bmatrix}
=
\begin{bmatrix}
\lambda+2\mu & \lambda & \lambda & 0 & 0 & 0 \\
 & \lambda+2\mu & \lambda & 0 & 0 & 0 \\
 & & \lambda+2\mu & 0 & 0 & 0 \\
 & & & \mu & 0 & 0 \\
 & & & & \mu & 0 \\
 & & & & & \mu
\end{bmatrix}
\begin{bmatrix}
\varepsilon_r \\ \varepsilon_\theta \\ \varepsilon_z \\ v_{\theta z} \\ v_{rz} \\ v_{r\theta}
\end{bmatrix}
\tag{2-61}
$$

应变与位移的几何关系：

$$
\begin{cases}
\varepsilon_r = \dfrac{\partial u_r}{\partial r} \\[2mm]
\varepsilon_\theta = \dfrac{1}{r}\dfrac{\partial u_\theta}{\partial \theta} + \dfrac{u_r}{r} \\[2mm]
\varepsilon_z = \dfrac{\partial u_z}{\partial z}
\end{cases}
$$

$$
\begin{cases}
v_{\theta z} = \dfrac{1}{r}\dfrac{\partial u_z}{\partial \theta} + \dfrac{\partial u_\theta}{\partial z} \\[2mm]
v_{zr} = \dfrac{\partial u_r}{\partial z} + \dfrac{\partial u_z}{\partial r} \\[2mm]
v_{r\theta} = \dfrac{\partial u_\theta}{\partial r} - \dfrac{u_\theta}{r} + \dfrac{1}{r}\dfrac{\partial u_r}{\partial \theta}
\end{cases}
\tag{2-62}
$$

根据 2.2 节的讨论，引入柱谐函数，通过傅里叶-贝塞尔变换，将位移表示为柱面波的叠加：

$$
\begin{aligned}
\boldsymbol{u}(r,\theta,z,t) &= u_r \boldsymbol{e}_r + u_\theta \boldsymbol{e}_\theta + u_z \boldsymbol{e}_z \\
&= \frac{1}{2\pi}\int_{-\infty}^{+\infty} \mathrm{d}\omega \exp(-\mathrm{i}\omega t)\int_{0}^{+\infty} k\mathrm{d}k \sum_{m=-2}^{2} (U\boldsymbol{B}_k^m + V\boldsymbol{C}_k^m + W\boldsymbol{P}_k^m)
\end{aligned}
\tag{2-63}
$$

其中（对点源 m 的范围取为 $-2 \sim 2$）：

$$
\begin{cases}
\boldsymbol{B}_k^m = (\boldsymbol{e}_r \dfrac{\partial}{\partial \zeta} + \boldsymbol{e}_\theta \dfrac{1}{\zeta} \dfrac{\partial}{\partial \theta}) J_m(\zeta) \exp(\mathrm{i} m\theta) \\[3mm]
\boldsymbol{C}_k^m = (\boldsymbol{e}_r \dfrac{1}{\zeta} \dfrac{\partial}{\partial \theta} - \boldsymbol{e}_\theta \dfrac{\partial}{\partial \zeta}) J_m(\zeta) \exp(\mathrm{i} m\theta) \qquad \zeta = kr \\[3mm]
\boldsymbol{P}_k^m = \boldsymbol{e}_z J_m(\zeta) \exp(\mathrm{i} m\theta)
\end{cases} \tag{2-64}
$$

同样将 Z 平面上的应力分量表示为（边界条件只涉及 Z 平面应力分量）：

$$
\begin{aligned}
\boldsymbol{\sigma}(r,\theta,z,t) &= \tau_{rz}\boldsymbol{e}_r + \tau_{\theta z}\boldsymbol{e}_\theta + \sigma_z \boldsymbol{e}_z \\
&= \frac{1}{2\pi} \int_{-\infty}^{+\infty} \mathrm{d}\omega \exp(-\mathrm{i}\omega t) \int_0^{+\infty} k\mathrm{d}k \sum_{m=-2}^{2} (P\boldsymbol{B}_k^m + S\boldsymbol{C}_k^m + T\boldsymbol{P}_k^m)
\end{aligned} \tag{2-65}
$$

根据式（2-63）和式（2-65）可以写出（ $\omega\text{-}k$ ）域（频率-波数）位移分量和 Z 平面应力分量：

$$
\begin{cases}
u_r = \displaystyle\sum_{m=-2}^{2} \int_0^{+\infty} [UJ_m' + V\frac{\mathrm{i}m}{\zeta}J_m] \exp(\mathrm{i}m\theta)k\mathrm{d}k \\[3mm]
u_\theta = \displaystyle\sum_{m=-2}^{2} \int_0^{+\infty} [U\frac{\mathrm{i}m}{\zeta}J_m - VJ_m'] \exp(\mathrm{i}m\theta)k\mathrm{d}k \\[3mm]
u_z = \displaystyle\sum_{m=-2}^{2} \int_0^{+\infty} WJ_m \exp(\mathrm{i}m\theta)k\mathrm{d}k
\end{cases} \tag{2-66}
$$

$$
\begin{cases}
\tau_{rz} = \displaystyle\sum_{m=-2}^{2} \int_0^{+\infty} [PJ_m' + S\frac{\mathrm{i}m}{\zeta}J_m] \exp(\mathrm{i}m\theta)k\mathrm{d}k \\[3mm]
\tau_{\theta z} = \displaystyle\sum_{m=-2}^{2} \int_0^{+\infty} [P\frac{\mathrm{i}m}{\zeta}J_m - SJ_m'] \exp(\mathrm{i}m\theta)k\mathrm{d}k \\[3mm]
\sigma_z = \displaystyle\sum_{m=-2}^{2} \int_0^{+\infty} TJ_m \exp(\mathrm{i}m\theta)k\mathrm{d}k
\end{cases} \tag{2-67}
$$

将式（2-66）和式（2-67）代入本构关系得

$$
\begin{cases}
T = \rho\alpha^2 \partial_z W - k\rho(\alpha^2 - 2\beta^2)U \\
P = \rho\beta^2 (\partial_z U + kW) \\
S = \rho\beta^2 \partial_z V
\end{cases} \tag{2-68}
$$

将式（2-66）和式（2-67）和本构关系代入运动方程得一阶微分方程，并引入应力-位移矢量 $\boldsymbol{B}(z)$。得到 SH 波：

$$
\frac{\mathrm{d}}{\mathrm{d}z}\begin{bmatrix} V \\ \omega^{-1}S \end{bmatrix} = \omega \begin{bmatrix} 0 & (\rho\beta^2)^{-1} \\ (\rho\beta^2 p^2 - \rho) & 0 \end{bmatrix} \begin{bmatrix} V \\ \omega^{-1}S \end{bmatrix} \tag{2-69}
$$

即

$$d_z \boldsymbol{B}(z) = \omega \boldsymbol{A}(z)\boldsymbol{B}(z) \tag{2-70}$$

其中,

$$\boldsymbol{B}(z) = \begin{bmatrix} V \\ \omega^{-1}S \end{bmatrix}$$

$$\boldsymbol{A}(z) = \begin{bmatrix} 0 & (\rho\beta^2)^{-1} \\ (\rho\beta^2 p^2 - \rho) & 0 \end{bmatrix}$$

得到 SV 波和 P 波:

$$\frac{\mathrm{d}}{\mathrm{d}z}\begin{bmatrix} W \\ U \\ \omega^{-1}T \\ \omega^{-1}P \end{bmatrix} = \omega \begin{bmatrix} 0 & p(1-2\beta^2/\alpha^2) & (\rho\alpha^2)^{-1} & 0 \\ -p & 0 & 0 & (\rho\beta^2)^{-1} \\ -\rho & 0 & 0 & p \\ 0 & \nu p^2 - \rho & -p(1-2\beta^2/\alpha^2) & 0 \end{bmatrix}\begin{bmatrix} W \\ U \\ \omega^{-1}T \\ \omega^{-1}P \end{bmatrix} \tag{2-71}$$

其中, $\nu = 4\rho\beta^2(1-\beta^2/\alpha^2)$, $p = k/\omega$ (水平慢度), α、β 和 ρ 分别为介质比纵波速度、横波速度和质量密度: $\alpha^2 = (\lambda+2\mu)/\rho$, $\beta^2 = \mu/\rho$。

同样,微分方程可以表示为

$$d_z \boldsymbol{B}(z) = \omega \boldsymbol{A}(z)\boldsymbol{B}(z) \tag{2-72}$$

其中的 $\boldsymbol{B}(z)$ 称为应力-位移矢量,即

$$\boldsymbol{B}(z) = \begin{bmatrix} W \\ U \\ \omega^{-1}T \\ \omega^{-1}P \end{bmatrix}$$

$$\boldsymbol{A}(z) = \begin{bmatrix} 0 & p(1-2\beta^2/\alpha^2) & (\rho\alpha^2)^{-1} & 0 \\ -p & 0 & 0 & (\rho\beta^2)^{-1} \\ -\rho & 0 & 0 & p \\ 0 & \nu p^2 - \rho & -p(1-2\beta^2/\alpha^2) & 0 \end{bmatrix} \tag{2-73}$$

对于平面波 $\theta = 0$ (与 Y 无关),式(2-63)和式(2-65)右边第二项变换不再是汉克尔变换,而是关于 x 的傅里叶逆变换,即

$$\boldsymbol{u}(x,z,t) = u_x \boldsymbol{e}_x + u_y \boldsymbol{e}_y + u_z \boldsymbol{e}_z$$
$$= \frac{1}{4\pi^2}\int_{-\infty}^{+\infty}\mathrm{d}\omega\exp(-\mathrm{i}\omega t)\int_{0}^{+\infty}\mathrm{d}k\exp(-\mathrm{i}kx)(\hat{u}_x \boldsymbol{e}_x + \hat{u}_y \boldsymbol{e}_y + \mathrm{i}\hat{u}_z \boldsymbol{e}_z) \tag{2-74}$$

$$\boldsymbol{\sigma}(x,z,t) = \tau_{xz}\boldsymbol{e}_x + \tau_{yz}\boldsymbol{e}_y + \sigma_z \boldsymbol{e}_z$$
$$= \frac{1}{4\pi^2}\int_{-\infty}^{+\infty}\mathrm{d}\omega\exp(-\mathrm{i}\omega t)\int_{0}^{+\infty}\mathrm{d}k\exp(-\mathrm{i}kx)(\hat{\tau}_{xz}\boldsymbol{e}_x + \hat{\tau}_{yz}\boldsymbol{e}_y + \mathrm{i}\hat{\tau}_{zz}\boldsymbol{e}_z) \tag{2-75}$$

当 $W = \mathrm{i}\hat{u}_z$, $U = \hat{u}_x$, $V = \hat{u}_y$, $T = \mathrm{i}\hat{\tau}_{zz}$, $P = \hat{\tau}_{xz}$, $S = \hat{\tau}_{yz}$ 时,上述微分方程仍成立。

2.3.2　均匀介质中上下行波分解（只讨论 P-SV 波）

为了将应力-位移矢量与弹性波场直接相联系，作变换：

$$\boldsymbol{B} = \boldsymbol{D}\boldsymbol{V} = \begin{bmatrix} M_U & M_D \\ N_U & N_D \end{bmatrix}\begin{bmatrix} V_U \\ V_D \end{bmatrix} \tag{2-76}$$

$\boldsymbol{D}$ 为 A 的特征矢量矩阵，而波矢量 $\boldsymbol{V}$ 满足：

$$\partial_z V = \mathrm{i}\omega \Lambda V \tag{2-77}$$

$\mathrm{i}\Lambda$ 为对角矩阵，其元素为 A 的特征值。对微分方程（2-72）中的矩阵 $A(z)$ 求其本征值和本征向量构成的本征矩阵 $\boldsymbol{D}$：

由 $|A - \lambda I| = 0$，得

$$\lambda^4 - \left[2p^2 - \left(\frac{1}{\alpha^2} + \frac{1}{\beta^2}\right)\right]\lambda^2 + \left[p^4 - \left(\frac{1}{\alpha^2} + \frac{1}{\beta^2}\right)p^2 + \frac{1}{\alpha^2\beta^2}\right] = 0 \tag{2-78}$$

从而求得本征值：

$$\begin{cases} \pm\lambda_\alpha = \pm\mathrm{i}(\alpha^{-2} - p^2)^{\frac{1}{2}} \\ \pm\lambda_\beta = \pm\mathrm{i}(\beta^{-2} - p^2)^{\frac{1}{2}} \end{cases} \tag{2-79}$$

用本征值构成对角阵：

$$\mathrm{i}\Lambda = \mathrm{i}\,\mathrm{diag}\{-q_\alpha, -q_\beta, q_\alpha, q_\beta\} \tag{2-80}$$

$$\begin{cases} q_\alpha = (\alpha^{-2} - p^2)^{\frac{1}{2}} \\ q_\beta = (\beta^{-2} - p^2)^{\frac{1}{2}} \end{cases} \tag{2-81}$$

q_α 和 q_β 分别为 P 波和 SV 波的垂直慢度。要求它们的虚部大于或等于零。

当 $\alpha > C$ 时，

$$q_\alpha = \mathrm{i}(p^2 - \alpha^{-2})^{\frac{1}{2}}$$

当 $\alpha \leqslant C$ 时，

$$q_\alpha = (\alpha^{-2} - p^2)^{\frac{1}{2}}$$

当 $\beta > C$ 时，

$$q_\beta = \mathrm{i}(p^2 - \beta^{-2})^{\frac{1}{2}}$$

当 $\beta \leqslant C$ 时，

$$q_\beta = (\beta^{-2} - p^2)^{\frac{1}{2}}$$

$$C = \frac{1}{p} = \frac{\omega}{k}$$

由本征值和 $A(z)$ 求得本征矩阵 D：

$$D = \left[b_{\mathrm{p}}^{\mathrm{U}}, b_{\mathrm{s}}^{\mathrm{U}}, b_{\mathrm{p}}^{\mathrm{D}}, b_{\mathrm{s}}^{\mathrm{D}} \right] = \begin{bmatrix} M_{\mathrm{U}} & M_{\mathrm{D}} \\ N_{\mathrm{U}} & N_{\mathrm{D}} \end{bmatrix}$$

$$= \begin{bmatrix} -\mathrm{i}q_\alpha & p & \mathrm{i}q_\alpha & p \\ p & -\mathrm{i}q_\beta & p & \mathrm{i}q_\beta \\ \rho(2\beta^2 p^2 - 1) & -2\mathrm{i}\rho\beta^2 pq_\beta & \rho(2\beta^2 p^2 - 1) & 2\mathrm{i}\rho\beta^2 pq_\beta \\ -2\mathrm{i}\rho\beta^2 pq_\alpha & \rho(2\beta^2 p^2 - 1) & 2\mathrm{i}\rho\beta^2 pq_\alpha & \rho(2\beta^2 p^2 - 1) \end{bmatrix} \begin{bmatrix} \varepsilon_\alpha & 0 & 0 & 0 \\ 0 & \varepsilon_\beta & 0 & 0 \\ 0 & 0 & \varepsilon_\alpha & 0 \\ 0 & 0 & 0 & \varepsilon_\beta \end{bmatrix}$$

$$\tag{2-82}$$

其中，ε_α、ε_β 为比例因子，可自由选择；M_{U} 和 M_{D} 为位移转换算子，N_{U} 和 N_{D} 为应力转换算子，U 代表上行，D 代表下行。为方便起见，下面给出 D 矩阵的逆表达式：

$$D^{-1} = \begin{bmatrix} \dfrac{1}{\varepsilon_\alpha} & 0 & 0 & 0 \\ 0 & \dfrac{1}{\varepsilon_\beta} & 0 & 0 \\ 0 & 0 & \dfrac{1}{\varepsilon_\alpha} & 0 \\ 0 & 0 & 0 & \dfrac{1}{\varepsilon_\beta} \end{bmatrix} \begin{bmatrix} \dfrac{-\mathrm{i}(2\beta^2 p^2 - 1)}{2q_\alpha} & \beta^2 p & -\dfrac{1}{2\rho} & \dfrac{\mathrm{i}p}{2\rho q_\alpha} \\ \beta^2 p & \dfrac{-\mathrm{i}(2\beta^2 p^2 - 1)}{2q_\beta} & \dfrac{\mathrm{i}p}{2\rho q_\beta} & -\dfrac{1}{2\rho} \\ \dfrac{\mathrm{i}(2\beta^2 p^2 - 1)}{2q_\alpha} & \beta^2 p & -\dfrac{1}{2\rho} & \dfrac{-\mathrm{i}p}{2\rho q_\alpha} \\ \beta^2 p & \dfrac{\mathrm{i}(2\beta^2 p^2 - 1)}{2q_\beta} & \dfrac{-\mathrm{i}p}{2\rho q_\beta} & -\dfrac{1}{2\rho} \end{bmatrix} \tag{2-83}$$

为使各类波具有可比性，对 Z 方向的能流密度做归一化处理，使得它们在 Z 方向具有相同的能流密度，得到：

$$\begin{cases} \varepsilon_\alpha = (2pq_\alpha)^{-\frac{1}{2}} \\ \varepsilon_\beta = (2pq_\beta)^{-\frac{1}{2}} \end{cases} \tag{2-84}$$

波矢量 V 代表上行和下行平面波振幅，可以写成：

$$V = [V_{\mathrm{U}}, V_{\mathrm{D}}]^{\mathrm{T}} = [\phi_{\mathrm{U}}, \psi_{\mathrm{U}}, \phi_{\mathrm{D}}, \psi_{\mathrm{D}}]^{\mathrm{T}} \tag{2-85}$$

其中，ϕ 代表 P 波振幅；ψ 代表 SV 波振幅。从而将应力–位移矢量分解成上下行波：

$$B = DV = \begin{bmatrix} M_{\mathrm{U}} & M_{\mathrm{D}} \\ N_{\mathrm{U}} & N_{\mathrm{D}} \end{bmatrix} \begin{bmatrix} V_{\mathrm{U}} \\ V_{\mathrm{D}} \end{bmatrix} \tag{2-86}$$

根据式（2-77），在均匀介质中不同深度的上行和下行波振幅度可以通过如下方程相联系：

$$V(z) = \exp[\mathrm{i}\omega\Lambda(z - z_0)]V(z_0) \tag{2-87}$$

所以不同深度的应力–位移矢量 B 有如下表达式：

$$B(z) = D\exp[\mathrm{i}\omega\Lambda(z - z_0)]D^{-1}B(z_0) \tag{2-88}$$

算子 $D\exp[\mathrm{i}\omega\Lambda(z - z_0)]D^{-1}$ 就是所谓的传输矩阵（transfer matrix）。等价于 Haskell 层矩阵（layer matrix）。它是均匀介质中不同深度的应力–位移矢量之间的联系纽带（参见层状模型图 2-1）。

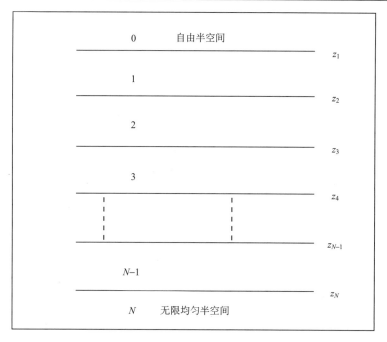

图 2-1　层状模型示意图

2.3.3　边界条件和震源影响

（1）接触面上：应力-位移矢量连续，但波矢量不连续。

（2）自由面上：应力为零，即

$$\boldsymbol{B}(0) = [W_0, 0]^{\mathrm{T}} = [W(0), U(0), 0, 0]^{\mathrm{T}} \tag{2-89}$$

（3）设在 z_L 深度以下为半无限空间，只存在下行波，则有

$$\boldsymbol{B}(z_L) = \boldsymbol{D}(z_L^+) V(z_L^+) = \boldsymbol{D}(z_L^+) \begin{bmatrix} 0 \\ 0 \\ \phi_{\mathrm{D}} \\ \psi_{\mathrm{D}} \end{bmatrix} = \boldsymbol{D}(z_L^+) \begin{bmatrix} 0 \\ V_{\mathrm{D}} \end{bmatrix} \tag{2-90}$$

注意，+号表示下界面，这时的 $\boldsymbol{D}$ 与界面密切相关，与上述均匀介质中的 $\boldsymbol{D}$ 不太一样。这里的本征矩阵是下界面半无限空间介质的。

（4）震源上下两侧问题。作用于水平面上的震源导致震源面两侧应力-位移矢量不连续，其辐射效应可用震源面两侧应力-位移矢量间断作等价代替，定义震源矢量为

$$\left[\boldsymbol{B}(z_{\mathrm{S}})\right]_{-}^{+} = \boldsymbol{B}(z_{\mathrm{S}}^+) - \boldsymbol{B}(z_{\mathrm{S}}^-) = \varphi(z_{\mathrm{S}}) \tag{2-91}$$

震源效应还可用波矢量间断来描述：

$$\boldsymbol{\Sigma} = \left[V(z_{\mathrm{S}})\right]_{-}^{+} = [\Sigma_{\mathrm{U}}, \Sigma_{\mathrm{D}}]^{\mathrm{T}} = \boldsymbol{D}^{-1}(z_{\mathrm{S}}) \varphi(z_{\mathrm{S}}) \tag{2-92}$$

2.4　弹性波传播矩阵

2.4.1　传播矩阵

前述的传输矩阵（或层矩阵）是定义在均匀层之内。应力-位移矢量满足：$\partial_z B(z) = \omega A(z) B(z)$。适用于层状均匀介质的理论地震图的计算。但实际上的介质是不均匀的，用均匀层描述是一种近似。为了更精确地研究垂向不均匀介质的传播，Gilbert 和 Backus（1966）曾引入传播矩阵，用来提高传输矩阵（Haskell 矩阵）算法的精度。所谓传播矩阵是指对应于矩阵方程[具体理论证明和论述，参见 Ari 和 Sarva（1981）、吴庆举（1996）的研究]

$$\partial_z P(z, z_0) = \omega A(z) P(z, z_0) \tag{2-93}$$

的基本解矩阵，其列向量线性无关，且受条件 $P(z_0, z_0) = I$（I 为单位阵）的约束，由于式（2-77）中 A 矩阵的迹为零，所以 $\det P = 1$，其任意一个基本解 $\Phi(z)$，由于其非奇异性，都可用来构造传播矩阵。即可以设传播矩阵为

$$P(z, z_0) = \Phi(z) \Phi^{-1}(z_0) \tag{2-94}$$

于是，如果已知某一深度 z_0 处的应力-位移矢量，借助于传播矩阵可以得到任意深度的应力-位移矢量：

$$B(z) = P(z, z_0) B(z_0) \tag{2-95}$$

或者

$$B(z) = \Phi(z) \Phi^{-1}(z_0) B(z_0)$$

显然上述的 $\Phi(z) = D \exp(i \omega \Lambda z)$ 是一个特例，是均匀层状介质的基本解，而层矩阵是传播矩阵的一个特例。传播矩阵反映了任意两个深度之间弹性波的分层传播性质，将任意两个深度的应力-位移矢量联系起来，它适用于垂向不均匀介质；而传输矩阵只适用于均匀介质。传播矩阵具有如下两个基本性质。

（1）结合性：

$$P(z, z_0) = \Phi(z) \Phi^{-1}(z_0) = \Phi(z) \Phi^{-1}(\zeta) \Phi(\zeta) \Phi^{-1}(z_0) = P(z, \zeta) P(\zeta, z_0) \tag{2-96}$$

表明分层介质总体传播矩阵可以通过分层传播矩阵连乘得到。

（2）互逆性：

$$P(z_2, z_1) = P^{-1}(z_1, z_2) \tag{2-97}$$

表明分层介质上下的两个传播矩阵互逆，由一个矩阵可以得到另一个矩阵。

由于在水平分界面上（非震源面）应力-位移矢量连续，故传播矩阵也连续，因此上述两个性质是传播矩阵的固有属性，与介质弹性参数随深度的变化是否连续无关。

2.4.2　半空间的响应

由前面的边界条件：

$$\boldsymbol{B}(0) = \begin{bmatrix} W_0, & 0 \end{bmatrix}^{\mathrm{T}}$$

$$\boldsymbol{B}(z_L) = \boldsymbol{D}(z_L^+)\boldsymbol{V}(z_L^+) = \boldsymbol{D}(z_L^+)\begin{bmatrix} 0 \\ V_D \end{bmatrix}$$

可以将震源下部的应力-位移矢量与下半空间的波场相联系：

$$\boldsymbol{B}(z_{\mathrm{S}}^+) = \boldsymbol{P}(z_{\mathrm{S}}, z_L)\boldsymbol{B}(z_L) \tag{2-98}$$

并将与震源有关的间断面引入得到震源上部的应力-位移矢量：

$$\boldsymbol{B}(z_{\bar{\mathrm{S}}}) = \boldsymbol{B}(z_{\mathrm{S}}^+) - \varphi = \boldsymbol{P}(z_{\mathrm{S}}, z_L)\boldsymbol{B}(z_L) - \varphi \tag{2-99}$$

这样就得到了自由面的位移：

$$B(0) = P(0, z_{\mathrm{S}})B(z_{\bar{\mathrm{S}}}) = P(0, z_L)B(z_L) - P(0, z_{\mathrm{S}})\varphi \tag{2-100}$$

引入矢量：

$$\boldsymbol{S} = P(0, z_{\mathrm{S}})\varphi = [S_W, S_T]^{\mathrm{T}} \tag{2-101}$$

这不仅包括了震源向地表的辐射，也包括了震源向上传播的整个间断面效应。

再将底界面 z_L 的边界条件引入，得

$$B(0) = P(0, z_L)D(z_L^+)V(z_L^+) - S \tag{2-102}$$

设

$$F(0, z_L^+) = P(0, z_L)D(z_L^+) \tag{2-103}$$

考虑到自由面的条件得

$$\begin{pmatrix} w_0 \\ 0 \end{pmatrix} = \begin{pmatrix} F_{11} & F_{12} \\ F_{21} & F_{22} \end{pmatrix}\begin{pmatrix} 0 \\ V_{\mathrm{D}}(z_L^+) \end{pmatrix} - \begin{pmatrix} S_W \\ S_T \end{pmatrix} \tag{2-104}$$

其中的分块矩阵 $\boldsymbol{F}_{ij}$ 是 2×2 的矩阵。从而推得：

$$w_0 = F_{12}F_{22}^{-1}S_T - S_W \tag{2-105}$$

条件是 $\det F_{22}$ 不为零（其逆矩阵存在）。一旦得到了地表位移，可以求得任意深度的应力-位移矢量：

$$\boldsymbol{B}(z) = \begin{cases} \boldsymbol{P}(z, 0)[w_0, 0]^{\mathrm{T}} & z < z_{\mathrm{S}} \\ \boldsymbol{P}(z, 0)[w_0, 0]^{\mathrm{T}} + \boldsymbol{P}(z, z_{\mathrm{S}})\boldsymbol{S} & z > z_{\mathrm{S}} \end{cases} \tag{2-106}$$

传播矩阵的解对地震波场有一个完整的确定，但在计算上存在一些缺陷。两个不同深度之间的传播矩阵 $\boldsymbol{P}(z_1, z_2)$ 包含了这个区间的波传播的所有性质，对向下和向上的波都做了考虑。以一个均匀层为例[式（2-82）]可充分说明这一点。该式包含了指数项 $\exp(\pm \mathrm{i}\omega q_\beta h)$，在层矩阵的解析表达式中以正、余弦函数组合而成。当波为瞬间时会造成困难，这时会遇到 $\cos h(\omega|q_\beta|h)$ 和 $\sin h(\omega|q_\beta|h)$ 项。由底界面条件可知，我们感兴趣的是负指数项，它在双曲函数中被淹没（意思是指被正指数项覆盖，其量值只相当于正指数项的小数部分，而被忽略），不能得到精确的解，尤其是当频率很高时。这个问题还与解的形式有关。$F_{12}F_{22}^{-1}$ 包含了 F 的子项的比率，因此对于给定的慢度，即使部分结构含

瞬间波，仍会面临两个几乎相等的大数之间的减法，而丧失精度。前人（Gilbert and Backus，1966）采用的方法是对传播矩阵中的子式作特殊处理，但对结果不能有一个容易的物理解释。2.5 节将根据半空间的反射、透射性质，通过从公式中消除增长的解来克服数值计算上的困难。

2.5　广义反射和透射矩阵

2.5.1　反射和透射

考虑位于 $z_1 < z < z_3$ 深度范围内任意的垂向不均匀介质层，其上下分别为两个均匀的半无限空间，介质层顶（$-$：上侧面）、底（$+$：下侧面）界面上的应力-位移矢量通过传播矩阵相联系：

$$\boldsymbol{B}(z_1) = \boldsymbol{P}(z_1, z_3)\boldsymbol{B}(z_3) \tag{2-107}$$

采用上下行波分解，将式（2-107）用上下两个半无限空间的波矢量来表达，有如下关系：

$$\boldsymbol{V}(z_1^-) = \boldsymbol{D}^{-1}(z_1^-)\boldsymbol{P}(z_1, z_3)\boldsymbol{D}(z_3^+)\boldsymbol{V}(z_3^+)$$
$$= \boldsymbol{Q}(z_1^-, z_3^+)\boldsymbol{V}(z_3^+) \tag{2-108}$$

即

$$\boldsymbol{Q}(z_1^-, z_3^+) = \boldsymbol{D}^{-1}(z_1^-)\boldsymbol{P}(z_1, z_3)\boldsymbol{D}(z_3^+) \tag{2-109}$$

显然 $\boldsymbol{Q}(z_1^-, z_3^+)$ 与上述传播矩阵作用是十分类似的，称为波传播算子。其基本性质也相同。

（1）结合性：

$$\boldsymbol{Q}(z_1^-, z_3^+) = \boldsymbol{Q}(z_1^-, z_2)\boldsymbol{Q}(z_2, z_3^+) \tag{2-110}$$

（2）互逆性：

$$\boldsymbol{Q}(z_1^-, z_3^+) = \boldsymbol{Q}^{-1}(z_3^+, z_1^-) \tag{2-111}$$

波传播算子与传播矩阵的本质差异：前者是将波联系起来，后者是将应力-位移矢量联系起来；在分界面上波传播算子不连续，而传播矩阵连续。

由式（2-108）对 $\boldsymbol{Q}$ 作分解：

$$\begin{bmatrix} V_{\mathrm{U}}(z_1^-) \\ V_{\mathrm{D}}(z_1^-) \end{bmatrix} = \begin{bmatrix} \boldsymbol{Q}_{11} & \boldsymbol{Q}_{12} \\ \boldsymbol{Q}_{21} & \boldsymbol{Q}_{22} \end{bmatrix} \begin{bmatrix} V_{\mathrm{U}}(z_3^+) \\ V_{\mathrm{D}}(z_3^+) \end{bmatrix} \tag{2-112}$$

可以用 V_{U} 和 V_{D} 来定义反射矩阵 $\boldsymbol{R}$ 和透射矩阵 $\boldsymbol{T}$。例如，考虑由 $z < z_1$ 入射下行波，经过中间不均匀介质层的作用，在上覆均匀半空间（$z < z_1$）只产生上行波，在下伏均匀半空间（$z > z_3$）只产生下行波，即

$$\begin{cases} V_{\mathrm{U}}(z_1^-) = \boldsymbol{R}_{\mathrm{D}}V_{\mathrm{D}}(z_1^-) \\ V_{\mathrm{D}}(z_3^+) = \boldsymbol{T}_{\mathrm{D}}V_{\mathrm{D}}(z_1^-) \end{cases} \tag{2-113}$$

同理，由 $z > z_3$ 入射的上行波，经过中间不均匀介质层的作用，在上覆半空间（$z < z_1$）只产生上行波，在下伏半空间（$z > z_3$）只产生下行波，即

$$\begin{cases} V_U(z_1^-) = T_U V_U(z_3^+) \\ V_D(z_3^+) = R_U V_U(z_3^+) \end{cases} \tag{2-114}$$

R_D、T_D 都是 2×2 的矩阵。可表示为

$$R_D = \begin{bmatrix} r_{PP}^D & r_{PS}^D \\ r_{SP}^D & r_{SS}^D \end{bmatrix} \tag{2-115}$$

$$T_D = \begin{bmatrix} t_{PP}^D & t_{PS}^D \\ t_{SP}^D & t_{SS}^D \end{bmatrix}$$

将式（2-113）和式（2-114）合并，且与式（2-112）对应，得

$$\begin{cases} T_D = Q_{22}^{-1} \\ R_D = Q_{12} Q_{22}^{-1} \\ T_U = Q_{11} - Q_{12} Q_{22}^{-1} Q_{21} \\ R_U = -Q_{22}^{-1} Q_{21} \end{cases} \tag{2-116}$$

反之，波传播算子也可用反射透射系数矩阵表示成

$$Q(z_1^-, z_3^+) = \begin{bmatrix} Q_{11} & Q_{12} \\ Q_{21} & Q_{22} \end{bmatrix} = \begin{bmatrix} T_U - R_D T_D^{-1} R_U & R_D T_D^{-1} \\ -T_D^{-1} R_U & T_D^{-1} \end{bmatrix} \tag{2-117}$$

其逆矩阵为

$$Q(z_3^+, z_1^-) = \begin{bmatrix} T_U^{-1} & -T_U^{-1} R_D \\ R_U T_U^{-1} & T_D - R_U T_U^{-1} R_D \end{bmatrix} \tag{2-118}$$

可以发现，关于中心对调式（2-118）的分块，调换指标 U 和 D，就得到了矩阵（2-117）。也就是说，向上传播矩阵是来自于反向结构的向下传播矩阵。可以证明如下对称关系成立：

$$R_D = R_D^T$$

$$R_U = R_U^T$$

$$T_D = T_U^T \tag{2-119}$$

传播矩阵可以用波传播算子表达：

$$P(z_1, z_3) = D(z_1^-) Q(z_1^-, z_3^+) D(z_3^+)^{-1} \tag{2-120}$$

对于一个均匀层这个特例，有

$$Q(z_2, z_1) = \exp[i\omega \Lambda (z_2 - z_1)]$$

$$= \begin{bmatrix} e^{-i\omega q_\alpha (z_2 - z_1)} & 0 & 0 & 0 \\ 0 & e^{-i\omega q_\beta (z_2 - z_1)} & 0 & 0 \\ 0 & 0 & e^{i\omega q_\alpha (z_2 - z_1)} & 0 \\ 0 & 0 & 0 & e^{i\omega q_\beta (z_2 - z_1)} \end{bmatrix} \tag{2-121}$$

$$= \begin{bmatrix} E^{-1} & 0 \\ 0 & E \end{bmatrix}$$

其中 E 代表下行传播的相移矩阵，即

$$E = \begin{bmatrix} e^{i\omega q_\alpha(z_2-z_1)} & 0 \\ 0 & e^{i\omega q_\beta(z_2-z_1)} \end{bmatrix} \qquad (2\text{-}122)$$

比较式（2-121）与式（2-118）可以看出没有反射，并且有

$$T_{\mathrm{D}} = E$$

$$T_{\mathrm{U}} = E \qquad (2\text{-}123)$$

2.5.2 来自一个自由面下部区域的反射

设想有一个非均匀区域 $0 < z < z_B$，其上部为自由面，其下为均匀半空间 $z > z_B$。当下部向上入射，将反射产生向下的波，引入反射矩阵 $R_{\mathrm{U}}^F(z_B)$ 来描述相互作用：

$$V_{\mathrm{D}}(z_B^+) = R_{\mathrm{U}}^F(z_B)V_{\mathrm{U}}(z_B^+) \qquad (2\text{-}124)$$

自由表面位移与 z_B^+ 处波场的关系为

$$B(0) = P(0,z_B)B(z_B) = P(0,z_B)D(z_B^+)V(z_B^+) \qquad (2\text{-}125)$$

定义：

$$F(0,z_B^+) = P(0,z_B)D(z_B^+) \qquad (2\text{-}126)$$

对矩阵 F 作分块，式（2-125）可写成：

$$\begin{bmatrix} w_0 \\ 0 \end{bmatrix} = \begin{bmatrix} F_{11} & F_{12} \\ F_{21} & F_{22} \end{bmatrix} \begin{bmatrix} V_{\mathrm{U}}(z_B^+) \\ V_{\mathrm{D}}(z_B^+) \end{bmatrix} \qquad (2\text{-}127)$$

由于地表应力为 0，根据式（2-124）和式（2-127），于是有

$$R_{\mathrm{U}}^F(z_B) = -F_{22}^{-1}F_{21} \qquad (2\text{-}128)$$

当 $z_B = 0^-$ 时，即在地表，由式（2-127）及上下行波分解，得

$$R_{\mathrm{U}}^F(0^-) = \overline{R} = -N_{\mathrm{D}}^{-1}N_{\mathrm{U}} \qquad (2\text{-}129)$$

式（2-129）中的 N_{D} 和 N_{U} 是 $D(0^-)$ 的分块矩阵。

2.5.3 层状叠加介质的反射和透射系数

考虑一个非均匀区域 $z_1 < z < z_3$，但中间被某个平面 $z = z_2$ 所分隔，即 $z_1^+ \leqslant z_2 \leqslant z_3^-$。由式（2-110）得

$$Q(z_1^-, z_3^+) = Q(z_1^-, z_2)Q(z_2, z_3^+) \qquad (2\text{-}130)$$

将式（2-117）代入式（2-130），用两个区间的响应得到 $z_1^- \leqslant z \leqslant z_3^+$ 区间的响应：

$$\begin{cases} R_{\mathrm{D}}^{13} = R_{\mathrm{D}}^{12} + T_{\mathrm{U}}^{12}R_{\mathrm{D}}^{23}[I - R_{\mathrm{U}}^{12}R_{\mathrm{D}}^{23}]^{-1}T_{\mathrm{D}}^{12} \\ T_{\mathrm{D}}^{13} = T_{\mathrm{D}}^{23} \cdot [I - R_{\mathrm{U}}^{12}R_{\mathrm{D}}^{23}]^{-1}T_{\mathrm{D}}^{12} \\ R_{\mathrm{U}}^{13} = R_{\mathrm{U}}^{23} + T_{\mathrm{D}}^{23}R_{\mathrm{U}}^{12}[I - R_{\mathrm{D}}^{23}R_{\mathrm{U}}^{12}]^{-1}T_{\mathrm{U}}^{23} \\ T_{\mathrm{U}}^{13} = T_{\mathrm{U}}^{12}[I - R_{\mathrm{D}}^{23}R_{\mathrm{U}}^{12}]^{-1}T_{\mathrm{U}}^{23} \end{cases} \qquad (2\text{-}131)$$

这个式子是对均匀介质中相应关系的广义化。为了讨论式（2-131）的意义，可根据逆矩

阵级数展开式：

$$[I - A]^{-1} = I + A + A^2 + A^3 + \cdots$$

得

$$R_D^{13} = R_D^{12} + T_U^{12} R_D^{23} T_D^{12} + T_U^{12} R_D^{23} R_U^{12} R_D^{23} T_D^{12} + \cdots \tag{2-132}$$

同样可以对其他系数展开。

2.5.4 自由面反射系数的组合关系

考虑一个非均匀区域 $0 < z < z_B$，但中间为平面 $z = z_2$ $(0 < z_A \leqslant z_B)$ 所分隔，由式（2-103）得

$$\begin{aligned}
F(0, z_B^+) &= P(0, z_B) D(z_B^+) \\
&= P(0, z_A) D(z_A) D^{-1}(z_A) P(z_A, z_B) D(z_B^+) \\
&= F(0, z_A) Q(z_A, z_B^+)
\end{aligned} \tag{2-133}$$

将式（2-117）和式（2-128）代入得

$$R_U^{FB} = R_U^{AB} + T_D^{AB} R_U^{FA} [I - R_D^{AB} R_U^{FA}]^{-1} T_U^{AB} \tag{2-134}$$

2.5.5 层状均匀介质的递推

设一个均匀层 $z_1 < z < z_2$ 覆盖在一个非均匀层 $z_2 < z < z_3$，根据式（2-131）有

$$\begin{cases}
R_D^{13} = \overline{R}_D^{12} + \overline{T}_U^{12} \overline{R}_D^{23} [I - \overline{R}_U^{12} \overline{R}_D^{23}]^{-1} \overline{T}_D^{12} \\
T_D^{13} = \overline{T}_D^{23} [I - \overline{R}_U^{12} \overline{R}_D^{23}]^{-1} \overline{T}_D^{12} \\
R_U^{13} = \overline{R}_U^{23} + \overline{T}_D^{23} \overline{R}_U^{12} [I - \overline{R}_D^{23} \overline{R}_U^{12}]^{-1} \overline{T}_U^{23} \\
T_U^{13} = \overline{T}_U^{12} [I - \overline{R}_D^{23} \overline{R}_U^{12}]^{-1} \overline{T}_U^{23}
\end{cases} \tag{2-135}$$

$\overline{R}_D^{12}$ 是界面 z_1 上的系数，$\overline{R}_D^{23}$ 是 $z > z_2$ 的系数，并相对于 z_1 和 z_2 之间作了相移，所以

$$\begin{aligned}
\overline{R}_D^{23} &= E R_D^{23} E \\
\overline{R}_U^{23} &= E R_U^{23} E \\
\overline{T}_D^{23} &= T_D^{23} E \\
\overline{T}_U^{23} &= E T_U^{23}
\end{aligned} \tag{2-136}$$

其中，E 是通过这一层的向下行的相移。

因此，从底部开始递推，每一步叠加上一层，从而算出反射透射系数。对于一个固定的慢度 p，每一步频率的相关性只出现在相移 E 上，这是因为反射透射系数与频率无关。如果计算出的作用系数被存储，那么可用于许多频率。我们注意到，如果是瞬间的波 $\left(p > \dfrac{1}{\beta} > \dfrac{1}{\alpha} \right)$，只出现 $\exp[-\omega |q_\beta| (z_2 - z_1)]$，这对于增长指数的解是没有什么困难的。

2.6　水平分层介质的反射透射系数递推和地表位移

本节只涉及水平分层均匀介质。在此情况下，广义反射透射矩阵退化为单界面反射透射矩阵乘以相移矩阵。下面给出吴庆举（1996）推导的平面波从底部入射水平分层介质，底部为半无限，顶部为自由界面，所产生的地表位移的计算过程。

2.6.1　反射透射系数递推公式

（1）首先计算底部界面 $z = z_N$ 的单一反射透射系数矩阵。
传播算子为

$$\begin{bmatrix} \boldsymbol{Q}_{11} & \boldsymbol{Q}_{12} \\ \boldsymbol{Q}_{21} & \boldsymbol{Q}_{22} \end{bmatrix}_N = (\boldsymbol{D}_{N-1})^{-1}\boldsymbol{D}_N \tag{2-137}$$

进而算得 $z = z_N$ 单一界面的反射透射系数矩阵：

$$\begin{cases} \boldsymbol{T}_{\mathrm{D}}^n = [\boldsymbol{Q}_{22}^{-1}]_N \\ \boldsymbol{R}_{\mathrm{D}}^n = [\boldsymbol{Q}_{12}\boldsymbol{Q}_{22}^{-1}]_N \\ \boldsymbol{T}_{\mathrm{U}}^n = [\boldsymbol{Q}_{11} - \boldsymbol{Q}_{12}\boldsymbol{Q}_{22}^{-1}\boldsymbol{Q}_{21}]_N \\ \boldsymbol{R}_{\mathrm{U}}^n = [-\boldsymbol{Q}_{22}^{-1}\boldsymbol{Q}_{21}]_N \end{cases} \tag{2-138}$$

利用同样的公式，可以求得 $N-1$ 个单一界面（不包括自由面）的反射透射系数矩阵。对于不同频率都是一样的，不必重新计算。

（2）利用递推公式，并作相移处理，在 $z_{N-1} \leqslant z \leqslant z_N$ 之间建立联系，就得广义反射透射系数矩阵：

$$\begin{cases} \boldsymbol{R}_{\mathrm{D}}^{(n-1)n} = \boldsymbol{R}_{\mathrm{D}}^{(n-1)} + \boldsymbol{T}_{\mathrm{U}}^{(n-1)}\bar{\boldsymbol{R}}_{\mathrm{D}}^n[\boldsymbol{I} - \boldsymbol{R}_{\mathrm{U}}^{(n-1)}\bar{\boldsymbol{R}}_{\mathrm{D}}^n]^{-1}\boldsymbol{T}_{\mathrm{D}}^{(n-1)} \\ \boldsymbol{T}_{\mathrm{D}}^{(n-1)n} = \bar{\boldsymbol{T}}_{\mathrm{D}}^n \cdot [\boldsymbol{I} - \boldsymbol{R}_{\mathrm{U}}^{(n-1)}\bar{\boldsymbol{R}}_{\mathrm{D}}^n]^{-1}\boldsymbol{T}_{\mathrm{D}}^{(n-1)} \\ \boldsymbol{R}_{\mathrm{U}}^{(n-1)n} = \bar{\boldsymbol{R}}_{\mathrm{U}}^n + \bar{\boldsymbol{T}}_{\mathrm{D}}^n\boldsymbol{R}_{\mathrm{U}}^{(n-1)}[\boldsymbol{I} - \bar{\boldsymbol{R}}_{\mathrm{D}}^n\boldsymbol{R}_{\mathrm{U}}^{(n-1)}]^{-1}\bar{\boldsymbol{T}}_{\mathrm{U}}^n \\ \boldsymbol{T}_{\mathrm{U}}^{(n-1)n} = \boldsymbol{T}_{\mathrm{U}}^{(n-1)} \cdot [\bar{\boldsymbol{R}}_{\mathrm{D}}^n\boldsymbol{R}_{\mathrm{U}}^{(n-1)}]\bar{\boldsymbol{T}}_{\mathrm{U}}^n \end{cases} \tag{2-139}$$

其中

$$\begin{cases} \bar{\boldsymbol{R}}_{\mathrm{D}}^n = \boldsymbol{E}\boldsymbol{R}_{\mathrm{D}}^n\boldsymbol{E} \\ \bar{\boldsymbol{R}}_{\mathrm{U}}^n = \boldsymbol{E}\boldsymbol{R}_{\mathrm{U}}^n\boldsymbol{E} \\ \bar{\boldsymbol{T}}_{\mathrm{D}}^n = \boldsymbol{T}_{\mathrm{D}}^n\boldsymbol{E} \\ \bar{\boldsymbol{T}}_{\mathrm{U}}^n = \boldsymbol{E}\boldsymbol{T}_{\mathrm{U}}^n \end{cases} \quad \boldsymbol{E} = \begin{bmatrix} \mathrm{e}^{\mathrm{i}\omega q_\alpha(z_n - z_{n-1})} & 0 \\ 0 & \mathrm{e}^{\mathrm{i}\omega q_\beta(z_n - z_{n-1})} \end{bmatrix} \tag{2-140}$$

（3）向上递推。将 z_{n-1} 以下介质视为一个等效垂向不均匀层（由第 N 层和第 $N-1$ 层构成），而 z_{n-2} 和 z_{n-1} 之间介质视上覆均匀层（由第 $N-2$ 层介质构成）。上覆界面的广义反射透射矩阵就是 z_{n-2} 处的单一界面反射透射矩阵，而下伏界面的广义反射透射矩阵为相位处理后的垂向不均匀层界面的广义反射透射矩阵。即

$$\begin{cases} \boldsymbol{R}_{\mathrm{D}}^{(n-2)n} = \boldsymbol{R}_{\mathrm{D}}^{(n-2)} + \boldsymbol{T}_{\mathrm{U}}^{(n-2)}\bar{\boldsymbol{R}}_{\mathrm{D}}^{(n-1)n}[\boldsymbol{I} - \boldsymbol{R}_{\mathrm{U}}^{(n-2)}\bar{\boldsymbol{R}}_{\mathrm{D}}^{(n-1)n}]^{-1}\boldsymbol{T}_{\mathrm{D}}^{(n-2)} \\ \boldsymbol{T}_{\mathrm{D}}^{(n-2)n} = \bar{\boldsymbol{T}}_{\mathrm{D}}^{(n-1)n}\cdot[\boldsymbol{I} - \boldsymbol{R}_{\mathrm{U}}^{(n-2)}\bar{\boldsymbol{R}}_{\mathrm{D}}^{(n-1)n}]^{-1}\boldsymbol{T}_{\mathrm{D}}^{(n-2)} \\ \boldsymbol{R}_{\mathrm{U}}^{(n-2)n} = \bar{\boldsymbol{R}}_{\mathrm{U}}^{(n-1)n} + \bar{\boldsymbol{T}}_{\mathrm{U}}^{(n-1)n}\boldsymbol{R}_{\mathrm{U}}^{(n-2)}[\boldsymbol{I} - \bar{\boldsymbol{R}}_{\mathrm{D}}^{(n-1)n}\boldsymbol{R}_{\mathrm{U}}^{(n-2)}]^{-1}\bar{\boldsymbol{T}}_{\mathrm{U}}^{(n-1)n} \\ \boldsymbol{T}_{\mathrm{U}}^{(n-2)n} = \boldsymbol{T}_{\mathrm{U}}^{(n-2)}\cdot[\bar{\boldsymbol{R}}_{\mathrm{D}}^{(n-1)n}\boldsymbol{R}_{\mathrm{U}}^{(n-2)}]\bar{\boldsymbol{T}}_{\mathrm{U}}^{(n-1)n} \end{cases} \tag{2-141}$$

$$\begin{cases} \bar{\boldsymbol{R}}_{\mathrm{D}}^{(n-1)n} = \boldsymbol{E}\boldsymbol{R}_{\mathrm{D}}^{(n-1)n}\boldsymbol{E} \\ \bar{\boldsymbol{R}}_{\mathrm{U}}^{(n-1)n} = \boldsymbol{E}\boldsymbol{R}_{\mathrm{U}}^{(n-1)n}\boldsymbol{E} \\ \bar{\boldsymbol{T}}_{\mathrm{D}}^{(n-1)n} = \boldsymbol{T}_{\mathrm{D}}^{(n-1)n}\boldsymbol{E} \\ \bar{\boldsymbol{T}}_{\mathrm{U}}^{(n-1)n} = \boldsymbol{E}\boldsymbol{T}_{\mathrm{U}}^{(n-1)n} \end{cases} \quad \boldsymbol{E} = \begin{bmatrix} \mathrm{e}^{\mathrm{i}\omega q_\alpha(z_{n-1}-z_{n-2})} & 0 \\ 0 & \mathrm{e}^{\mathrm{i}\omega q_\beta(z_{n-1}-z_{n-2})} \end{bmatrix} \tag{2-142}$$

（4）一直向上递推，一直推到 $\boldsymbol{R}_{\mathrm{D}}^{2n}$ 等。在 z_1 和 z_2 之间作相移后，得到最终的整个模型的全局反射透射系数矩阵 $\boldsymbol{R}_{\mathrm{D}} = \boldsymbol{R}_{\mathrm{D}}^{OC} = \bar{\boldsymbol{R}}_{\mathrm{D}}^{1n}$、$\boldsymbol{T}_{\mathrm{U}}^{OC} = \bar{\boldsymbol{T}}_{\mathrm{U}}^{1n}$。

（5）地表位移为

$$w_0 = (M_{\mathrm{D}} + M_{\mathrm{U}}R_{\mathrm{D}})(N_{\mathrm{D}} + N_{\mathrm{U}}R_{\mathrm{D}})^{-1}S_T - S_W \tag{2-143}$$

或

$$w_0 = (M_{\mathrm{D}} + M_{\mathrm{U}}R_{\mathrm{D}})(I - \bar{R}R_{\mathrm{D}})^{-1}N_{\mathrm{D}}^{-1}S_T - S_W \tag{2-144}$$

利用公式

$$I + A[I - A]^{-1} = [I - A]^{-1} \tag{2-145}$$

式（2-144）可写成

$$w_0 = (M_{\mathrm{U}} + M_{\mathrm{D}}\bar{R})R_{\mathrm{D}}(I - \bar{R}R_{\mathrm{D}})^{-1}N_{\mathrm{D}}^{-1}S_T + M_{\mathrm{D}}N_{\mathrm{D}}^{-1}S_T - S_W \tag{2-146}$$

如果不考虑自由面的反射的影响，不考虑 Lamb's 问题，则有

$$w_0 = (M_{\mathrm{U}} + M_{\mathrm{D}}\bar{R})R_{\mathrm{D}}N_{\mathrm{D}}^{-1}S_T \tag{2-147}$$

令

$$\bar{W} = [M_{\mathrm{U}}]_1 + [M_{\mathrm{D}}]_1\bar{R}$$
$$\bar{R} = [-N_{\mathrm{D}}^{-1}N_{\mathrm{U}}]_1$$

则有

$$w_0 = \begin{bmatrix} W \\ U \end{bmatrix}_1 = W_{\mathrm{D}}^{fc} = \bar{W}R_{\mathrm{D}}^{OC}N_{\mathrm{D}1}^{-1}S_T \tag{2-148}$$

式中，$\bar{W}$ 为地表位移转换因子；$\bar{R}$ 为一般意义上的自由表面反射系数；下标 1 表示由第一层介质参数计算。

如果震源从底面输入，则有

$$w_0 = \begin{bmatrix} W \\ U \end{bmatrix}_1 = W_{\mathrm{U}}^{fc} = \bar{W}[I - R_{\mathrm{D}}^{OC}\bar{R}]^{-1}T_{\mathrm{U}}^{OC}I^N \tag{2-149}$$

当爆炸震源位于表面时，表面源矢量可以写成

$$S(\omega, p) = -\rho_0 \beta_0^2 \begin{pmatrix} 2pq_\alpha \\ q_\beta^2 - p^2 \end{pmatrix} \hat{s}(\omega) \tag{2-150}$$

当爆炸震源位于水体表面时，则有

$$S(\omega, p) = -\rho_0 \hat{s}(\omega)$$

其中，

$$q_\alpha = \left(\frac{1}{\alpha_0^2} - p^2 \right)^{\frac{1}{2}}$$

$$q_\beta = \left(\frac{1}{\beta_0^2} - p^2 \right)^{\frac{1}{2}}$$

我们取

$$F(t) = \begin{cases} \dfrac{T}{\pi}\left[\dfrac{3}{4} - \cos\dfrac{\pi}{T}t + \dfrac{1}{4}\cos\dfrac{2\pi}{T}t \right] & 0 \leqslant t \leqslant T \\ 0 & t > T \end{cases} \tag{2-151}$$

式中，T 为信号持续时间；$\hat{s}(\omega)$ 为表面源的傅里叶谱。

2.6.2　表面源矢量的响应

由前面公式可知：

$$S = P(0, z_s)\varphi = [S_W, S_T]^T \tag{2-152}$$

$$w_0 = F_{12}F_{22}^{-1}S_T - S_W \tag{2-153}$$

$$F(0, z_L^+) = P(0, z_L)D(z_L^+) \tag{2-154}$$

根据传播算子的定义，将式（2-154）进一步写成：

$$F(0, z_L^+) = P(0, z_L)D(z_L^+) = D(0^+)Q(0^+, z_L^+) \tag{2-155}$$

根据 D 的分块和传播算子的表达式，由式（2-154）算得：

$$\begin{cases} F_{12} = (M_D + M_U R_D)T_D^{-1} \\ F_{22} = (N_D + N_U R_D)T_D^{-1} \end{cases} \tag{2-156}$$

这里的反射透射系数是对整个半空间（$z = 0$ 之下）而言。

将式（2-156）代入式（2-153），得到地表位移：

$$w_0 = (M_D + M_U R_D)(N_D + N_U R_D)^{-1}S_T - S_W \tag{2-157}$$

将 $R_U^F(0^-) = \bar{R} = -N_D^{-1}N_U$ 代入，得

$$w_0 = (M_D + M_U R_D)(I - \bar{R}R_D)^{-1}N_D^{-1}S_T - S_W \tag{2-158}$$

由于 R_D 和 T_D 的计算，不会引入增长指数，所以式（2-157）和式（2-158）的计算是很方便的。当震源很浅时，表面源矢量 $S = P(0, z_s)\varphi$ 也不会造成大的问题。

但是当震源埋在任意深度时会遇上指数增长的问题，下面来阐述克服这一问题的方法。

2.6.3 上覆一个流体层

可以将反射矩阵方法对层状介质响应的计算推广到一个流体层覆盖于弹性半空间的情形。将压力-位移矢量推导，及将其分解成上行和下行波分量与上述关于弹性介质的讨论是平行的，公式为

$$\frac{\partial}{\partial z}\begin{pmatrix} U \\ \omega^{-1}P \end{pmatrix} = \omega \begin{bmatrix} 0 & \rho^{-1}(\alpha^{-2}-p^2) \\ -\rho & 0 \end{bmatrix} \begin{pmatrix} U \\ \omega^{-1}P \end{pmatrix} \tag{2-159}$$

本征值矢量为

$$\mathrm{i}\boldsymbol{\varLambda}_f = \mathrm{i}\mathrm{diag}\{-q_\alpha, q_\alpha\}$$

$$q_\alpha = (\alpha^{-2}-p^2)^{\frac{1}{2}} \tag{2-160}$$

本征矢量矩阵为

$$\boldsymbol{D}_f = \left[b_f^{\mathrm{U}}, b_f^{\mathrm{D}}\right] = \begin{bmatrix} \boldsymbol{M}_{\mathrm{U}} & \boldsymbol{M}_{\mathrm{D}} \\ \boldsymbol{N}_{\mathrm{U}} & \boldsymbol{N}_{\mathrm{D}} \end{bmatrix} = \varepsilon_\alpha \begin{bmatrix} -\mathrm{i}q_\alpha & \mathrm{i}q_\alpha \\ \rho & \rho \end{bmatrix} \tag{2-161}$$

$$\varepsilon_\alpha = (2pq_\alpha)^{\frac{-1}{2}} \tag{2-162}$$

逆矩阵为

$$\boldsymbol{D}_f^{-1} = \frac{1}{2\varepsilon_\alpha} \begin{bmatrix} \dfrac{\mathrm{i}}{q_\alpha} & \dfrac{1}{\rho} \\[2mm] \dfrac{-\mathrm{i}}{q_\alpha} & \dfrac{1}{\rho} \end{bmatrix} \tag{2-163}$$

为了与前面的弹性介质相配合，可以将上述分块矩阵 $\boldsymbol{M}_{\mathrm{U}}$ 等保持为 2×2 的矩阵，例如：

$$\boldsymbol{M}_{\mathrm{U}} = \varepsilon_\alpha \begin{bmatrix} -\mathrm{i}q_\alpha & 0 \\ 0 & 0 \end{bmatrix}$$

$$\boldsymbol{T}_{\mathrm{D}} = \begin{bmatrix} q_{33}^{-1} & 0 \\ 0 & 0 \end{bmatrix}$$

$$\boldsymbol{R}_{\mathrm{D}} = \begin{bmatrix} q_{13}q_{33}^{-1} & 0 \\ 0 & 0 \end{bmatrix}$$

$$\boldsymbol{R}_{\mathrm{U}} = \begin{bmatrix} -q_{33}^{-1}q_{31} & 0 \\ 0 & 0 \end{bmatrix}$$

$$\boldsymbol{T}_{\mathrm{U}} = \begin{bmatrix} q_{11}-q_{13}q_{33}^{-1}q_{31} & 0 \\ 0 & 0 \end{bmatrix}$$

2.6.4 表面源附近的表面反射

$$w_0 = (\boldsymbol{M}_{\mathrm{D}}+\boldsymbol{M}_{\mathrm{U}}\boldsymbol{R}_{\mathrm{D}})(\boldsymbol{N}_{\mathrm{D}}+\boldsymbol{N}_{\mathrm{U}}\boldsymbol{R}_{\mathrm{D}})^{-1}S_T - S_W$$

或

$$w_0 = (M_D + M_U R_D)(I - \bar{R} R_D)^{-1} N_D^{-1} S_T - S_W$$

利用公式

$$I + A[I - A]^{-1} = [I - A]^{-1} \qquad （2\text{-}164）$$

可以得到

$$w_0 = (M_U + M_D \bar{R}) R_D (I - \bar{R} R_D)^{-1} N_D^{-1} S_T + M_D N_D^{-1} S_T - S_W$$

如果不考虑自由面的反射的影响，不考虑 Lamb's 问题，则有

$$w_0 = (M_U + M_D \bar{R}) R_D N_D^{-1} S_T$$

如果考虑一个反射，则有

$$w_0 = (M_U + M_D \bar{R}) R_D (I + \bar{R} R_D) N_D^{-1} S_T \qquad （2\text{-}165）$$

参 考 文 献

胡德绥. 1989. 弹性波动力学. 北京: 地质出版社.

钱伟长, 叶开源. 1956. 弹性力学. 北京: 科学出版社.

王龙甫. 1979. 弹性理论. 北京: 科学出版社.

吴庆举. 1996. 宽频带远震体波波形反演方法与青藏高原岩石圈速度结构研究. 中国地震局地质科学研究所博士学位论文.

徐芝纶. 1982. 弹性力学. 2 版. 北京: 人民教育出版社.

Ari B, Sarva J S. 1981. Seismic Waves and Sources. Berlin: Springer.

Crampin S, Chesnokov E M, Hipkin R G. 1984. Seismic anisotropy the state of art II. Geophysical Journal International, 76: 1-16.

Gilbert F, Backus G E. 1966. Propagator matrices in elastic wave and vibration problems. Geophysics, 10(3): 326-332.

Kennett B L N. 1980. Seismic waves in a stratified half space II, Theoretical seismograms. Geophysical Journal Royal Astronomical Society, 57: 557-583.

Kennett B L N. 1983. Seismic Wave Propagation in Stratified Media. Cambridge: Cambridge University Press.

Kennett B L N, Kerry N J. 1979. Seismic waves in a stratified halfspace. Geophysical Journal International, 57(3): 557-583.

Kennett B L N, Kerry N J. 1986. Wavenumber and wavetype coupling in laterally heterogeneous media. Geophysical Journal International, 87: 313-331.

第3章 弹性波的传播

本章首先推导了最简单的反射和折射走时方程，并举例计算，以解释 OBS 人工源的折合时间地震记录剖面的形态特征。然后，分别推导了水平层状介质中弹性波的走时曲线、分层界面的反射和透射率、Zoeppritz 公式及其近似表达，并通过数值计算，从入射角与界面上不同波的能量分配的关系解释了广角地震探测的深度问题。

3.1 层状介质走时方程

OBS 人工源探测的产品是各类震相表达的走时曲线，一般以"折合时间剖面"给出。这是因为偏移距较大时，无法像多道地震那样通过动校正将走时曲线拉平而变为地层剖面（动校正公式是只适用于小偏移距的近似式）。OBS 的探测成果是通过对走时曲线进行反演建模，从而得到一个速度模型，以速度分布作为分层结构。由于偏移距大，所以探测比较深，可以探测到上地幔结构，根据速度和厚度特征，很容易区分洋壳、陆壳及莫霍面。也就是说，传统海洋多道地震的结果是通过动校正和偏移叠加等处理对原始信息进行化妆打扮再展示出来，本质上讲还是原来的信息，而 OBS 的探测结果是依据原始信息通过模型反演得到的新信息的展示，优点是具有物性参数，缺点是存在人为性和多解性，因而需要多方面的约束信息。

熟悉多道地震的人，往往对 OBS 广角探测得到的折合时间剖面产生误解，以为其中的走时曲线形态已经等同于实际地层形态了。实际上之所以用折合时间，主要目的有两个，一是将整个实测走时剖面从纵向时间轴上拉下来，以便完整地显示地震记录剖面；二是可以初步判断某个震相的属性。

3.1.1 反射震相

设有两层介质，P 波在第一层与第二层之间的界面上产生反射。接收点在第一层顶面。根据射线传播原理，我们得到走时方程为

$$t = \frac{\sqrt{4h_1^2 + x^2}}{v_1}$$

或

$$t^2 = t_0^2 + \frac{x^2}{v_1^2} \tag{3-1}$$

其中，$t_0 = \frac{2h_1}{v_1}$，是该层垂直反射的双程走时。

从式（3-1）可以看出，反射走时曲线是一个双曲线。如果我们用折合时间剖面来表

示，则有

$$t' = t - \frac{x}{v_r} = \frac{\sqrt{4h_1^2 + x^2}}{v_1} - \frac{x}{v_r} \tag{3-2}$$

式（3-2）中偏移距取绝对值。这时走时曲线不再是我们熟悉的双曲线，它与折合速度 v_r 有很大关系。

对于多层介质，第 n 个界面的反射波走时曲线（陆基孟，1993；熊章强和方根显，2002）：

$$t = 2\sum_{i=1}^{n} \frac{h_i \cos i_{jn}}{v_i \sqrt{1 - p^2 v_i^2}} \tag{3-3}$$

其中，p 为射线参数或水平慢度，并且有

$$p = \frac{\sin \alpha_1}{v_{P1}} = \frac{\sin \beta_1}{v_{S1}} = \cdots = \frac{\sin \alpha_n}{v_{Pn}} = \frac{\sin \beta_n}{v_{Sn}} \tag{3-4}$$

式中，n 为目标界面；α、β 分别为纵波和横波入射或折射角。

设一个理论模型，第一层为海水层，速度为 1.5 km/s，水深为 2 km；第二层为洋壳，速度为 6.0 km/s，层厚 6.0 km；地幔顶层速度为 8.0 km/s。从其理论折合走时剖面（图 3-1）可以看出，莫霍面反射走时曲线（绿线），以炮点为中心，当折合速度小于洋壳速度时，曲线向上翘；当折合速度等于洋壳速度时，曲线被拉平；当折合速度大于洋壳速度时，曲线向下弯曲。我们可以根据这些特点，采用不同折合速度，从地震剖面上初步判断震相属性。

3.1.2 折射震相

同样是两层模型，P 波在第二层顶面产生折射。根据斯奈尔定律，产生折射的临界入射角为

$$i_0 = \sin^{-1} \frac{v_1}{v_2} \tag{3-5}$$

根据射线传播原理，得到走时方程为

$$t = \frac{2h_1}{v_1 \cos i_0}\left(1 - \frac{v_1}{v_2}\right) + \frac{x}{v_2} \tag{3-6}$$

从式（3-6）可以看出，折射波走时曲线是一条直线。

当采用折合时间剖面时，有

$$t' = \frac{2h_1}{v_1 \cos i_0}\left(1 - \frac{v_1}{v_2}\right) + \frac{x}{v_2} - \frac{x}{v_r} \tag{3-7}$$

对于多层介质，折射波走时曲线（陆基孟，1993；熊章强和方根显，2002）：

$$t = \sum_{k=1}^{n-1} \frac{2h_k \cos i_{kn}}{v_k} + \frac{x}{v_n} \tag{3-8}$$

采用与 3.1.1 节相同的理论模型，计算洋壳下面地幔顶部的折射走时曲线（红线）。

从理论折合时间剖面（图 3-1）可以看出，以炮点为中心，当折合速度小于地幔速度时，曲线均为向上倾斜的直线；当折合速度等于地幔速度时，曲线被拉平。

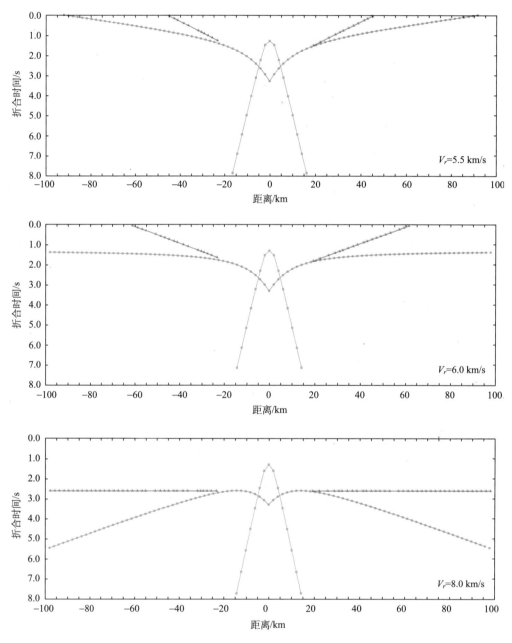

图 3-1　理论折合时间走时曲线

3.1.3　OBS 折合时间剖面实例

以上理论分析表明，选取适当的折合速度，其地震剖面中比较水平的同相轴（地形起伏影响除外）可以反映某一层的平均速度。实际的海上 OBS 广角地震勘测与陆地上的工作是有差别的。陆地上一般是在某条测线上埋置许多地震仪，然后在测线两端或其他个别点上放炮，即炮点少而接收点多，折合时间剖面实际上是共炮点道集。在海洋中，沿测线放置的 OBS 数目相对较少，间距较大，而炮点是十分密集的，间距只有 200 m 左右，因此采用的是共接收点道集。根据射线可逆原理，将 OBS 作为炮点，将炮点作为接收点，两者是一致的。还有一点需要说明的是，采用的折合速度不可能像理论分析那样细致，一般采用 6.0 km/s（地壳平均速度）或 8.0 km/s（莫霍面顶部速度），以便粗线条地判断某震相属性。图 3-2 是南海某 OBS 测线选取折合速度为 8.0 km/s 时某个 OBS 站位的实测折合时间地震剖面。因为折合速度取 8.0 km/s，所以地壳内的折射震相 Pg 以 OBS 为中心向两边倾斜；上地幔顶部折射震相 Pn 近于水平，因为是直线，所以可以追踪到很远的距离；而珍贵的 PmP 反射震相很清晰，但由于是双曲线，可追踪的距离很短。

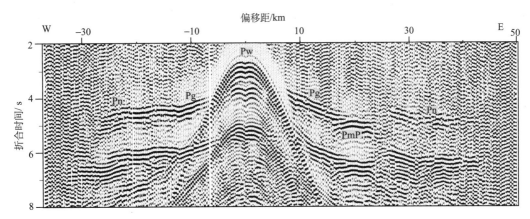

图 3-2　南海某 OBS 测线某站位的折合时间地震记录剖面（折合速度为 8.0 km/s）

该站位于南海中央海盆，Pg 为地壳内的折射震相，PmP 为莫霍面反射震相，Pn 为上地幔顶部折射震相

3.1.4　折射波出射点距离的估计

上面解释了在折合时间剖面上 OBS 记录的折射波和反射波的形态，这对于我们识别震相是十分重要的。另外还可以根据射线理论来寻找或确认折射波出现的可能位置。

由斯奈尔定律，某个埋深 H 的界面，折射波出射的临界距离为

$$X_C = 2H \frac{v_1}{\sqrt{v_2^2 - v_1^2}} \tag{3-9}$$

实际的 OBS 勘测，震源在水面，接收点在海底面。考虑到相对基底和莫霍面埋深，水深相对较小，不计，则可以做如下估计。

1）莫霍面

设上部速度为 6.0 km/s，下部速度为 8.0 km/s，如果界面埋深 25 km，则有 $X_C = 56.6\ \text{km}$。实际上的上部平均速度要小于 6.0 km/s，所以出射点距离要小一些；而考虑 OBS 实际震源和接收点的真实情况，出射点距离又要大些；莫霍面埋深越大，出射

点距离也越大。对这些因素都考虑进去的话，莫霍面折射波临界出射距离为 55～65 km。

2）沉积基底

设上部速度为 3.5 km/s，下部速度为 5.5 km/s，如果界面埋深 5 km，则有：$X_C = 8.33 \text{ km}$。即使我们考虑水深、速度等一些复杂情况，仍可估计基底折射波在 6～10 km 就会出现。

3.2   分界面上的反射与折射

3.2.1   波动方程的解

弹性波分解为两个波动方程：

$$\begin{cases} \nabla^2 \varphi = \dfrac{1}{V_P^2} \dfrac{\mathrm{d}^2 \varphi}{\mathrm{d}t^2} \\ \nabla^2 \boldsymbol{\Psi} = \dfrac{1}{V_S^2} \dfrac{\mathrm{d}^2 \boldsymbol{\Psi}}{\mathrm{d}t^2} \end{cases} \tag{3-10}$$

其中，$V_P = \sqrt{\dfrac{\lambda + 2\mu}{\rho}}$，$V_S = \sqrt{\dfrac{\mu}{\rho}}$，分别称为纵波速度和横波速度。

下面考虑二维问题。设 φ 和 $\boldsymbol{\Psi}$ 与 x_3 无关，$\dfrac{\partial}{\partial x_3} \equiv 0$。根据势函数定义，得

$$\begin{cases} U_1 = \dfrac{\partial \varphi}{\partial x_1} + \dfrac{\partial \psi_3}{\partial x_2} \\ U_2 = \dfrac{\partial \varphi}{\partial x_2} - \dfrac{\partial \psi_3}{\partial x_1} \\ U_3 = \dfrac{\partial \psi_2}{\partial x_1} - \dfrac{\partial \psi_1}{\partial x_2} \end{cases} \tag{3-11}$$

重新令 $\psi_3 \equiv \psi$，$\dfrac{\partial \psi_2}{\partial x_1} - \dfrac{\partial \psi_1}{\partial x_2} \equiv W$，得到相应的标量波动方程：

$$\begin{cases} \nabla^2 \varphi = \dfrac{1}{V_P^2} \dfrac{\mathrm{d}^2 \varphi}{\mathrm{d}t^2} \\ \nabla^2 \psi = \dfrac{1}{V_S^2} \dfrac{\mathrm{d}^2 \psi}{\mathrm{d}t^2} \\ \nabla^2 W = \dfrac{1}{V_S^2} \dfrac{\mathrm{d}^2 W}{\mathrm{d}t^2} \end{cases} \tag{3-12}$$

相应地有

$$\begin{cases} U_1 = \dfrac{\partial \varphi}{\partial x_1} + \dfrac{\partial \psi}{\partial x_2} \\ U_2 = \dfrac{\partial \varphi}{\partial x_2} - \dfrac{\partial \psi}{\partial x_1} \\ U_3 = W \end{cases} \tag{3-13}$$

采用张量形式，式（3-13）中前两个分量可以合起来表达为

$$U_i = \varphi_{,i} + \varepsilon_{ik3}\psi_{,k} \quad i=1,2; k=1,2 \tag{3-14}$$

其中，ε_{ijk} 为三阶次序张量，顺循环时其值为 1，反循环时为 –1，其他为 0。

各应变分量可以表达为（张量表达）

$$e_{ij} = \varphi_{,ij} + \frac{1}{2}(\varepsilon_{ik3}\psi_{,kj} + \varepsilon_{jk3}\psi_{,ki}) \quad j=1,2$$

$$e_{33} = 0$$

$$e_{3j} = \frac{1}{2}W_{,j} \tag{3-15}$$

各应力分量可以表达为

$$\tau_{ij} = \lambda\varphi_{,kk}\delta_{ij} + 2\mu\varphi_{,ij} + \mu(\varepsilon_{ik3}\psi_{,kj} + \varepsilon_{jk3}\psi_{,ki})$$

$$\tau_{33} = \lambda\varphi_{,kk}$$

$$\tau_{3j} = \mu W_{,j} \tag{3-16}$$

设 P 波（或 S 波）以角度 α 入射到 x_1 和 x_2 构成的平面内，如图 3-3 所示，显然这是一个二维的平面问题，这时有

$$U_3 \equiv W = 0$$

$$e_{33} = 0$$

$$e_{3j} = \frac{1}{2}W_{,j} = 0$$

$$\tau_{3j} = \mu W_{,j} = 0 \tag{3-17}$$

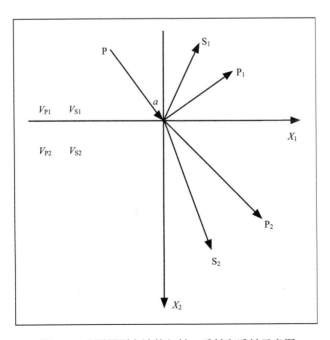

图 3-3　分层界面上波的入射、反射和透射示意图

设在介质 1 中（$x_2 \leqslant 0$）：

$$\begin{cases} \varphi = f(x_2)\mathrm{e}^{\mathrm{i}K(x_1-Ct)} \\ \psi = F(x_2)\mathrm{e}^{\mathrm{i}K(x_1-Ct)} \end{cases} \tag{3-18}$$

设在介质 2 中（$x_2 \geqslant 0$）：

$$\begin{cases} \overline{\varphi} = \overline{f}(x_2)\mathrm{e}^{\mathrm{i}K(x_1-Ct)} \\ \overline{\psi} = \overline{F}(x_2)\mathrm{e}^{\mathrm{i}K(x_1-Ct)} \end{cases} \tag{3-19}$$

其中，K 和 C 为待定常数。根据界面上位移和应力连续条件，这两个常数在两种介质中相等。

将式（3-18）和式（3-19）代入波动方程（3-12）的前两式得到泛定方程：

在介质 1 中（$x_2 \leqslant 0$）：

$$\begin{cases} f''(x_2) + K^2 P_1^2 f(x_2) = 0 \\ F''(x_2) + K^2 P_2^2 F(x_2) = 0 \end{cases} \tag{3-20}$$

其中，

$$\begin{cases} P_1^2 = \dfrac{C^2}{V_{\mathrm{P1}}^2} - 1 \\ P_2^2 = \dfrac{C^2}{V_{\mathrm{S1}}^2} - 1 \end{cases}$$

在介质 2 中（$x_2 \geqslant 0$）：

$$\begin{cases} \overline{f}''(x_2) + K^2 Q_1^2 \overline{f}(x_2) = 0 \\ \overline{F}''(x_2) + K^2 Q_2^2 \overline{F}(x_2) = 0 \end{cases} \tag{3-21}$$

其中，

$$\begin{cases} Q_1^2 = \dfrac{C^2}{V_{\mathrm{P2}}^2} - 1 \\ Q_2^2 = \dfrac{C^2}{V_{\mathrm{S2}}^2} - 1 \end{cases}$$

从下面的讨论可以知道常数 C 实际上是视速度，一般情况下视速度总是大于真速度，所以设上述 P 和 Q 大于零，这样就得到如下两组解。

在介质 1 中（$x_2 \leqslant 0$）：

$$\begin{cases} \varphi = A_1\mathrm{e}^{\mathrm{i}K(x_1+P_1x_2-Ct)} + A_2\mathrm{e}^{\mathrm{i}K(x_1-P_1x_2-Ct)} \\ \psi = B_1\mathrm{e}^{\mathrm{i}K(x_1+P_2x_2-Ct)} + B_2\mathrm{e}^{\mathrm{i}K(x_1-P_2x_2-Ct)} \end{cases} \tag{3-22}$$

在介质 2 中（$x_2 \geqslant 0$）：

$$\begin{cases} \overline{\varphi} = \overline{A}_1\mathrm{e}^{\mathrm{i}K(x_1+Q_1x_2-Ct)} + \overline{A}_2\mathrm{e}^{\mathrm{i}K(x_1-Q_1x_2-Ct)} \\ \overline{\psi} = \overline{B}_1\mathrm{e}^{\mathrm{i}K(x_1+Q_2x_2-Ct)} + \overline{B}_2\mathrm{e}^{\mathrm{i}K(x_1-Q_2x_2-Ct)} \end{cases} \tag{3-23}$$

设有波阵面 $x_1 - P_1x_2 - Ct = \mathrm{constan}t$，在地表有 $x_2 = 0$，所以得 $\dfrac{\mathrm{d}x_1}{\mathrm{d}t} = C$，这就说明 C 的

物理意义是波传播的视速度。下面讨论式（3-22）和式（3-23）中各项的物理意义。

1）$\varphi_1 = A_1 e^{iK(x_1 + P_1 x_2 - Ct)}$

对传播方向作归一化处理得

$$\varphi_1 = A_1 e^{iK\sqrt{1+P_1^2}\left(\frac{1}{\sqrt{1+P_1^2}}x_1 + \frac{P_1}{\sqrt{1+P_1^2}}x_2 - \frac{C}{\sqrt{1+P_1^2}}t\right)}$$

显然传播方向为

$$\boldsymbol{n} = \frac{1}{\sqrt{1+P_1^2}}\boldsymbol{e}_1 + \frac{P_1}{\sqrt{1+P_1^2}}\boldsymbol{e}_2$$

这是从介质 1 中入射的 P 波。

入射角为

$$\sin\alpha = \frac{1}{\sqrt{1+P_1^2}} = \frac{V_{P1}}{C}$$

传播速度为

$$V = \frac{C}{\sqrt{1+P_1^2}} = V_{P1}$$

2）$\varphi_2 = A_2 e^{iK(x_1 - P_1 x_2 - Ct)}$

对传播方向作归一化处理得

$$\varphi_1 = A_2 e^{iK\sqrt{1+P_1^2}\left(\frac{1}{\sqrt{1+P_1^2}}x_1 - \frac{P_1}{\sqrt{1+P_1^2}}x_2 - \frac{C}{\sqrt{1+P_1^2}}t\right)}$$

显然传播方向为

$$\boldsymbol{n} = \frac{1}{\sqrt{1+P_1^2}}\boldsymbol{e}_1 - \frac{P_1}{\sqrt{1+P_1^2}}\boldsymbol{e}_2$$

这是在介质 1 中反射的 P 波。

反射角为

$$\sin\alpha_1 = \frac{1}{\sqrt{1+P_1^2}} = \frac{V_{P1}}{C}$$

传播速度为

$$V = \frac{C}{\sqrt{1+P_1^2}} = V_{P1}$$

3）$\psi_1 = B_1 e^{iK(x_1 + P_2 x_2 - Ct)}$

对传播方向作归一化处理得

$$\psi_1 = B_1 e^{iK\sqrt{1+P_2^2}\left(\frac{1}{\sqrt{1+P_2^2}}x_1 + \frac{P_2}{\sqrt{1+P_2^2}}x_2 - \frac{C}{\sqrt{1+P_2^2}}t\right)}$$

显然传播方向为

$$n = \frac{1}{\sqrt{1+P_2^2}} e_1 + \frac{P_2}{\sqrt{1+P_2^2}} e_2$$

这是在介质 1 中入射的 SV 波（对应的位移分量在 x_1 和 x_2 构成的平面内，不是 SH 波）。

入射角为

$$\sin\beta = \frac{1}{\sqrt{1+P_2^2}} = \frac{V_{S1}}{C}$$

传播速度为

$$V = \frac{C}{\sqrt{1+P_2^2}} = V_{S1}$$

如果只讨论 P 波入射，则 $B_1 = 0$。

4）$\psi_2 = B_2 e^{iK(x_1 - P_2 x_2 - Ct)}$

对传播方向作归一化处理得

$$\psi_2 = B_2 e^{iK\sqrt{1+P_2^2}\left(\frac{1}{\sqrt{1+P_2^2}}x_1 - \frac{P_2}{\sqrt{1+P_2^2}}x_2 - \frac{C}{\sqrt{1+P_2^2}}t\right)}$$

显然传播方向为

$$n = \frac{1}{\sqrt{1+P_2^2}} e_1 - \frac{P_2}{\sqrt{1+P_2^2}} e_2$$

这是在介质 1 中反射的 SV 波。

反射角为

$$\sin\beta_1 = \frac{1}{\sqrt{1+P_2^2}} = \frac{V_{S1}}{C}$$

传播速度为

$$V = \frac{C}{\sqrt{1+P_2^2}} = V_{S1}$$

5）$\overline{\varphi}_1 = \overline{A}_1 e^{iK(x_1 + Q_1 x_2 - Ct)}$

对传播方向作归一化处理得

$$\overline{\varphi}_1 = \overline{A}_1 e^{iK\sqrt{1+Q_1^2}\left(\frac{1}{\sqrt{1+Q_1^2}}x_1 + \frac{Q_1}{\sqrt{1+Q_1^2}}x_2 - \frac{C}{\sqrt{1+Q_1^2}}t\right)}$$

显然传播方向为

$$n = \frac{1}{\sqrt{1+Q_1^2}} e_1 + \frac{Q_1}{\sqrt{1+Q_1^2}} e_2$$

这是在介质 2 中透射的 P 波。

透射角为

$$\sin\overline{\alpha}_1 = \frac{1}{\sqrt{1+Q_1^2}} = \frac{V_{P2}}{C}$$

传播速度为

$$V = \frac{C}{\sqrt{1+Q_1^2}} = V_{P2}$$

6）$\overline{\varphi}_2 = \overline{A}_2 e^{iK(x_1 - Q_1 x_2 - Ct)}$

对传播方向作归一化处理得

$$\overline{\varphi}_2 = \overline{A}_2 e^{iK\sqrt{1+Q_1^2}\left(\frac{1}{\sqrt{1+Q_1^2}}x_1 - \frac{Q_1}{\sqrt{1+Q_1^2}}x_2 - \frac{C}{\sqrt{1+Q_1^2}}t\right)}$$

显然传播方向为

$$\boldsymbol{n} = \frac{1}{\sqrt{1+Q_1^2}}\boldsymbol{e}_1 - \frac{Q_1}{\sqrt{1+P_1^2}}\boldsymbol{e}_2$$

这是介质 2 中入射的 P 波。

入射角为

$$\sin \overline{\alpha} = \frac{1}{\sqrt{1+Q_1^2}} = \frac{V_{P2}}{C}$$

传播速度为

$$V = \frac{C}{\sqrt{1+Q_1^2}} = V_{P2}$$

如果只讨论 P 波在介质 1 中入射，则 $\overline{A}_2 = 0$。

7）$\overline{\psi}_1 = \overline{B}_1 e^{iK(x_1 + Q_2 x_2 - Ct)}$

对传播方向作归一化处理得

$$\overline{\psi}_1 = \overline{B}_1 e^{iK\sqrt{1+Q_2^2}\left(\frac{1}{\sqrt{1+Q_2^2}}x_1 + \frac{Q_2}{\sqrt{1+Q_2^2}}x_2 - \frac{C}{\sqrt{1+Q_2^2}}t\right)}$$

显然传播方向为

$$\boldsymbol{n} = \frac{1}{\sqrt{1+Q_2^2}}\boldsymbol{e}_1 + \frac{Q_2}{\sqrt{1+Q_2^2}}\boldsymbol{e}_2$$

这是在介质 2 中透射的 SV 波。

透射角为

$$\sin \overline{\beta}_1 = \frac{1}{\sqrt{1+Q_2^2}} = \frac{V_{S2}}{C}$$

传播速度为

$$V = \frac{C}{\sqrt{1+Q_2^2}} = V_{S2}$$

8）$\overline{\psi}_2 = \overline{B}_2 e^{iK(x_1 - Q_2 x_2 - Ct)}$

对传播方向作归一化处理得

$$\bar{\psi}_2 = \bar{B}_2 e^{iK\sqrt{1+Q_2^2}\left(\frac{1}{\sqrt{1+Q_2^2}}x_1 - \frac{Q_2}{\sqrt{1+Q_2^2}}x_2 - \frac{C}{\sqrt{1+Q_2^2}}t\right)}$$

显然传播方向为

$$\boldsymbol{n} = \frac{1}{\sqrt{1+Q_2^2}}\boldsymbol{e}_1 - \frac{Q_2}{\sqrt{1+Q_2^2}}\boldsymbol{e}_2$$

这是在介质 2 中入射的 SV 波。

入射角为

$$\sin\bar{\beta} = \frac{1}{\sqrt{1+Q_2^2}} = \frac{V_{S2}}{C}$$

传播速度为

$$V = \frac{C}{\sqrt{1+Q_2^2}} = V_{S2}$$

如果只讨论 P 波在介质 1 中入射，则 $\bar{B}_2 = 0$。

从以上各分量的入射角、反射角及透射角（折射）表达式中可得到如下关系式：

$$\frac{\sin\alpha}{V_{P1}} = \frac{\sin\alpha_1}{V_{P1}} = \frac{\sin\beta}{V_{S1}} = \frac{\sin\beta_1}{V_{S1}} = \frac{\sin\bar{\alpha}}{V_{P2}} = \frac{\sin\bar{\alpha}_1}{V_{P2}} = \frac{\sin\bar{\beta}}{V_{S2}} = \frac{\sin\bar{\beta}_1}{V_{S2}} = \frac{1}{C} = P \quad （3\text{-}24）$$

这就是著名的斯奈尔定律。

3.2.2 分界面上的反射和折射系数

下面讨论分界面上的反射和折射系数。只考虑 P 波在介质 1 中入射，则有

$$B_1 = \bar{A}_2 = \bar{B}_2 = 0$$

所以有

$$\begin{cases} \varphi = A_1 e^{iK(x_1 + P_1 x_2 - Ct)} + A_2 e^{iK(x_1 - P_1 x_2 - Ct)} \\ \psi = B_2 e^{iK(x_1 - P_2 x_2 - Ct)} \end{cases}$$

$$\begin{cases} \bar{\varphi} = \bar{A}_1 e^{iK(x_1 + Q_1 x_2 - Ct)} \\ \bar{\psi} = \bar{B}_1 e^{iK(x_1 + Q_2 x_2 - Ct)} \end{cases} \quad （3\text{-}25）$$

边界条件是：在分界面上（$x_2 = 0$）位移和应力分量连续，即

$$\begin{cases} U_1 = \bar{U}_1 \quad U_2 = \bar{U}_2 \\ \tau_{12} = \bar{\tau}_{12} \quad \tau_{22} = \bar{\tau}_{22} \end{cases} \quad （3\text{-}26）$$

将式（3-16）和式（3-17）代入式（3-26），分别得到：

$$\begin{cases} \dfrac{\partial\varphi}{\partial x_1} + \dfrac{\partial\psi}{\partial x_2} = \dfrac{\partial\bar{\varphi}}{\partial x_1} + \dfrac{\partial\bar{\psi}}{\partial x_2} \\ \dfrac{\partial\varphi}{\partial x_2} - \dfrac{\partial\psi}{\partial x_1} = \dfrac{\partial\bar{\varphi}}{\partial x_2} - \dfrac{\partial\bar{\psi}}{\partial x_1} \end{cases} \quad （3\text{-}27）$$

和

$$\begin{cases} \mu(2\dfrac{\partial^2\varphi}{\partial x_1\partial x_2}+\dfrac{\partial^2\psi}{\partial x_2^2}-\dfrac{\partial^2\psi}{\partial x_1^2})=\overline{\mu}(2\dfrac{\partial^2\overline{\varphi}}{\partial x_1\partial x_2}+\dfrac{\partial^2\overline{\psi}}{\partial x_2^2}-\dfrac{\partial^2\overline{\psi}}{\partial x_1^2}) \\[2mm] \lambda(\dfrac{\partial^2\varphi}{\partial x_1^2}+\dfrac{\partial^2\varphi}{\partial x_2^2})+2\mu(\dfrac{\partial^2\varphi}{\partial x_2^2}-\dfrac{\partial^2\psi}{\partial x_1\partial x_2})=\overline{\lambda}(\dfrac{\partial^2\overline{\varphi}}{\partial x_1^2}+\dfrac{\partial^2\overline{\varphi}}{\partial x_2^2})+2\overline{\mu}(\dfrac{\partial^2\overline{\varphi}}{\partial x_2^2}-\dfrac{\partial^2\overline{\psi}}{\partial x_1\partial x_2}) \end{cases} \tag{3-28}$$

将式（3-25）代入式（3-28），整理，得到反射、折射系数的方程组，注意利用 $\lambda=\mu\left(\dfrac{V_P^2}{V_S^2}-2\right)$，进行化简得到：

$$\begin{aligned} & -A_2+P_2B_2+\overline{A}_1+Q_2\overline{B}_1=A_1 \\ & P_1A_2+B_2+Q_1\overline{A}_1-\overline{B}_1=P_1A_1 \\ & 2\mu P_1A_2-\mu(P_2^2-1)B_2+2\overline{\mu}Q_1\overline{A}_1+\overline{\mu}(Q_2^2-1)\overline{B}_1=2\mu P_1A_1 \\ & -\mu(P_2^2-1)A_2-2\mu P_2B_2+\overline{\mu}(Q_2^2-1)\overline{A}_1-2\overline{\mu}Q_2\overline{B}_1=\mu(P_2^2-1)A_1 \end{aligned} \tag{3-29}$$

设

$$\begin{aligned} & a_1=\frac{2\mu-\overline{\mu}(1-Q_2^2)}{\mu(1+P_2^2)} && b_1=\frac{2(\mu-\overline{\mu})Q_2}{\mu(1+P_2^2)} \\[2mm] & a_2=\frac{-\mu(1-P_2^2)+\overline{\mu}(1-Q_2^2)}{\mu(1+P_2^2)P_2} && b_2=\frac{2\overline{\mu}Q_2-\mu(1-Q_2^2)Q_2}{\mu(1+P_2^2)P_2} \\[2mm] & a_3=\frac{2\overline{\mu}Q_1-\mu(1-P_2^2)Q_1}{\mu(1+P_2^2)P_1} && b_3=\frac{\mu(1-P_2^2)-\overline{\mu}(1-Q_2^2)}{\mu(1+P_2^2)P_1} \\[2mm] & a_4=\frac{-2\mu Q_1+2\overline{\mu}Q_1}{\mu(1+P_2^2)} && b_4=\frac{2\mu-\overline{\mu}(1-Q_2^2)}{\mu(1+P_2^2)} \end{aligned} \tag{3-30}$$

令

$$D=(a_1+a_3)(b_2+b_4)-(a_2+a_4)(b_1+b_3) \tag{3-31}$$

并对式（3-29）改造，分别处理上述方程第一式与第四式，第二式与第三式，得

$$\begin{aligned} & A_1+A_2=a_1\overline{A}_1+b_1\overline{B}_1 \\ & -B_2=a_2\overline{A}_1+b_2\overline{B}_1 \\ & A_1-A_2=a_3\overline{A}_1+b_3\overline{B}_1 \\ & B_2=a_4\overline{A}_1+b_4\overline{B}_1 \end{aligned}$$

从而得到只有 P 波入射的反射和折射系数。

P 波反射系数：

$$R_{PP}=\frac{A_2}{A_1}=\frac{(a_1-a_3)(b_2+b_4)-(a_2+a_4)(b_1-b_3)}{D} \tag{3-32}$$

S 波反射系数：

$$R_{PS}=\frac{B_2}{A_1}=\frac{2(a_4b_2-a_2b_4)}{D} \tag{3-33}$$

P 波折射系数：

$$T_{PP} = \frac{\overline{A_1}}{A_1} = \frac{2(b_2 + b_4)}{D} \tag{3-34}$$

S 波折射系数：

$$T_{PS} = \frac{\overline{B_1}}{A_1} = \frac{-2(a_2 + a_4)}{D} \tag{3-35}$$

同理，也可以得到只有 SV 波入射的反射、折射系数。

P 波反射系数：

$$R_{SP} = \frac{A_2}{B_1} = \frac{2(a_3 b_1 - a_1 b_3)}{D} \tag{3-36}$$

S 波反射系数：

$$R_{SS} = \frac{B_2}{B_1} = \frac{(a_2 - a_4)(b_1 + b_3) - (a_1 + a_3)(b_2 - b_4)}{D} \tag{3-37}$$

P 波折射系数：

$$T_{SP} = \frac{\overline{A_1}}{B_1} = \frac{-2(b_1 + b_3)}{D} \tag{3-38}$$

S 波折射系数：

$$T_{SS} = \frac{\overline{B_1}}{B_1} = \frac{2(a_1 + a_2)}{D} \tag{3-39}$$

3.2.3　与 Aki 和 Richards（1980）公式的对比

式（3-32）～式（3-39）给出了 P 波入射和 SV 波入射的势函数反射、透射系数。为了与常用的 Aki 和 Richards（1980）关于位移的公式相统一，下面对这些式子进行改写。前面在推导过程中已经说过，这些式子是对势函数而言的，对于位移，式（3-29）各振幅系数需要做小的变化，也就是说，对于位移仍可沿用式（3-32）～式（3-39），只需用 $\frac{A}{\alpha}$ 代替 A，用 $\frac{B}{\beta}$ 代替 B，其余不变，同时在式（3-30）和式（3-31）中要用密度和剪切波速度代替剪切模量，同时利用下述关系式：

$$P_1 = \frac{\cos i_1}{P\alpha_1}$$

$$P_2 = \frac{\cos j_1}{P\beta_1}$$

$$1 + P_1^2 = \frac{1}{P^2 \alpha_1^2}$$

$$1 + P_2^2 = \frac{1}{P^2 \beta_1^2}$$

$$Q_1 = \frac{\cos i_2}{P\alpha_2}$$

$$Q_2 = \frac{\cos j_2}{P\beta_2}$$

$$1 + Q_1^2 = \frac{1}{P^2 \alpha_2^2}$$

$$1 + Q_2^2 = \frac{1}{P^2 \beta_2^2}$$

$$1 - P_2^2 = \frac{-(1 - 2\beta_1^2 P^2)}{P^2 \beta_1^2}$$

$$1 - Q_2^2 = \frac{-(1 - 2\beta_2^2 P^2)}{P^2 \beta_2^2}$$

然后化简式（3-32）~式（3-35），得到 P 波从介质 1 入射到介质 2 时反射、透射系数：

$$R_{PP} = \left[\left(b\frac{\cos i_1}{\alpha_1} - c\frac{\cos i_2}{\alpha_2} \right) F + \left(a + d\frac{\cos i_1}{\alpha_1}\frac{\cos j_2}{\beta_2} \right) Hp^2 \right] / D$$

$$R_{PS} = 2\frac{\cos i_1}{\alpha_1} \left(ab + cd\frac{\cos i_2}{\alpha_2}\frac{\cos j_2}{\beta_2} \right) p\alpha_1 / (\beta_1 D)$$

$$T_{PP} = 2\rho_1 \frac{\cos i_1}{\alpha_1} F\alpha_1 / (\alpha_2 D)$$

$$T_{PS} = 2\rho_1 \frac{\cos i_1}{\alpha_1} Hp\alpha_1 / (\beta_2 D)$$

（3-40）

注意，本章中规定的坐标系与 Aki 和 Richards（1980）所设的坐标系不一样，那里的 X_1 坐标方向与本章所设的方向相反，所以余弦项统统反号，也就是说，式（3-40）中的第一式的第二项之前，按 Aki 和 Richard（1980）的公式，其系数为负号，按本章的坐标为正号，其余三个式子由于符号间的相互抵消，没有出现不同。其中：

$$a = \rho_2(1 - 2\beta_2^2 p^2) - \rho_1(1 - 2\beta_1^2 p^2)$$
$$b = \rho_2(1 - 2\beta_2^2 p^2) + 2\rho_1\beta_1^2 p^2$$
$$c = \rho_1(1 - 2\beta_1^2 p^2) + 2\rho_2\beta_2^2 p^2$$
$$d = 2(\rho_2\beta_2^2 - \rho_1\beta_1^2)$$

（3-41）

$$E = b\frac{\cos i_1}{\alpha_1} + c\frac{\cos i_2}{\alpha_2}$$

$$F = b\frac{\cos j_1}{\beta_1} + c\frac{\cos j_2}{\beta_2}$$

$$G = a - d\frac{\cos i_1}{\alpha_1}\frac{\cos j_2}{\beta_2}$$

$$H = a - d\frac{\cos i_2}{\alpha_2}\frac{\cos j_1}{\beta_1}$$

$$D = EF + GHp^2$$

（3-42）

　　OBS 人工源（气枪震源）是在水面上，不会产生剪切波，记录中的剪切波都是来自地层的转换波，所以，虽然对于 SV 波入射的情形也可以写出类似公式，这里不再详述。

3.3 分界面上 P 波入射时的能量分配

3.3.1 P 波入射势函数的能量分配（以张量形式推导）

弹性体的能量密度为

$$\varepsilon = \frac{1}{2}\tau_{ij}e_{ij} + \frac{1}{2}\rho\dot{u}_i\dot{u}_i \tag{3-43}$$

设 S 界面包围体积 V，则总能量为

$$E = \int_V \varepsilon \mathrm{d}v = \int_V \left[\frac{1}{2}\tau_{ij}e_{ij} + \frac{1}{2}\rho\dot{u}_i\dot{u}_i\right]\mathrm{d}v \tag{3-44}$$

总能量随时间的变化率为

$$\frac{\partial E}{\partial t} = \int_V \left[\frac{1}{2}\dot{\tau}_{ij}e_{ij} + \frac{1}{2}\tau_{ij}\dot{e}_{ij} + \rho\ddot{u}_i\dot{u}_i\right]\mathrm{d}v \tag{3-45}$$

应力 τ_{ij} 和应变 e_{ij} 的关系是一个与时间无关的比例关系，所以式（3-45）中的前两项是相同的，有

$$\frac{\partial E}{\partial t} = \int_V \tau_{ij}\dot{e}_{ij}\mathrm{d}v + \int_V \rho\ddot{u}_i\dot{u}_i\mathrm{d}v \tag{3-46}$$

因为弹性动力学方程可以写成

$$\rho\ddot{u}_i = \tau_{ij,j} + \rho f_i$$

又因为

$$\tau_{ij}\dot{e}_{ij} = \frac{1}{2}\tau_{ij}(\dot{u}_{i,j} + \dot{u}_{j,i}) = \tau_{ij}\dot{u}_{i,j}$$

将这两个式子代入式（3-46），得

$$\frac{\partial E}{\partial t} = \int_V [\tau_{ij}\dot{u}_{i,j} + \tau_{ij,j}\dot{u}_i + \rho f_i\dot{u}_i]\mathrm{d}v \tag{3-47}$$

将式（3-47）改写为

$$\frac{\partial E}{\partial t} = \int_V (\tau_{ij}\dot{u}_i)_{,j}\mathrm{d}v + \int_V \rho f_i\dot{u}_i\mathrm{d}v \tag{3-48}$$

对式（3-48）中的第一个部分应用高斯定理，得

$$\frac{\partial E}{\partial t} = \int_S \tau_{ij}\dot{u}_i\boldsymbol{e}_j \cdot \boldsymbol{n}\mathrm{d}S + \int_V \rho f_i\dot{u}_i\mathrm{d}v = \int_S [-\tau_{ij}\dot{u}_i\boldsymbol{e}_j] \cdot (-\boldsymbol{n})\mathrm{d}S + \int_V \rho f_i\dot{u}_i\mathrm{d}v \tag{3-49}$$

其中，$\boldsymbol{e}_j$ 为坐标轴的单位矢量；$\boldsymbol{n}$ 为界面 S 的外法向矢量。

定义能通量密度矢量 $\boldsymbol{P}$ 如下：

$$\boldsymbol{P} = -\tau_{ij}\dot{u}_i\boldsymbol{e}_j \tag{3-50}$$

它表示单位时间内通过与 $\boldsymbol{P}$ 方向相垂直的单位面积的能量。因此式（3-49）说明体积 V

内总能量的增加率等于从周围介质通过界面 S 流入的能量加上 V 内体力所做的功率。
将式（3-50）展开得

$$-\boldsymbol{P} = (\tau_{11}\dot{u}_1 + \tau_{12}\dot{u}_2 + \tau_{13}\dot{u}_3)\boldsymbol{e}_1 + (\tau_{21}\dot{u}_1 + \tau_{22}\dot{u}_2 + \tau_{23}\dot{u}_3)\boldsymbol{e}_2 + (\tau_{31}\dot{u}_1 + \tau_{32}\dot{u}_2 + \tau_{33}\dot{u}_3)\boldsymbol{e}_3 \quad （3\text{-}51）$$

根据 3.2 节中弹性方程的解，得到 2-D 界面上 P 波入时各种波对应的势函数解。

入射 P 波：

$$\varphi_1 = A_1 \mathrm{e}^{iK(x_1 + P_1 x_2 - Ct)}$$

反射 P 波：

$$\varphi_2 = A_2 \mathrm{e}^{iK(x_1 - P_1 x_2 - Ct)}$$

折射 P 波：

$$\overline{\varphi}_1 = \overline{A}_1 \mathrm{e}^{iK(x_1 + Q_1 x_2 - Ct)}$$

反射 SV 波：

$$\psi_2 = B_2 \mathrm{e}^{iK(x_1 - P_2 x_2 - Ct)}$$

折射 SV 波：

$$\overline{\psi}_1 = \overline{B}_1 \mathrm{e}^{iK(x_1 + Q_2 x_2 - Ct)}$$

为下面推导的方便，对上述各震相取实部。首先推导入射 P 波的能通量密度矢量。
入射 P 波对应的势函数可以写成

$$\varphi = A_1 \cos k(x_1 + P_1 x_2 - Ct) \quad （3\text{-}52）$$

其对应的位移为

$$\boldsymbol{u} = \frac{\partial \varphi}{\partial x_1}\boldsymbol{e}_1 + \frac{\partial \varphi}{\partial x_2}\boldsymbol{e}_2$$

所以得到：

$$\begin{cases} u_1 = -A_1 K \sin k(x_1 + P_1 x_2 - Ct) \\ u_2 = -A_1 K P_1 \sin k(x_1 + P_1 x_2 - Ct) \end{cases}$$

$$\begin{cases} \dot{u}_1 = A_1 K^2 C \cos k(x_1 + P_1 x_2 - Ct) \\ \dot{u}_2 = A_1 K^2 P_1 C \cos k(x_1 + P_1 x_2 - Ct) \end{cases} \quad （3\text{-}53）$$

利用位移与应变的关系、应变与应力的关系得到：

$$\begin{cases} \tau_{11} = -A_1 K^2 (\lambda + 2\mu + \lambda P_1^2) \cos k(x_1 + P_1 x_2 - Ct) \\ \tau_{12} = \tau_{21} = -2\mu A_1 K^2 P_1 \cos k(x_1 + P_1 x_2 - Ct) \\ \tau_{22} = -A_1 K^2 (\lambda + 2\mu P_1^2 + \lambda P_1^2) \cos k(x_1 + P_1 x_2 - Ct) \end{cases} \quad （3\text{-}54）$$

将式（3-53）和式（3-54）代入式（3-51）得到：

$$\boldsymbol{P}_{\mathrm{IP}} = (\boldsymbol{e}_1 + P_1 \boldsymbol{e}_2)(\lambda + 2\mu)(1 + P_1^2) K^4 C A_1^2 \cos^2 k(x_1 + P_1 x_2 - Ct) \quad （3\text{-}55）$$

同理得到反射和折射 P 波的能通密度矢量：

$$\boldsymbol{P}_{\mathrm{RP}} = (\boldsymbol{e}_1 - P_1 \boldsymbol{e}_2)(\lambda_1 + 2\mu_1)(1 + P_1^2) K^4 C A_2^2 \cos^2 k(x_1 - P_1 x_2 - Ct) \quad （3\text{-}56）$$

$$\boldsymbol{P}_{\mathrm{IP}} = (\boldsymbol{e}_1 + Q_1 \boldsymbol{e}_2)(\lambda_2 + 2\mu_2)(1 + Q_1^2) K^4 C \overline{A}_1^2 \cos^2 k(x_1 + Q_1 x_2 - Ct) \quad （3\text{-}57）$$

反射 SV 波对应的势函数可以写成：

$$\psi = B_2 \cos k(x_1 - P_2 x_2 - Ct) \tag{3-58}$$

其对应的位移为

$$\boldsymbol{u} = \frac{\partial \psi}{\partial x_2}\boldsymbol{e}_1 - \frac{\partial \psi}{\partial x_1}\boldsymbol{e}_2$$

所以得到：

$$\begin{cases} u_1 = B_2 K P_2 \sin k(x_1 - P_2 x_2 - Ct) \\ u_2 = B_2 K \sin k(x_1 - P_2 x_2 - Ct) \end{cases}$$

$$\begin{cases} \dot{u}_1 = -B_2 K^2 P_2 C \cos k(x_1 - P_2 x_2 - Ct) \\ \dot{u}_2 = -B_2 K^2 C \cos k(x_1 - P_2 x_2 - Ct) \end{cases} \tag{3-59}$$

利用位移与应变的关系、应变与应力的关系得到：

$$\begin{cases} \tau_{11} = B_2 K^2 (2\mu) P_2 \cos k(x_1 - P_2 x_2 - Ct) \\ \tau_{12} = \tau_{21} = B_2 K^2 \mu (1 - P_2^2) \cos k(x_1 - P_2 x_2 - Ct) \\ \tau_{22} = B_2 K^2 (-2\mu) P_2 \cos k(x_1 - P_2 x_2 - Ct) \end{cases} \tag{3-60}$$

将式（3-59）和式（3-60）代入式（3-51）得到：

$$\boldsymbol{P}_{\mathrm{RS}} = (\boldsymbol{e}_1 - P_2\boldsymbol{e}_2)(1 + P_2^2) K^4 C \mu_1 B_2^2 \cos^2 k(x_1 - P_2 x_2 - Ct) \tag{3-61}$$

同理，得到折射 SV 波的能通量密度矢量：

$$\boldsymbol{P}_{\mathrm{TS}} = (\boldsymbol{e}_1 + Q_2\boldsymbol{e}_2)(1 + Q_2^2) K^4 C \mu_2 \overline{B}_1^2 \cos^2 k(x_1 + Q_2 x_2 - Ct) \tag{3-62}$$

利用速度与弹性模量的关系，方向矢量 $\boldsymbol{n}$ 的表达式，P、Q 的定义等式子，对式（3-55）、式（3-56）、式（3-57）、式（3-61）、式（3-62）进行改写得到：

$$\begin{cases} \boldsymbol{P}_{\mathrm{IP}} = \boldsymbol{n}_{\mathrm{IP}} \rho_1 \dfrac{C^4}{V_{\mathrm{P1}}} K^4 A_1^2 \cos^2 k(x_1 + P_1 x_2 - Ct) \\[3mm] \boldsymbol{P}_{\mathrm{RP}} = \boldsymbol{n}_{\mathrm{RP}} \rho_1 \dfrac{C^4}{V_{\mathrm{P1}}} K^4 A_2^2 \cos^2 k(x_1 - P_1 x_2 - Ct) \\[3mm] \boldsymbol{P}_{\mathrm{TP}} = \boldsymbol{n}_{\mathrm{TP}} \rho_2 \dfrac{C^4}{V_{\mathrm{P2}}} K^4 \overline{A}_1^2 \cos^2 k(x_1 + Q_1 x_2 - Ct) \\[3mm] \boldsymbol{P}_{\mathrm{RS}} = \boldsymbol{n}_{\mathrm{RS}} \rho_1 \dfrac{C^4}{V_{\mathrm{S1}}} K^4 B_2^2 \cos^2 k(x_1 - P_2 x_2 - Ct) \\[3mm] \boldsymbol{P}_{\mathrm{TS}} = \boldsymbol{n}_{\mathrm{TS}} \rho_2 \dfrac{C^4}{V_{\mathrm{S2}}} K^4 \overline{B}_1^2 \cos^2 k(x_1 + Q_2 x_2 - Ct) \end{cases} \tag{3-63}$$

定义在周期 $T = \dfrac{2\pi}{\omega} = \dfrac{2\pi}{KC}$ 的平均能通量密度矢量为

$$\boldsymbol{P}^m = \frac{1}{T} \int_0^T \boldsymbol{P}\mathrm{d}t \tag{3-64}$$

设入射点为原点（图 3-4），得到：

$$\frac{1}{T}\int_0^T \cos^2 \omega t\,\mathrm{d}t = \frac{1}{2}$$

所以有

$$
\begin{cases}
\boldsymbol{P}_{\mathrm{IP}}^m = \dfrac{1}{2}\boldsymbol{n}_{\mathrm{IP}}\rho_1 \dfrac{C^4}{V_{\mathrm{P1}}} K^4 A_1^2 \\[2mm]
\boldsymbol{P}_{\mathrm{RP}}^m = \dfrac{1}{2}\boldsymbol{n}_{\mathrm{RP}}\rho_1 \dfrac{C^4}{V_{\mathrm{P1}}} K^4 A_2^2 \\[2mm]
\boldsymbol{P}_{\mathrm{TP}}^m = \dfrac{1}{2}\boldsymbol{n}_{\mathrm{TP}}\rho_2 \dfrac{C^4}{V_{\mathrm{P2}}} K^4 \overline{A}_1^2 \\[2mm]
\boldsymbol{P}_{\mathrm{RS}}^m = \dfrac{1}{2}\boldsymbol{n}_{\mathrm{RS}}\rho_1 \dfrac{C^4}{V_{\mathrm{S1}}} K^4 B_2^2 \\[2mm]
\boldsymbol{P}_{\mathrm{TS}}^m = \dfrac{1}{2}\boldsymbol{n}_{\mathrm{TS}}\rho_2 \dfrac{C^4}{V_{\mathrm{S2}}} K^4 \overline{B}_1^2
\end{cases}
\tag{3-65}
$$

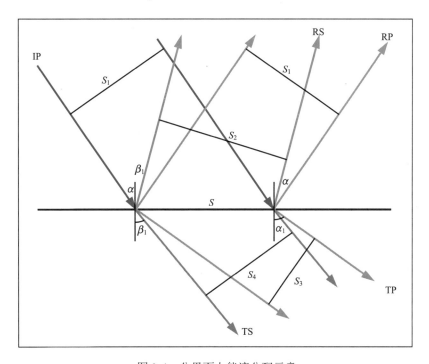

图 3-4　分界面上能流分配示意

在任一个面积为 S 的界面上入射（图 3-4），则有

$$S = \frac{S_1}{\cos \alpha} = \frac{S_2}{\cos \beta_1} = \frac{S_3}{\cos \overline{\alpha}_1} = \frac{S_4}{\cos \overline{\beta}_1} \tag{3-66}$$

根据能量守恒定律，则有

$$P_{\mathrm{IP}}^m S_1 = P_{\mathrm{RP}}^m S_1 + P_{\mathrm{RS}}^m S_2 + P_{\mathrm{TP}}^m S_3 + P_{\mathrm{TS}}^m S_4 \tag{3-67}$$

将式（3-65）、式（3-66）代入式（3-67）得

$$\rho_1 \frac{\cos\alpha}{V_{P1}} A_1^2 = \rho_1 \frac{\cos\alpha}{V_{P1}} A_1^2 + \rho_1 \frac{\cos\beta_1}{V_{S1}} B_2^2 + \rho_2 \frac{\cos\overline{\alpha}_1}{V_{P2}} \overline{A}_1^2 + \rho_2 \frac{\cos\overline{\beta}_1}{V_{S2}} \overline{B}_1^2$$

等式右边除以左边，并利用斯奈尔定律，得 P 波入射情况下势函数的能量分配式：

$$1 = \frac{A_2^2}{A_1^2} + \frac{\tan\alpha}{\tan\beta_1} \frac{B_2^2}{A_1^2} + \frac{\overline{\rho} \tan\alpha}{\rho \tan\overline{\alpha}_1} \frac{\overline{A}_1^2}{A_1^2} + \frac{\overline{\rho} \tan\alpha}{\rho \tan\overline{\beta}_1} \frac{\overline{B}_1^2}{A_1^2} \tag{3-68}$$

反射 P 波与入射 P 波能量比的平方根：

$$\sqrt{\frac{E_{RP}}{E_P}} = \sqrt{\frac{A_2^2}{A_1^2}} \tag{3-69}$$

反射 SV 波与入射 P 波能量比的平方根：

$$\sqrt{\frac{E_{RS}}{E_P}} = \sqrt{\frac{P_2}{R} \frac{B_2^2}{A_1^2}} \tag{3-70}$$

折射 P 波与入射 P 波能量比的平方根：

$$\sqrt{\frac{E_{TP}}{E_P}} = \sqrt{\frac{\overline{\rho}}{\rho} \frac{Q_1}{R} \frac{\overline{A}_1^2}{A_1^2}} \tag{3-71}$$

折射 SV 波与入射 P 波能量比的平方根：

$$\sqrt{\frac{E_{TS}}{E_P}} = \sqrt{\frac{\overline{\rho}}{\rho} \frac{Q_2}{R} \frac{\overline{B}_1^2}{A_1^2}} \tag{3-72}$$

当垂直入射（$\alpha = 0$）时式（3-30）的系数为

$$\begin{cases} a_1 = \dfrac{\overline{\mu} V_{S1}^2}{\mu \overline{V}_{S2}^2} \quad a_2 = 0 \quad a_3 = \dfrac{V_{P1}}{V_{P2}} \quad a_4 = 0 \\ b_1 = 0 \quad b_2 = \dfrac{V_{S1}}{V_{S2}} \quad b_3 = 0 \quad b_4 = \dfrac{\overline{\mu} V_{S1}^2}{\mu \overline{V}_{S2}^2} \\ D = (\dfrac{\overline{\mu} V_{S1}^2}{\mu \overline{V}_{S2}^2} + \dfrac{V_{P1}}{V_{P2}})(\dfrac{\overline{\mu} V_{S1}^2}{\mu \overline{V}_{S2}^2} + \dfrac{V_{S1}}{V_{S2}}) \end{cases} \tag{3-73}$$

3.3.2 P 波入射位移的能量分配

以上振幅是关于势函数的，而 3.2 节中式（3-40）表达的反射系数是关于位移的，所以，想要计算位移的能量分配，需要将关于位移的振幅变成关于势函数的。即

$$A_1^2 \Rightarrow V_{P1}^2 A_1^2$$
$$A_2^2 \Rightarrow V_{P1}^2 A_2^2$$
$$B_2^2 \Rightarrow V_{S1}^2 B_2^2$$
$$\overline{A}_1^2 \Rightarrow V_{P2}^2 \overline{A}_1^2$$
$$\overline{B}_1^2 \Rightarrow V_{S2}^2 \overline{B}_1^2$$

另外，根据前面的公式有

$$\frac{P_2}{P_1} = \frac{V_{P1}\cos\beta_1}{V_{S1}\cos\alpha_1}$$

$$\frac{\bar{\rho}Q_1}{\rho P_1} = \frac{\bar{\rho}V_{P1}\cos\alpha_2}{\rho V_{P2}\cos\alpha_1}$$

$$\frac{\bar{\rho}Q_2}{\rho P_1} = \frac{\bar{\rho}V_{P1}\cos\beta_2}{\rho V_{S2}\cos\alpha_1}$$

将这些式子代入式（3-69）～式（3-72），得到：

$$\begin{cases} \dfrac{E_{RP}}{E_P} = R_{PP}^2 \\[2mm] \dfrac{E_{RS}}{E_P} = \left(\dfrac{V_{S1}\cos\beta_1}{V_{P1}\cos\alpha_1}\right)R_{PS}^2 \\[2mm] \dfrac{E_{TP}}{E_P} = \left(\dfrac{\rho_2 V_{P2}\cos\alpha_2}{\rho_1 V_{P1}\cos\alpha_1}\right)T_{PP}^2 \\[2mm] \dfrac{E_{TS}}{E_P} = \left(\dfrac{\rho_2 V_{S2}\cos\beta_2}{\rho_1 V_{P1}\cos\alpha_1}\right)T_{PS}^2 \end{cases} \qquad (3\text{-}74)$$

3.3.3　数值计算

这里我们较随意地给了一个模型，上层参数：V_P=4.0 km/s，V_S=2.5 km/s，ρ=2.5 g/cm^3；下层参数：V_P=5.8 km/s，V_S=3.4 km/s，ρ=2.9 g/cm^3。图 3-5 给出了界面上由于 P 波入射产生的反射波和透射波的能量分配情况。

需要说明的是，在编程进行数值计算时，要注意一个问题。当入射角超过产生首波的临界角时，要令相应的透射能量为零，同时折射角余弦的计算要采用复数形式。例如，P 波从介质 1 入射到较高速的介质 2，当入射角达到或大于临界角时，由斯奈尔定律，可以设两个临时变量，进行计算：

$$sx(=\sin\alpha_2) = \frac{V_{P2}}{V_{P1}}\sin\alpha_1 \geqslant 1$$

$$sz(=\cos\alpha_2) = \mathrm{cmplx}(0,\sqrt{sx^2-1})$$

从图 3-5 可以看出，能量的分配和入射角的变化有着十分密切的关系，而且是一种比较复杂的关系。

（1）就反射 P 波来说，能量最大处是在中间的某个临界点和最后的部分，也就是说要得到某个界面较强的反射震相，入射角要大于某个临界角。根据射线传播理论，就实际的分层地壳来说，在深部某个界面上要有一个较大的临界角就意味着在地表或海水表面炮点到界面反射点的距离要比较大才行。这就是只有广角反射才能探测深部界面的原理。

（2）就折射（透射）P 波来说，当入射角大于某个临界角时，P 波能量不能再向下传播，而是变成首波沿界面下侧传播，返回上层。对应的反射大大增强，即所谓全反射。

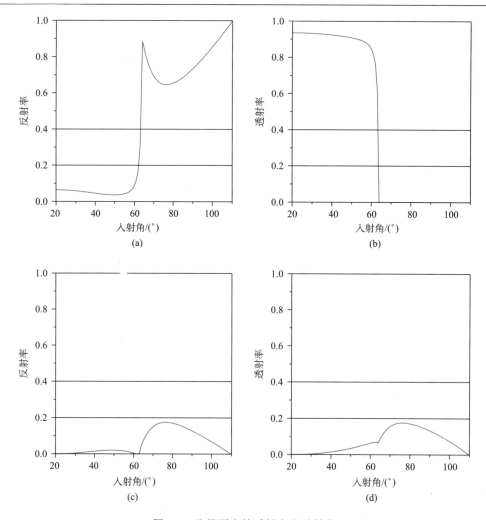

图 3-5　分界面上的反射率和透射率

(a) 反射 P 波；(b) 透射 P 波；(c) 反射 S 波；(d) 透射 S 波

注意，这里面可能会产生一个误解，有人会说前面说广角才能做深探测，这里又说大于临界角 P 波又下不去了，这不是矛盾吗？其实这里说的透射只是指某个界面。可以想象，开始时入射角很小，但逐层向下传播时，角度是会越来越大的，也就是说上层小角度透射过来的波在较下层会产生广角反射，即广角反射是指炮点和目标层有较大的探测距离。

（3）就反射 S 波来说，它的最大反射点在某个临界点，随后又变小。也就是说，S波反射探测也有一个最佳窗口问题。

（4）就透射 S 波来说，相对 P 波透射，它的最大特点是能够在较大入射角时仍向下传播（向上传播也一样）。这就是 OBS 三分量设计的重要意义之一，根据这个原理，可以得到下部深层较强的向上传播的转换 S 波。

3.4 佐普里兹方程

3.4.1 佐普里兹方程推导

这里有一个值得一提的问题，根据 3.2.2 节中的式（3-29）是推导不出常用的佐普里兹方程的。这是因为那里的系数是指势函数的系数，而佐普里兹方程中的系数是关于位移的。为了方便读者，下面补充推导佐普里兹方程。显然，由势函数求位移时，对应新的方程不产生变化，只是振幅前多了系数 ik。利用下面的等式：

$$ik = i\frac{\omega}{C} = \frac{i\omega}{V_{P1}}\sin\alpha = \frac{i\omega}{V_{S1}}\sin\beta = \frac{i\omega}{V_{P2}}\sin\bar{\alpha} = \frac{i\omega}{V_{S2}}\sin\bar{\beta}$$

$$\frac{R}{V_{P1}}\sin\alpha = \frac{\cos\alpha}{V_{P1}}$$

$$\frac{P_2}{V_{S1}}\sin\beta = \frac{\cos\beta}{V_{S1}}$$

$$\frac{Q_1}{V_{P2}}\sin\bar{\alpha} = \frac{\cos\bar{\alpha}}{V_{P2}}$$

$$\frac{Q_2}{V_{S2}}\sin\bar{\beta} = \frac{\cos\bar{\beta}}{V_{S2}}$$

并重新定义位移振幅系数，即

$$\frac{A_1}{V_{P1}} \Rightarrow A_1^{new} \quad \frac{A_2}{V_{P1}} \Rightarrow A_2^{new} \quad \frac{B_2}{V_{S1}} \Rightarrow B_2^{new} \quad \frac{\bar{A}_1}{V_{P2}} \Rightarrow \bar{A}_1^{new} \quad \frac{\bar{B}_1}{V_{S2}} \Rightarrow \bar{B}_1^{new}$$

有

$$ikA_1 = \left(\frac{i\omega}{V_{P1}}A_1\right)\sin\alpha \Rightarrow i\omega A_1^{new}\sin\alpha, \quad ikR A_1 = \left(\frac{i\omega}{V_{P1}}A\right)\cos\alpha \Rightarrow i\omega A_1^{new}\cos\alpha，\text{等等。}$$

再代入 3.2 节中的位移连续和应力连续条件，得佐普里兹方程（去掉右上角标志 new）：

$$\begin{bmatrix} -\sin\alpha & \cos\beta & \sin\bar{\alpha} & \cos\bar{\beta} \\ \cos\alpha & \sin\beta & \cos\bar{\alpha} & -\sin\bar{\beta} \\ \sin2\alpha & -\dfrac{v_P}{v_S}\cos2\beta & \dfrac{\bar{\rho}v_P\bar{v}_S^2}{\rho\bar{v}_P v_S^2}\sin2\bar{\alpha} & \dfrac{\bar{\rho}v_P\bar{v}_S}{\rho v_S^2}\cos2\bar{\beta} \\ -\cos2\beta & -\dfrac{v_S}{v_P}\sin2\beta & \dfrac{\bar{\rho}v_P}{\rho v_P}\cos2\bar{\beta} & -\dfrac{\bar{\rho}v_S}{\rho v_P}\sin2\bar{\beta} \end{bmatrix} \begin{bmatrix} A_2 \\ B_2 \\ \bar{A}_1 \\ \bar{B}_1 \end{bmatrix} = A_1 \begin{bmatrix} \sin\alpha \\ \cos\alpha \\ \sin2\alpha \\ \cos2\beta \end{bmatrix} \quad (3\text{-}75)$$

同理，如果只是 SV 波在介质 1 中入射，则有

$$\begin{bmatrix} -\cos\alpha & -\sin\beta & -\cos\bar{\alpha} & \sin\bar{\beta} \\ -\sin\alpha & \cos\beta & \sin\bar{\alpha} & \cos\bar{\beta} \\ \dfrac{v_{S1}}{v_{P1}}\sin2\alpha & -\cos2\beta & \dfrac{\bar{\rho}v_S^2}{\rho\bar{v}_P v_S}\sin2\bar{\alpha} & \dfrac{\bar{\rho}v_S}{\rho v_S}\cos2\bar{\beta} \\ \dfrac{v_{P1}}{v_{S1}}\cos2\beta & \sin2\beta & -\dfrac{\bar{\rho}v_P}{\rho v_S}\cos2\bar{\beta} & -\dfrac{\bar{\rho}v_S}{\rho v_S}\sin2\bar{\beta} \end{bmatrix} \begin{bmatrix} A_2 \\ B_2 \\ \bar{A}_1 \\ \bar{B}_1 \end{bmatrix} = B_1 \begin{bmatrix} \sin\beta \\ \cos\beta \\ \cos2\beta \\ \sin2\beta \end{bmatrix} \quad (3\text{-}76)$$

这里再强调一下，佐普里兹方程不是关于势函数的，而是关于位移的，它涉及我们能否正确推导界面上各种波的能量分配。

3.4.2　反射系数的近似线性表达

在海洋天然气水合物似海底地震反射界面（BSR）的研究中，经常会用到反射率的近似线性表达，下面我们给予说明。根据 3.2.3 节的式（3-40），或由佐普里兹公式，可以推得 P 波从上部介质入射到界面上所产生的反射 P 波的反射系数完全计算公式为

$$R_{\mathrm{PP}} = \left[\left(b\frac{\cos i_1}{\alpha_1} - c\frac{\cos i_2}{\alpha_2} \right)F - \left(a + d\frac{\cos i_1}{\alpha_1}\frac{\cos j_2}{\beta_2} \right)Hp^2 \right] / D$$

其中，

$$\begin{cases} a = \rho_2(1-2\beta_2^2 p^2) - \rho_1(1-2\beta_1^2 p^2) \\ b = \rho_2(1-2\beta_2^2 p^2) + 2\rho_1\beta_1^2 p^2 \\ c = \rho_1(1-2\beta_1^2 p^2) + 2\rho_2\beta_2^2 p^2 \\ d = 2(\rho_2\beta_2^2 - \rho_1\beta_1^2) \end{cases}$$

$$\begin{cases} E = b\frac{\cos i_1}{\alpha_1} + c\frac{\cos i_2}{\alpha_2} \\ F = b\frac{\cos j_1}{\beta_1} + c\frac{\cos j_2}{\beta_2} \\ G = a - d\frac{\cos i_1}{\alpha_1}\frac{\cos j_2}{\beta_2} \\ H = a - d\frac{\cos i_2}{\alpha_2}\frac{\cos j_1}{\beta_1} \\ D = EF + GHp^2 \end{cases}$$

式中，α、β 和 ρ 分别为 P 波速度、S 波速度和密度；i 为 P 波的入射角或反射角或折射角；j 为 S 波的反射角或折射角；参数的下标指示所在介质，1 为界面上侧，2 为界面下侧；p 为水平慢度，又称射线参数，满足斯奈尔定律：

$$p = \frac{\sin i_1}{\alpha_1} = \frac{\sin i_2}{\alpha_2} = \frac{\sin j_1}{\beta_1} = \frac{\sin j_2}{\beta_2}$$

在一级近似条件下，经化简、整理、推导，可以得到相应的近似公式：

$$R_{\mathrm{PP}} = \frac{1}{2}(1-4\beta^2 p^2)\frac{\Delta\rho}{\rho} + \frac{1}{2\cos^2 i}\frac{\Delta\alpha}{\alpha} - 4\beta^2 p^2\frac{\Delta\beta}{\beta} \tag{3-77}$$

其中，

$$\begin{cases} \Delta\rho = \rho_2 - \rho_1, \quad \Delta\alpha = \alpha_2 - \alpha_1, \quad \Delta\beta = \beta_2 - \beta_1 \\ \rho = \frac{1}{2}(\rho_2 + \rho_1), \quad \alpha = \frac{1}{2}(\alpha_2 + \alpha_1), \quad \beta = \frac{1}{2}(\beta_2 + \beta_1), \quad i = \frac{1}{2}(i_2 + i_1) \end{cases} \tag{3-78}$$

式（3-77）是 AVA（amplitude versus angle）或 AVO（amplitude versus offset）方法中最常用的公式。显然，近似公式最大的好处是其线性特性，可以直接表达不同参数变化对

反射系数的贡献。有时为了表达反射系数与泊松比 ν 之间的关系式，可以对式（3-77）变形，经推导得

$$R_{\mathrm{PP}} = R_0 + \left[R_0 A_0 + \frac{\Delta \nu}{(1-\nu)^2} \right] \sin^2 i + \frac{1}{2} \frac{\Delta \alpha}{\alpha} (\tan^2 i - \sin^2 i) \qquad （3\text{-}79）$$

其中：

$$\begin{cases} R_0 = \dfrac{\rho_2 \alpha_2 - \rho_1 \alpha_1}{\rho_2 \alpha_2 + \rho_1 \alpha_1} \approx \dfrac{1}{2}\left(\dfrac{\Delta \rho}{\rho} + \dfrac{\Delta \alpha}{\alpha} \right) \\[2mm] A_0 = B - 2(1+B)\dfrac{1-2\nu}{1-\nu} \\[2mm] B = \dfrac{1}{2R_0}\dfrac{\Delta \alpha}{\alpha} = \dfrac{\Delta \alpha / \alpha}{(\Delta \rho / \rho + \Delta \alpha / \alpha)} \end{cases} \qquad \begin{cases} \nu = \dfrac{1}{2}(\nu_2 + \nu_1) \\[2mm] \Delta \nu = (\nu_2 - \nu_1) \end{cases} \qquad （3\text{-}80）$$

参 考 文 献

胡德绥. 1989. 弹性波动力学. 北京: 地质出版社.

陆基孟. 1993. 地震勘探原理. 北京: 石油大学出版社.

阮爱国, 李湘云. 2006. 天然气水合物研究中 AVA 方法分析. 海洋学研究, 24(4): 1-11

阮爱国, 李家彪, 初凤友等. 2006. 海底天然气水合物层界面反射 AVO 数值模拟. 地球物理学报, 49(6): 1826-1835.

宋海斌, 松林修, 杨胜雄等. 2001. 海洋天然气水合物的地球物理研究(Ⅱ): 地震方法. 地球物理学进展, 16(3): 110-118.

宋海斌, 张岭, 江为为等. 2003. 海洋天然气水合物的地球物理研究(Ⅲ): 似海底反射. 地球物理学进展, 18(2): 182-187.

熊章强, 方根显. 2002. 浅层地震勘探. 北京: 地震出版社.

Aki K, Richards P G. 1980. Quantitative seismology, theory and methods. Earth-Science Reviews, 1: 557.

第4章 海底地震仪特性和海上作业技术

4.1 海底地震仪特性

4.1.1 设计原则

（1）要保证地震仪与海底有良好的接触。部分海底的覆盖物并不是岩石，而是软沉积物，因而要想获得良好的数据记录，必须使地震仪与海底有良好的接触。特别是倾斜问题，会严重影响水平分量的保真性。

（2）为了捕捉小震或远震，海底地震仪需要有高度的灵敏性。整机的设计要求为低噪声，除了将磁带记录（老式型号）中的机械旋转部分的振动与检波器（即振动探头）隔绝外，还应减小放大器的电噪声。同时，设计时还应考虑水流诱发噪声产生的影响。

（3）因为需留在海底无人管理达一定的时段，海底地震仪应有高度的可靠性。同时，海底地震仪是由有限体积和重量的电池作为供电源的，因而应设计为低耗电（现常采用锂电池）。

（4）海底地震仪的记录应为高质量的记录，这样才能保证数据处理的可靠性。在利用反演法和层析成像法等现今在地震学中常用的处理方法进行数据处理时，需要有高信噪比、大动态范围和低失真度的记录资料作为基础。

（5）海底地震仪应尽量的体积小而重量轻，以保证在考察中灵活地增减海底地震仪的数量，这对提高测量结果的准确性无疑是有益的。在某些情形下（如用直升机布设海底地震仪时），地震仪体积的大小显得尤为重要，甚至成为决定试验本身能否进行下去的主要或决定的因素。

（6）海底地震仪还必须备有可靠的回收装置，包括自动搜寻辅助器（闪光器）、无线电波发射机和释放机械等装置。

（7）海底地震仪必须有一个声应答器系统。当应答系统接收到由船上发出的指令后，能使锚镇重物脱扣，并能测量从船只到海底地震仪的精确距离，从而确保海底地震仪的精确定位。

4.1.2 OBS 结构和技术指标

虽然不同厂家研制的 OBS 观测系统有所不同，但其总体构件和工作原理差异不大。OBS 观测系统由几个相互关联的单元或组件构成，如图 4-1 所示。表 4-1 给出了国际常见的部分 OBS 性能指标。下面以早期的得克萨斯型为例，介绍各组件性能。

1）传感器单元

传感器单元是由 3 个正交的地震检波器和 1 个任意的水中检波器组成。3 个 4.5 Hz 的 L-15B 型地震检波器中有 2 个为水平向，1 个为垂直向。检波器被安装在万向支架上，以便即使仪器的箱体在海底倾斜达 25°时也能保持水平位置。高黏度硅油阻尼万向支架的机械装置可保证它的位置平衡。该传感器可接收多达 4 个通道的传感器输入。

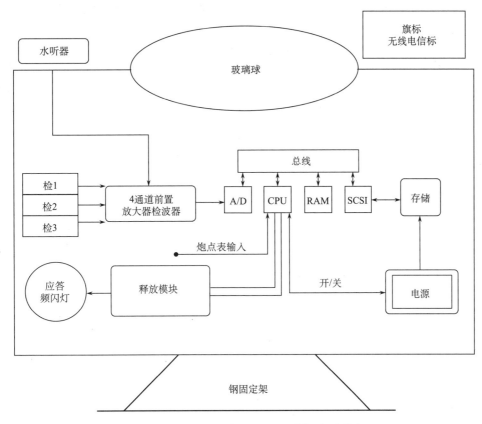

图 4-1　得克萨斯型 OBS 观测系统原理框图

表 4-1　国际上部分厂家的 OBS 性能指标

公司	型号	性能特点
英国 Guralp	MARIS	电缆型海底地震仪，兼容光缆。内置 CMG-6T 型地震计，观测频带 0.033～100 Hz
	ORCUS	电缆型海底地震仪，铝合金或钛合金球形结构，配置 CMG-3T 宽频带地震计、CMG-5T 加速度计、数据采集器等
	BREVE	用于浅海（＜150 m）勘探，内置 CMG-6T 型地震计、水听器、声学释放装置
	LIBER	深海布设的海底地震仪，可连续工作 12 个月，内置 CMG-6T 型地震计、水听器等
德国 GeoPro	SEDIS-Ⅵ	沉浮式海底地震仪。采用 17in*玻璃球，配置深水水听器、声波释放系统、罗盘、GPS 单元、24 位数据采集器等。可配置不同厂家型号的地震计，如 1～300 Hz 的 MTLF-1040、0.0167～50 Hz 的 GME4011 及 0.0083～100 Hz 的 Trillium T-120

公司	型号	性能特点
法国 Sercel	MicroOBS	沉浮式海底地震仪。配置 3 个 4.5 Hz 的检波器、1 个水听器、声波释放系统、24 位数据采集器等
加拿大 Nanometrics	Trillium Compact OBS	适合海底观测的小型化宽频带地震仪，观测频带 0.0083～100 Hz，配置双自由度万向节，适合任意角度安装。内置数据采集器
俄罗斯 R-Sensors	CME-4211-OBS	适合海底观测的电化学型宽频带地震计，观测频带 0.033～50 Hz，允许安装倾斜角度±15°
	CME-4311-OBS	适合海底观测的电化学型宽频带地震计，观测频带 0.0167～50 Hz，允许安装倾斜角度±15°
美国 Kinemetrics	ISOPOD	电缆型海底地震仪，内置 STS-4B 型地震计，观测频带 0.033～100 Hz，具有调平和方位定位功能，配置 Q330 型数据采集器

* 1 in=2.54 cm

2）信号调节和暂时存储器单元

为避免假频干扰，来自传感器的信号放大后须经低通滤波处理，然后由一个三级增益范围的放大器和一个 24 位模-数转换器将滤波后的模拟信号转换为数字信号，达到 126 分贝的总动态范围。最大采样率是每通道每秒 1000 次，数字化的数据可暂时储存在存储板上 512 KB 容量的随机存储器里。

3）记录单元

过去，数据的存储是个大问题，使用硬盘或盒式磁带，1 盘 305 m 的盒式磁带，只可存储 525 MB。现在 USB 存储可达几 GB 至几十 GB，这里不再叙述。

4）控制单元

OBS 观测系统是由一个 CPU-8088 板上的 80C88 微处理器控制的，这块板上还包含了一个小 RAM、一个存储了控制软件的可编程存储器（EPROM），以及串、并行接口和一个晶体控制的实时时钟。微处理器控制了全部的数据采集过程，并按照一个预先给定的程序放置仪器。处理软件可以选择包含一个事件检测算法，它以一个长期-短期信号电平的比较为基础来检测地震事件。

5）释放单元

OBS 观测系统采用了两个独立的解脱功能，确保即使在其中之一失效的情况下仍可将固定架上的仪器松脱。当到了预先给定的松脱时间时，主 CPU 控制解脱功能中的一个操作功能发出释放命令，备用的时钟定时器也独立地发出释放命令，每个释放命令后，系统将打开各自的继电器，通入电流到不锈钢电线（释放电线），这些电线在某些与水接触的部分将融化，从而使仪器箱从固定架上脱扣。

6）仪器箱（压力舱）

全部电子组件安装在一个直径为 43 cm 的玻璃球里，它相当于一个压力舱，用万向支架固定的地震检波器被牢固地安装于球内底部。这个球被放进一个半球状的塑料安全"帽"里，然后用三根橡皮绳固定在一个钢固定架上。如果使用一个水中地震检波器，它将被安装在球的外面，用防水电缆与一个穿过球体的接头相连。

7）联系通道的连接

一个专门设计的电子开关电路——开关盒在 OBS 观测系统、标准时钟和 PC 之间建立三通道联系。用一个奥米加导航——信号接收器作为标准时钟。开关上的一个状态可提供在 OBS 观测系统和 PC 之间的双通道联系，这个开关状态用来启动 OBS 观测系统，设置其内部实时时钟，完成各种试验操作，输入数据采集程序，并当 OBS 执行预置的程序时监测它。开关上的另一个状态是在 PC 和标准时钟之间提供双通道联系，以便为得到一定的输出格式而设置时钟。开关上还有一个位置是建立 OBS 观测系统-时钟-PC 的三通道联系的，以便用标准时钟精确地校准 OBS 观测系统内部的时钟。

8）回收系统

一个或两个水中无线电发射浮标被装在球体上用来发射无线电信号。一旦被松脱的仪器到达水面，压敏开关立即打开每个发射机发射信号。如果仪器超出了视线，仪器中的一个定向器（无线电罗盘）可用来确定仪器的位置。一个频闪灯被安装在球内，夜间时的闪光可显示仪器所在的位置。一面荧光的橙黄色旗子被装在发射天线上，可作为白天回收时的辅助工具。

9）电源

独立的锂电池组为 CPU-前置放大器-滤波器-模数转换器-RAM、磁带机、主释放器、频闪灯和电源开关、继电器提供电源。除了两个较小的电池用于继电器以外，所要求的 D 号电池的总数主要取决于数据采集的持续时间（一般为 19～37 个），系统可以保持停止工作状态几个月，当充满电时，它可以连续记录数据大约 1 周。每台水中发射机由 4 个 C 号碱性电池供电。

4.2　德国 GeoPro 短周期 OBS 的主要性能

国家海洋局第二海洋研究所 2006 年 8 月从德国 GeoPro 公司引进了 15 台 SEDIS IV 型短周期自浮式海底地震仪（图 4-2），这是我国首次从国外引进的 OBS 设备，并立即用于南海中北部地壳结构调查，取得了很好的结果。随后这批 OBS 得到了广泛的应用，为促进我国 OBS 工作的发展立下了汗马功劳。本节对 SEDIS IV 型短周期自浮式海底地震仪进行简要介绍。

SEDIS IV 型短周期自浮式海底地震仪所有仪器都装在玻璃球内，外面加橙黄色塑料套用以保护固定玻璃球，其外观直径为 432 mm，总重量为 45 kg（含锚重 17 kg），最大工作水深 6700 m，持续工作时间可达 30 天以上。该型号 OBS 主体部分包括由一

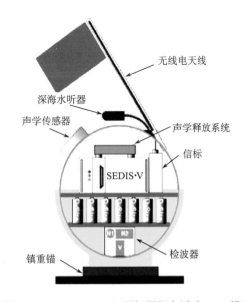

图 4-2　SEDIS V（IV）型短周期自浮式 OBS 模型

个三分量地震仪和一个深海水听器组成的传感器、一台数字化记录器、一个声学应答释放器，外加无线电发射器、闪光灯、罗经和压力表。辅助设备包括释放器的甲板单元和传感器、GPS 定位单元、镇重锚、电池和旗子（图 4-2）。主要技术指标列入表 4-2，主要构件功能如下。

表 4-2　SEDIS IV 型短周期自浮式海底地震仪指标

项目	指标
外壳材料	玻璃球外加塑料套
地震传感器	SM6 型，三分量检波器，外加一个水听器
记录器	SEDIS：6 个通道；采样间隔：1～16 ms；数据容量：闪存 2×8 GB
释放器	球内传感器：包括应答和定时释放功能；甲板单元
回收率	>95%
频带宽度	2～100 Hz
外观尺寸	容器直径 432 mm
重量	总重 45 kg，锚重 17 kg
最大水深	6700 m
工作时间	20～30 天（取决于电池）

1）三分量检波器（SM6 型）

OBS 探测的一个重要技术特点是地震检波器具有三分量功能，即一个垂直分量，两个水平分量。检波器安装在一个充满高黏度硅油的玻璃圆柱内的阻尼万向平衡支架上，使检波器在海底面倾斜时保持其原来的平衡位置，圆柱被固定在玻璃球底部。SM6 型检波器，基频为 4.5 Hz，频率范围是 2～100 Hz。SEDIS IV 型短周期自浮式海底地震仪除了上述三分量检波器外，还配有一个深海水听器，其作用为：①当地震检波器由于海底面过于倾斜或其他原因而失效时，水听器可以保证通过水压变化记录到地震信号；②将水听器信号（只含 P 波信息）与检波器信号（三道均含 P 波和 S 波信息）进行对比，可以比较容易地提取 S 波信号。

2）记录器（SEDIS IV 型）

记录器有 6 个输入通道，一般只使用其中 4 个通道（3 个检波器通道和 1 个水听器通道），其余 2 个通道可作备用或者连接其他传感器。该记录器既适用于海洋（整合成 OBS 系统），也适用于陆地（单台），可用于宽角反射/折射剖面调查、传统的反射地震观测、天然地震的活动性和微震观测。

记录器的输入信号范围 ±5 V，过载电压保护 ±40 V，采样间隔为 1～16 ms 可以自由选择，动态范围大于 120 dB。记录器内的 24 位数/模转换器将地震检波器和水听器得到并被前置放大器放大的信号转换成数字，数据被存储到 16 GB（8 GB×2）容量的闪存上，回收之后可以输出到计算机。大容量闪存的使用是该型号 OBS 的一大优点，也是相对于以前同类型 OBS 的技术进步，摒除了硬盘工作时马达的机械因素，提高了信噪比，并大大降低了整个系统的能耗（硬盘工作耗能 1.3 W，闪存工作耗能 0.6 W），延长了 OBS 的工作时间。

3）释放系统

能否顺利成功回收地震仪是海洋 OBS 调查的决定性环节。考虑到海况发生变化会导致作业中断而不能按计划回收 OBS 或不可预见的偶然因素使 OBS 不能及时上浮等情况，该型号 OBS 设计了声学和定时两种释放方式。进行声学释放时，作业船开到 OBS 原先的投放位置，将计算机与甲板单元相连接，通过电缆和水中传感器发送释放信号，OBS

应答释放部分收到信号后发出释放命令，使燃烧线熔断，OBS 与镇重锚脱钩，依靠玻璃球及塑料套的浮力以 0.5～1 m/s 的速度上浮到海面。借助漂浮在海面 OBS 发出的无线电信号、闪光灯指示器和荧光旗子来进行海上搜寻。当遇到特殊情况时，对放置在海底的 OBS 采取定时释放。在设定的释放时刻，OBS 内置的备用时钟——定时器会独立发出释放命令，将燃烧线熔断，OBS 与镇重锚脱钩上浮。

　　4）GPS 定位单元、镇重锚和电池

　　GPS 用于记录正确的时间和触发仪器的工作状态。投放前要在记录器里正确设定系统时间，回收时确认接收仪器坐标信息并记录 OBS 系统的时间漂移。

　　该型号地震仪镇重锚为长方形，重 17 kg，具有良好的刚度及流体力学性质，使 OBS 不受水流与海况的影响，在投放点自由沉落到海底，与海底良好耦合。

　　用于组装电池的机械部分装在玻璃球内。整个 SEDIS IV 型海底地震仪共有 3 套供电电路，58 节标准的 1.5 V D 型碱性电池提供两路用于记录器及释放器的电源，2 节 9 V 碱电池用于提供燃烧线熔断所需的强电流。整个电源系统可供地震仪连续工作大约 30 天，如果用锂电池代替碱性电池，工作时间可以显著增长，但其供电稳定性能力不如标准的一次性 D 型电池。图 4-3 为 2010 年西南印度洋中脊 3-D 调查作业 SEDIS IV 型 OBS 组装完成后吊装入水时的现场照片。

图 4-3　SEDIS IV 型 OBS 吊装入水现场照片

4.3　国产 I-4C 型宽频带 OBS 性能指标

　　中国科学院地质与地球物理研究所从 20 世纪 90 年代开始研制 OBS（游庆瑜等，2003；邵安民等，2003），并在东沙等地率先开展了人工源试验（阎贫等，2008），设备最终获得成功并定型于 2010 年前后（阮爱国等，2010），为我国 OBS 的发展起到了重要的支撑作用（郝天珧和游庆瑜，2011）。产品已经历了多代，最新型的为 I-7C 型。这里介绍比较基本的并常用的 I-4C 型宽频带 OBS。该型 OBS 与国外产品相比，在设计原理、地震计和记录器等主要方面都是一致的，主要差异体现在外部结构、上浮系统、电源系统、数据读取方法。I-4C 型的设计适应了国际上技术发展的趋势，采用的新技术有可充式锂电池、蓝牙接口参数设置、USB 读取数据和 GPS 通信等。仪器舱内集成了姿控宽频带三分量地震计，频带 60 s～50 Hz，另加一个水听器，罗经自动记录水平分量方位。记录器前放电路在信号输入端加配一阶无源 LC 低通抗混叠滤波器，采用极低噪声精密双运算放大器构成仪器放大电路，且有很高的抗干扰能力。A/D 采用 4 阶Σ-Δ增量调制器，动态范围>120 dB，数据容量 16 GB，整体功耗<0.3 W，内部时钟精度优于 $5×10^{-8}$ s。数据采样时间间隔 8 ms。地震计姿控部分采用步进电机将地震计调至水平位置，然后减速电机将地震计与舱球紧密压合，保证了地震计与舱球之间具有良好的耦合特性。脱钩部分，舱球外部采用 4 根钢缆拉索，将仪器舱球固定在沉耦架上，使仪器舱即使在倾斜的条件下也能与沉耦架保持较好的耦合状态。沉耦架装有 5 个柱状地脚，使其能够插入海底，保证仪器与海底耦合性能，特别是水平方向的耦合性能。图 4-4 为国产 I-4C 型宽频带 OBS 入水前的场景。

图 4-4　2010 年南海西南次海盆 3-D 调查使用的国产 I-4C 型宽频带 OBS 装配完成后科考队员合影

左起第 2、3 两位来自台湾海洋大学，其他队员来自国家海洋局第二海洋研究所和中国科学院南海海洋研究所

4.4　OBS 的海上作业技术

OBS 是直接与海底面接触的地震观测设备，既可以用于观测天然地震，也可以进行人工地震探测，前者使用宽频带地震仪，后者使用短周期地震仪，也可以使用宽

频带地震仪。在海上作业时，两者的主要区别在于做人工地震观测时，还需利用船载气枪进行放炮以作为震源。根据我们多年的工作经验，建议采用如下技术指标，仅供参考。

4.4.1 主要技术指标

1. 人工地震调查的主要技术指标

（1）组合气枪总容量不低于规定值的 80%，声压不小于 90%，整条测线的空炮率小于 5%，气枪容量与压力的设置以观测到莫霍面为原则。

（2）OBS 回收率在 85% 以上。

（3）测线两端应各超出一个 OBS 台站间距以上。

2. 天然地震观测的主要技术指标

（1）连续观测时间不少于 1 个月，以观测到一定数量的地震为原则。

（2）必须使用宽频带 OBS。

（3）OBS 回收率在 85% 以上。

3. OBS 站位和测线的布设

（1）根据探测目标和工作条件，制定 OBS 的作业方案，包括使用的 OBS 数量、布设位置（经纬度）、放炮线路（长度，单位为 km）。

（2）主测线垂直于构造走向，联络线垂直于主测线，也可视具体情况布设测线。

（3）OBS 台站间距由测线长度和设备数量确定，一般不超过 30 km，根据具体情况可不等间距分布。

（4）炮间距、航速、放炮时间间隔，三者中设定两个，另一个随之确定，一般以放炮时间间隔和航速为准，后一炮信号不得覆盖前一炮的后续震相，特别是莫霍面及其以下构造信息。参考值为炮间距 150～200 m，航速 4～5 kn[①]。

4.4.2 调查设备

1. OBS 通用技术指标

（1）OBS 工作水深 6700 m（通用）或更深。

（2）OBS 地震传感器为四分量，一个垂直分量，两个水平分量，一个水听器，配有相应的方位记录器。

（3）短周期 OBS 频率范围为 2～100 Hz，宽频带 OBS 频率范围为 0.0167（60 s）～100 Hz。

（4）OBS 内置两套上浮方法，一是现场声波回收，二是自动定时上浮。

---

① 1 kn=1.852 km/h=0.514444 m/s。

（5）整个 OBS 配重要保证上浮速度＞0.5 m/s。

（6）沉耦架与 OBS 重量匹配，下沉速度＞0.8 m/s。

2. 记录器技术指标

（1）OBS 记录器的数据采样频率为 50～1000 Hz，即时间间隔为 20～1 ms，宽带 OBS 数据采样时间间隔可以稍大些。

（2）数据容量 8 GB 以上。

（3）内部时钟由 GPS 设置，钟漂≤100 ms/a。

（4）整体功耗≤1.5 W。

（5）动态范围≥120 dB。

3. 气枪震源技术指标

（1）单枪启动稳定性要求±1 ms。

（2）组合阵内各枪应同步工作，启动误差±2 ms。

（3）组合气枪总容量不低于规定值的 80%，声压不小于 90%。

4.4.3　海上勘测

1. 航行要求

（1）炸测时，船速和航向应保持稳定，航速 5±0.5 kn，偏离测线单侧距离＜20 m，要及时修正。

（2）OBS 投放时，驾驶人员应在到达站位提前 1 km 以上通知投放人员准备，并及时减速，按一定距离间隔通报离投放点的距离，到达投放点时，船速应在 1 kn 左右。投放人员根据通报距离，在离投放点 5～10 m 时投放 OBS，并记录坐标。

（3）OBS 回收时，可在原投放点或一定距离内（由甲板单探测能力确定）停船，待船速低于 1 kn，将甲板单元的声学探头放入水中，发出释放命令。发现目标后，先回收声学探头后，再开船打捞 OBS。同时记录坐标。

2. OBS 准备要求

（1）上船前，必须在陆地实验内对所有的 OBS 进行检测，并记录。

（2）备齐充足的耗材，包括各种密封材料，沉耦架、电池、清洁剂，燃烧线圈（化学释放）、闪光灯、旗子、弹簧和其他备用零件。

（3）沉耦架的重量和尺寸要严格按 OBS 型号的要求来配制。

（4）对电池进行检测，必须达到额定电压/电流要求。

（5）声学释放系统的甲板单元必须准备 2 套以上，GPS 系统必须准备 2 套以上，真空泵（如需要在船上封球）必须准备 2 套以上。

3. 相关文件的准备

（1）将相关的软件和文件事先安装在计算机中。

（2）准备好作业班报，包括 OBS 的投放表格、回收表格、参数设置表格、检测表格。

（3）准备好一定数量和容量的数据储存介质，实测数据除了在计算机中保留一份外，在移动硬盘或光盘中拷贝两份以上。

4. OBS 参数设置和密封

（1）如需要现场封球，必须严格按所使用型号的 OBS 操作说明书进行操作。时间以世界时为准，用 GPS 授时。根据航次的具体计划，制定 OBS 开始记录时间和自动定时起浮时间，对于前者要给出相对整个工区 OBS 投放预计完成时间的适当提前量，对于后者要给出相对气枪作业结束时间不少于 15 天的延迟。每一个球的设置和密封的实际操作者要签名登记。

（2）记录每个 OBS 所用声学释放器的编号、联系频率、记录器编号，预定投放的点位。

（3）封球之前必须用清洁剂对玻璃球进行清洗。

（4）如有条件，在球内放置一只压力表，用真空泵对球抽真空后密封，记下压力表相对的负读数。

（5）如有条件，及时测量外接口电压，确认零电压值。

（6）将设置好的 OBS 排布在船上安全的地方等待投放。在此期间，安排人员进行值班，定时检查气压表读数和电压表读数，并记录。如果发现漏气和电压异常，应及时进行处理或重新设置和安装。

（7）临投放前再次测试释放器对甲板单元的应答情况。发现问题，更换 OBS 投放次序并记录，对问题 OBS 重新检测。

5. OBS 的投放和回收

（1）投放前将 OBS 与镇重锚相联，安装弹簧，插好旗子。

（2）对实际投放点的坐标和水深情况进行记录。

（3）投放时要将 OBS 吊至离水面小于 0.5 m 时才可以脱钩释放。

（4）回收时对打捞点的坐标要进行记录。

（5）对打捞上来的 OBS 及时进行数据的回放和存储，包括记录器的时钟漂移文件和水平分量方位记录。

（6）对打捞上来的 OBS 要用淡水进行清洗；收好旗杆等配件，并固定 OBS。

（7）如需更换电池，要放在专门的集收箱中，不得随意投入大海。

6. OBS 回收技术要点

（1）根据水深和 OBS 的平均上浮速度（0.5～1.0 m/s），可以估计上浮时间。如果出现 OBS 对联络信号或释放命令没有回答和超过预定上浮时间 3 h 以上搜寻未果，可以放弃寻找。如有机会，可以在预设的定时自动上浮时间赶赴该站位进行搜寻（往往需在船的运行费用和航次计划与设备的价值上做出权衡）。

（2）根据多年的经验，一定要记录发送第一次释放指令的时间。经常会出现的情况是，顺利联系上海底的 OBS，随后给 OBS 发送了释放指令，不见距离读数变化，认为 OBS 还未开始上浮，又多次发送释放指令，还不见动静，隔了几分钟，再发送释放指令时，发现没有应答信号，再也联系不上。不要慌，其实恰恰说明前几次的释放指令是有效的，OBS 已经脱离镇重架并开始上浮，上浮过程中与 OBS 的联系是比较困难的，因为有些型号的 OBS 的上浮姿态不好。所以，遇到这种情况，应该根据投放点水深和第一次或第二次下达释放指令的时间，来安排在海面上搜索 OBS。

（3）如果一开始就联系不上，没有收到应答信号，就要检查一下声学探头是否存在故障？是否投放合适？是否弄错了 OBS 编号和对应的编码？如果还不能找到原因，可以将船开到相对 OBS 投放点的另一侧试试，因为可能是地形原因或海山等障碍体造成 OBS 收不到指令。

7. 定时定位技术

（1）放炮点坐标、OBS 投放和回收坐标，均由船载 GPS 定位系统确定。

（2）要精确测量气枪炸点与船载 GPS 天线的距离，精确到米，用于数据处理时校正炮点坐标。

（3）采用 Hypack 导航系统和自带 GPS 的精密时间记录仪，精确记录枪控激发信号的 GPS 时间，精度达 ms 级，用于校正枪阵系统炮时（精度一般为整秒级）；也可以在船上实验室内放置自带 GPS 的短周期地震仪，记录放炮时的甲板脉冲信号，用于炮时校正。

8. 作业班报

（1）如实填写 OBS 操作过程的参数设置。
（2）如实填写 OBS 投放坐标和回收坐标。
（3）及时填写记录器的时钟漂移文件和水平分量方位记录。
（4）及时复制船载导航文件和天气记录。
（5）如实填写 OBS 回收过程和出现的问题。

4.4.4 数据的初步整理

1. 原始数据验收

1）验收项目
（1）震源资料：地震磁带资料（或单道资料）、气枪记录，导航定位资料和航行志或手簿等。
（2）OBS 资料：OBS 原始记录及班报。
（3）上船前 OBS 的检测与维护记录报告。

2）验收标准

参照上述质量控制、设备要求和作业技术指标。

2. 资料处理要求

（1）根据船载 GPS 和炸测点的距离校正炮点坐标，形成炮点坐标文件。
（2）根据上述精确时间记录校正放炮时间，形成炸测时间文件。
（3）将投放坐标和水深作为 OBS 坐标，形成 OBS 坐标文件。
（4）通过理论直达水波模拟和记录器时钟漂移文件，调整 OBS 坐标和记录时间。
（5）如要进行 2-D 解释，用最小二乘法等方法将炸测点坐标和 OBS 坐标投影到剖面上。

3. 图件要求

将 OBS 原始记录转化成 SEGY 等格式，经滤波后，用专用软件绘出每一台 OBS 的共接收点折合时间剖面，折合速度一般为 6 km/s 或 8 km/s，也可视探测目标而改变。

4.4.5　OBS 资料的解释

1. 基础资料搜集

（1）水深资料和地形图。
（2）速度资料。
（3）沉积层资料。
（4）有关的地质、钻探和重力等地球物理资料。

2. 反演解释

OBS 人工地震探测主要是广角地震的反射/折射，解释方法不同于多道地震，主要采用射线追踪正反演技术来构制速度结构。以垂直分量来反演纵波速度结构，在此基础上用两个水平分量来构建剪切波速度结构。

OBS 天然地震记录可以采用和陆地相同的各种方法进行研究。

3. 成果报告

（1）航次报告：设计书、人员、船舶、执行过程、质量控制、完成任务情况。
（2）班报。
（3）原始记录资料（以磁卡、光盘、移动硬盘存储）。
（4）OBS 折合记录剖面图。
（5）后期反演剖面或层析成像切面。
（6）现场照片。

4. 成果图件

（1）设计图和炸测航迹图。

（2）OBS 坐标设计和实际投放表。

（3）OBS 折合记录剖面图。

（4）反演剖面或层析成像切面。

（5）其他相关图件。

4.5　OBS 信号特点

本节以南海西南次海盆地震探测期间气枪震源试验和天然地震观测为例，对 OBS 记录特性进行分析（刘宏扬等，2012），特别展示了海底地震仪记录的引起大海啸的 2011 年 3 月 11 日日本仙台东部海域 M9.0 地震。共使用了三种型号的 OBS，一是 15 台德国产 SEDIS IV/V 型短周期 OBS，基频 4.5 Hz，带宽 2～100 Hz，最大水深达 6700 m；二是 17 台法国产 MICROBS；三是 8 台国产 I-4C 型宽频带 OBS，带宽为 0.0167～50 Hz，水深达 6000 m，工作时间可达 100 天。这里我们选取一台国产 I-4C 型宽频带 OBS（第 6 站位）与一台德国 SEDIS IV 型短周期 OBS（第 10 站位）进行对比研究，两台仪器均记录到了气枪震源信号和天然地震信号。

人工震源由 4 支 1500 in³[①] 的 BOLT 气枪组成。其震源总容量达到 6000 in³，采用双排列组合，沉放深度 8±1 m，相当于 0.5 级地震，信号主频 3～10 Hz（Qiu $et\ al.$，2007；赵明辉等，2008）。炮间距 200 m，放炮时间间隔约 77 s，航速 4～5 kn。

由于天气影响，海上作业遭遇了持续的恶劣天气，使原定的作业时间大大延长。但也得到了额外收获，记录到了大量的天然地震信息，宽频 OBS 海底工作时间近 3 个月。

4.5.1　气枪作业激发的信号

2 号测线气枪作业时宽频带 OBS06 和短周期 OBS10 的一段记录如图 4-5（a）和（b）所示。图中的 4 道记录从上到下分别为水平分量 X、水平分量 Y、垂直分量及水听器。OBS06 的 Y 分量与正北方向的夹角为 68.5°。可以看出，宽频带 OBS 除了记录地震信号外，还记录了被激发的海底的水下波动。这种水下波动按频率特性，可以分为两种类型，一是 50 s 左右的长波，一种为频率较高的短波。长波可能是气枪连续作业激发的波动不断叠加的结果，以水平分量为主，且具方向性。图 4-5（a）显示，长波的 Y 分量大于 X 分量，因为 Y 分量指向信号源。短波主要是 OBS 底座细微晃动引起的，因此在水听器分量上特别明显。而垂直分量上这两种信号都很弱。推而广之，如果有水下移动目标激发海底波动，宽频 OBS 具有很好的探测能力，特别是水平分量可以获得大振幅且周期特征清晰的记录，并能够指示方向。图 4-5（b）显示，短周期 OBS 只对地震信号有良好的记录，对气枪激发的海底水的波动难以识别。但从另一个角度看，本次试验所采用的短周期 OBS 在海底的姿态稳定性比宽频 OBS 要好，因为短周期 OBS 的水听器记录中几乎没有高频波动。其实这一点也可以从两种类型 OBS 的外在构造上得到验证。本次试验的宽频 OBS 高度近 1 m，底座离地 40 cm 左右，而短周期 OBS 的底座直接与海底面接触。

---

① 1 in³=1.63871×10⁻⁵ m³。

也就是说国产宽频 OBS 的底座设计还有待改进。

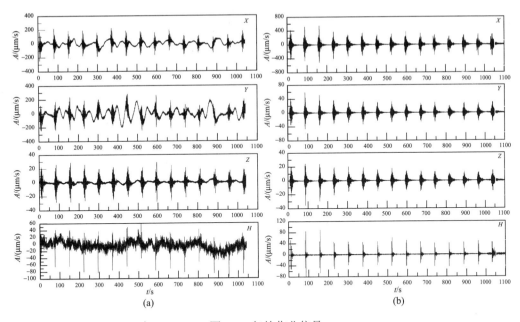

图 4-5　气枪作业信号

（a）宽频带 OBS 记录的气枪作业信号；（b）短周期 OBS 记录的气枪作业信号

　　对数据进行的频谱分析表明，气枪信号的主频为 3～10 Hz（图 4-6）。对宽频带 OBS 信号做低通滤波（拐角频率 0.4），滤掉地震信号，得到的水波信号及其频谱分别如图 4-7 和图 4-8 所示。从记录上可以看出，水波动的长波信号周期约 50 s。从频谱上可以看出，主频为 0.02～0.4 Hz，明显与气枪信号不同，分别为水波（50 s）和 OBS 本身晃动的高频信号（2.5 s）。

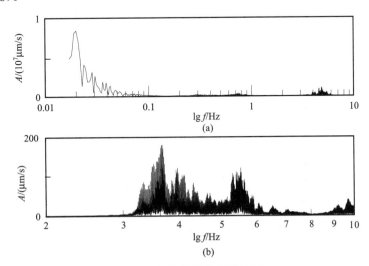

图 4-6　气枪信号的频谱特征

（a）宽频带 OBS 记录的气枪作业信号频率谱；（b）短周期 OBS 记录的气枪作业信号频率谱

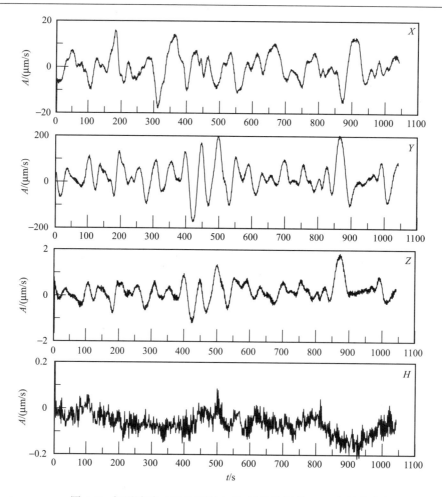

图 4-7　低通滤波（拐角频率 0.4）后的宽频带 OBS 气枪作业记录

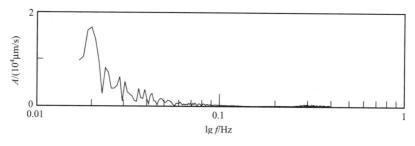

图 4-8　低通滤波（拐角频率 0.4）后，宽频带 OBS 气枪作业时频率谱

4.5.2　噪声特征及影响

　　这里我们对气枪作业过程前后的宽频 OBS 噪声记录做一对比。图 4-9（a）为全部测线气枪作业末尾炮到完全结束后的宽频带 OBS 连续时间信号，图 4-9（b）为相应的频率谱。可以看出，放炮作业前［图 4-9(a1)］，噪声信号有一定的周期性，以长波为主，

周期小于 50 s；放炮作业期间和刚结束时［图 4-9(a2)］，噪声信号周期性明显，且以长波为主，周期约为 50 s；放炮作业结束 24 h［图 4-9(a3)］，噪声信号周期性仍较明显，且周期变长，接近 80 s；炮作业结束后 96 h［图 4-9(a4)］，这时天气开始变坏，噪声信号的长周期信号发生了很大的改变，周期明显变长，高频信号增强并叠加在长周期之上，其主要频率在 0.8 Hz 左右。放炮作业结束后 144 h［图 4-9(a5)］，海况仍然较差，噪声的长周期噪声的周期进一步变长，振幅变小，其上叠加的高频信号占主导。上述过程说明，气枪信号的持续作用时间可达几十个小时；恶劣天气可以引起 OBS 的高频噪声并叠加到低频的底流，这种现象在作业前海况较差的时间段也有记录。相应的频谱分析如图 4-9(b)所示，据此做频谱分析可以有针对性地把噪声滤掉。

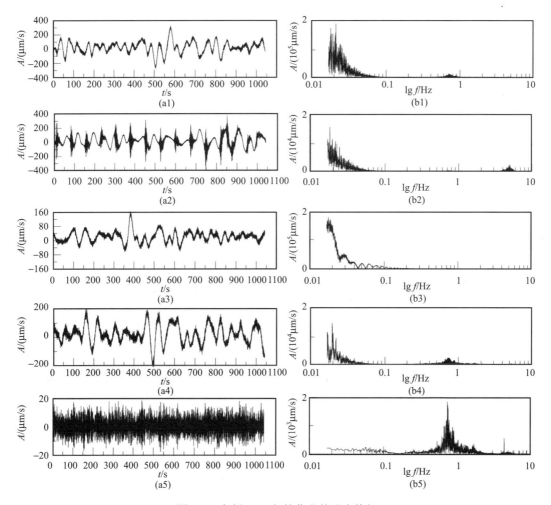

图 4-9　宽频 OBS 气枪作业的噪声特征

(a1) ～ (a5) 噪声随时间的变化； (b1) ～ (b5) 相应的噪声频谱随时间的变化

　　气枪震源被誉为绿色环保的人工震源，与炸药震源相比，具有能量强且可控、重复性好、探测精度高等优点。然而，我们的研究发现，气枪产生的低频信号会持续震荡

100 h 以上。1998 年胡安•德富卡板块附近进行了一次大规模的广角折射/反射地震探测，也进行了气枪噪声对海洋哺乳动物影响的监测（Calambokidis *et al.*，1998；Brocher *et al.*，1999），发现虽然气枪以低频为主，但同样会产生高频信号（kHz 级），对海洋哺乳动物造成影响，这种影响与声音强度和距离有关。我们的信号分析结果与上述试验相似，说明气枪作业对周围生态系统的影响是一个值得进一步研究的课题。

4.5.3　天然地震记录

图 4-10（a）与（b）分别为短周期 OBS10 和宽频 OBS06 记录到的一次远震。发震时间为 2010 年 12 月 21 日 17:19:40.66（GMT），震级 $M7.4$，震源 26.9°N，143.70°E，震源深度 14 km。相对于上述两个站位的震中距分别为 30.047°和 30.33°。可以看出宽频 OBS 对远震有很好的记录，各种震相都比较清晰。短周期 OBS 从理论上讲只对人工地震探测有用，但对于远震的记录也是有用的，可以很好地确定直达 P 波到时，当然对后续的波长较长的震相无法识别。

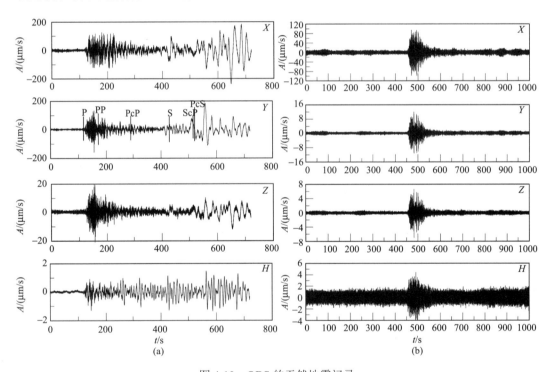

图 4-10　OBS 的天然地震记录

（a）宽频 OBS06 记录；（b）短周期 OBS10 记录。P 为直达 S 波；PP 为 P 波的转换 P 波；PcP 为 P 波过地壳后的转换 P 波；S 为直达 S 波；ScP 为 S 波过地壳后的转换 P 波；PcS 为 P 波过地壳后的转换 S 波

2011 年 3 月 11 日 05:46:20.67（GMT），日本仙台东部海域发生了 $M9.0$ 大地震，初步测定的震源为 38.30°N，142.38°E，震源深度 32 km［美国地质勘探局（USGS）测定］。该地震能量巨大，引发的海啸造成了巨大的破坏和损失，是全球瞩目的灾难性事件，全球无数的陆地地震台站记录到该次地震。我们在南海西南次海盆 OBS 3-D 探测期间幸运地记录

到了该地震，OBS 位于 4000 m 以上的海底，因此是极为稀有而珍贵的地震记录。图 4-11（a）与（b）分别显示了宽频 OBS06 和温州陆地地震台的 M9.0 大地震的记录和频谱。该地震相对 OBS06 的震中距为 34.934°，地震记录非常清晰，震相丰富，相对 XYZ 三个分量而言，水听器记录稍差，成分更复杂些。能量主要集中在 0.02 Hz 和 0.05 Hz 两个频段，另外，在 1 Hz 处也有明显的信号。温州陆地地震台相对该地震震中距为 15.490°，地震记录也十分清晰，但由于震中距相对较近，地震仪带窄，数据采样率也较低，使得记录

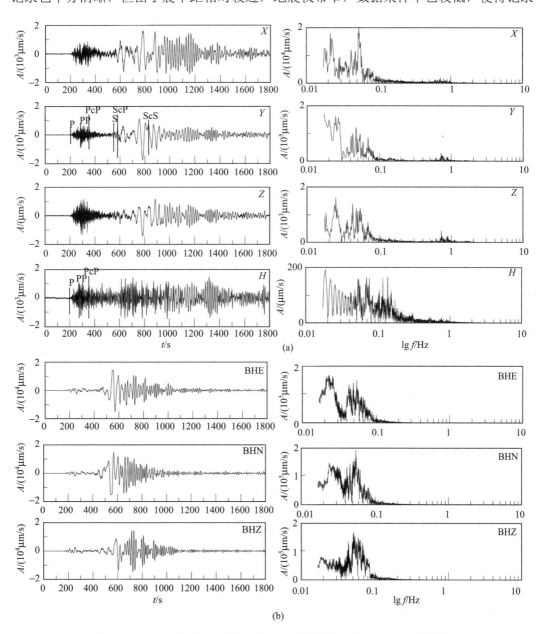

图 4-11　2011 年 3 月 11 日日本仙台东部海域发生的 M9.0 大地震记录

（a）宽频带 OBS 记录及其频谱；（b）温州陆地地震台记录及其频谱。ScS 为 S 波过地壳后的转换 S 波；其他符号同图 4-10

的震相较少，特别是高频成分较少。上述比较说明，国产宽频带海底地震仪对于远震特别是日本 M9.0 大地震的记录是十分完美的。

4.5.4　小结

气枪作业后在海底激发两种噪声，一是水的波动不断叠加形成的长波，周期 50 s 左右，以水平分量为主；二是高频噪声，主要是 OBS 底座细微晃动引起的。气枪作业对周围生态系统的影响是一个值得进一步研究的课题，其产生的高频和低频噪声会对海洋生物产生一定的影响。

宽频 OBS 对于水下移动目标激发海底波动具有很好的探测能力，特别是水平分量可以获得大振幅且周期特征清晰的记录，并能够指示方向。当 OBS 的底座太高且悬空，整体结构重心偏高，在气枪作业时会产生持续的晃动，应加以改进。

宽频 OBS 能记录到清晰的天然地震信号，为研究调查区岩石圈结构增添了更多的信息，短周期 OBS 对远震直达 P 波有很好的记录。国产宽频 I-4C 型 OBS 完美地记录了日本 M9.0 大地震。

参 考 文 献

敖威, 赵明辉, 阮爱国等. 2009. 利用海底地震仪数据分析台风对海底环境噪音的影响. 热带海洋学报, 28(6): 61-67.

敖威, 赵明辉, 丘学林等. 2010. 西南印度洋中脊三维地震探测中炮点与海底地震仪的位置校正. 地球物理学报, 53(12): 2982-2991.

岛村英纪. 1991. 研究地球内部的工具: 海底地震仪. 柳百琪译. 国际地震动态, (6): 31-34.

郝天珧, 游庆瑜. 2011. 国产海底地震仪研制现状及其在海底结构探测中的应用. 地球物理学报, 54(12): 3352-3361.

李湘云, 吴振利, 薛彬等. 2007. SEDIS IV 型短周期自浮式海底地震仪及应用体会. 热带海洋学报, 26(5): 35-39.

刘宏扬, 牛雄伟, 阮爱国等. 2012. 海底地震仪实测信号特征分析. 热带海洋学报, 31(3): 90-96.

卢振恒. 1999. 日本海底地震观测现状与进展. 地震学刊, 4: 54-63.

阮爱国, 李家彪, 冯占英等. 2004. 海底地震仪及国内外发展状况. 东海海洋, 22(2): 19-27.

阮爱国, 李家彪, 陈永顺等. 2010. 国产 I-4C 型 OBS 西南印度洋中脊试验. 地球物理学报, 53(4): 1015-1018.

邵安民, 张玉云, 赵风文. 2003. 海底地震数据记录器. 地球物理学报, 46(2): 224-228.

薛彬, 阮爱国, 李湘云等. 2008. SEDIS IV 型短周期自浮式海底地震仪数据校正方法. 海洋学研究, 26(2): 98-102.

阎贫, 罗文造, 温宁等. 2008. 南海北部跨越潮汕凹陷的海底地震仪调查. 见: 金翔龙等. 中国地质地球物理研究进展——庆贺刘光鼎院士八十华诞. 北京: 海洋出版社, 494-500.

游庆瑜, 刘福田, 冉崇荣等. 2003. 高频微功耗海底地震仪研制. 地球物理学进展, 18(1): 173-176.

赵明辉, 丘学林, 夏少红等. 2008. 大容量气枪震源及其波形特征. 地球物理学报, 51(2): 558-565.

Brocher T M, Parsons T, Creager K C, *et al.* 1999. Wide-angle seismic recordings from the 1998 Seismic Hazards Investigation of Puget Sound (SHIPS), Western Washington and British Columbia. U.S. Geological Survey Open-File Report, 314: 129.

Calambokidis J, Bain D E, Osmek S D. 1998. Marine mammal research and mitigation in conjunction with air gun operation for the USGS "SHIPS" seismic surveys in 1998. Contract Report submitted to the Minerals Management Service, 1-13.

Chen A T, 张德玲. 1995. 海底地震仪: 仪器及其实验技术. 地质科学译丛, 12(1): 75-78.

Forsyth D, Detrick B. 2000. Ocean Mantle Dynamics Science Plan. Woods Hole Oceanographic Institution, 1-36.

Jacobson R S , Dorman L M, Purdy G M, et al. 1991. Ocean bottom seismometer facilities available. EOS, 72(46): 506-515.

Qiu X L, Chen Y, Zhu R X, et al. 2007. The application of large volume airgun sources to the onshore-offshore seismic surveys: Implication of the experimental results in northern South China Sea. Chinese Science Bulletin, 52(4): 553-560.

Suychiro K, Kanazawa T, Hirata N, et al. 1995. Ocean downhole seismic project. Journal of Physical Chemistry, 43: 599-618.

第5章 OBS数据处理

本章根据多年实际工作的积累，对常用的 OBS 数据处理技术进行介绍。虽然各型 OBS 的原始数据格式不尽相同，软件版本也在不断升级，但技术逻辑上是相通的。为了方便读者在实际工作中参照使用，这里给出了具体的三种型号的 OBS 数据格式转换方法。同时给出了各种主要误差的校正办法。

5.1 数据格式转换

5.1.1 操作系统及预备工作

采用 Linux 操作系统：openSUSE 11.2 32bit；商业系统软件：g++4.41，Seismic Analysis Code（SAC），Seismic Unix（SU）软件包等。同时根据具体的 OBS 型号自编软件，主要用于机器二进制转化为通用格式，如 sac 格式。

准备工作：

（1）安装好系统软件。

（2）使用 g++编译各个编写的软件。编译的源文件应注意路径。

（3）设置好环境变量，使用各个程序时不用再输入路径。

5.1.2 将原始数据转换成 sac 格式

我们使用的 OBS 有中国科学院研制的，也有德国 GeoPro 公司研制的，还曾使用过法国 IPGP 研究所研制的。在采样频率，数据长短等方面存在差异，因此需编制对应的程序。

5.1.3 将 sac 格式转为 segy 格式

虽然不同格式得到的 sac 文件大小不一，但是 sac 转为 segy 的方法是一样的。可以使用通用软件 sac2000。

首先进行头文件处理，使用 sac2000 程序，在 sac 文件头中写入 OBS 站位的经纬度。然后将 sac 格式文件转为 segy 格式文件，并建一个参数文件（par.in），其内部信息包括识别号，折合速度（km/s），截取长度（s），提前截取的时间量（s），中央经度（°），枪阵 x 方向校正（m），枪阵 y 方向校正（m），枪阵 z 方向校正（m）。处理时需注意：

（1）如果建立模型的软件不支持已经计算过折合时间的 su 格式文件，可以修改转换程序源代码，取折合速度为 0.00。

（2）如果提前截取的时间量不为零（如为 2），则需要在相应的处理流程中，在时间文件文件中用 suwind 命令的截取量改为 t=2，否则绘图时震相从–2 s 开始或震相延长了 2 s。

（3）如果 OBS 数据用来做二维剖面，需要用经度或纬度来判断偏移距（offset）的正或负，那么，对于南半球和北半球要不同处理。 根据径度或纬度，对转换程序源代码进行修改。

5.1.4　将 segy 格式转为 su 格式

使用 SU 软件包中 segyread 命令。以 pos40_100.segy 为例：

```
segyread tape=pos40_100.segy endian=0 hfile=EBDICheader bfile=Binary-
header | segyclean >pos40_100.su
```

即得到 pos40_100.su 文件。

5.2　时间和位置校正

除了数据格式转换外，OBS 数据处理主要包括炮点位置和时间校正、OBS 位置校正、OBS 时钟漂移校正、记录的增益恢复、滤波及预测反褶积等。为了更好地识别震相，有时还需要进行水深静校正，以消除地形变化对震相识别的不利影响。下面，以 2006 年南海 2-D 测线和 2010 年西南印度洋中脊 50°E 附近开展的 3-D 地震试验为例，作具体阐述。

5.2.1　放炮时间和位置校正

（1）用精确的 GPS 时间对放炮时间进行控制（一般地震船载气枪的炸测定时是以秒为单位），或使用精确到毫秒的精密计时器与震源直接相联。如果有困难，可以将多余的 OBS 或陆地地震仪（带 GPS 接收器）安置在船上，记录放炮产生的甲板振动脉冲并精确定时。

（2）由于各种原因，航迹（炮点位置）相对设计测线总会产生一定的偏差（一般为几米到十几米），直接影响震相走时的拾取。校正方法是将船上 GPS 所记录的位置校正到实际的枪阵震源中心位置（敖威等，2010）：

$$\begin{cases} x_1 = x_0 + d\sin(\pi + \lambda) \\ y_1 = y_0 + d\cos(\pi + \lambda) \end{cases} \tag{5-1}$$

式中，d 为枪阵与 GPS 天线的距离；(x_0, y_0) 和 (x_1, y_1) 分别为校正前后的炮点坐标；λ 为艏向方位角。

（3）对于 2-D 测线，用最小二乘法将上面校正后的所有炮点归一到同一直线上形成剖面，误差存在是必然的。这一过程称为坐标的局部化。具体做法是，首先在二维平面内以起始炮点为原点，计算出各炮点的相对坐标，然后用最小二乘法对所有炮点坐标进行线性拟合，选出最佳直线作为剖面的横向坐标轴，最后将所有的炮点投影上去。结果表明，2006 年南海某 2-D 炮点坐标，经过上述处理后仍存在左右摆动现象，但摆动幅度已大为降低，从 15 m 降低到 8 m，同时整体的趋势性偏移现象得到了消除（图 5-1）。

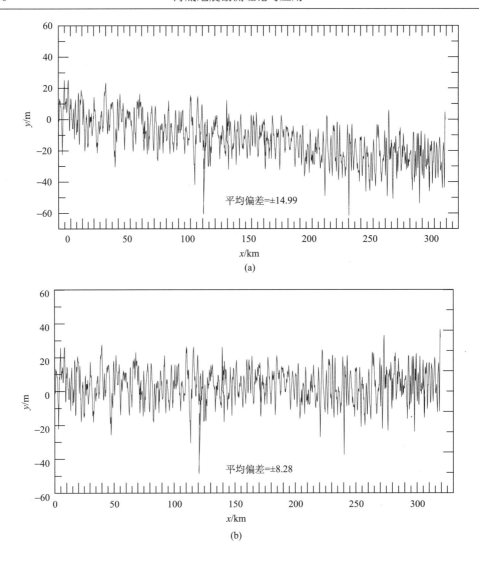

图 5-1　南海某测线的航迹和炸点偏移

（a）两端连线剖面；（b）线性回归剖面（零线）

5.2.2　OBS 位置校正

　　水中自由落体投放的 OBS 下落速度较小（约 1 m/s），受海流的影响，其在海底的实际落点位置多少会偏离设计点，这种偏离现象对 OBS 记录剖面中偏移距较小的震相（如直达水波）的拾取有非常大的影响[如图 5-2（a）为西南印度洋中脊试验未做任何校正的地震记录]，当水深较大时偏离可能更大。因此对 OBS 的位置进行校正是必要的[图 5-2（c）为位置校正前的地震记录；图 5-2（d）为位置校正后的地震记录]。3-D 地震试验与2-D 地震试验校正采用不同的方法。

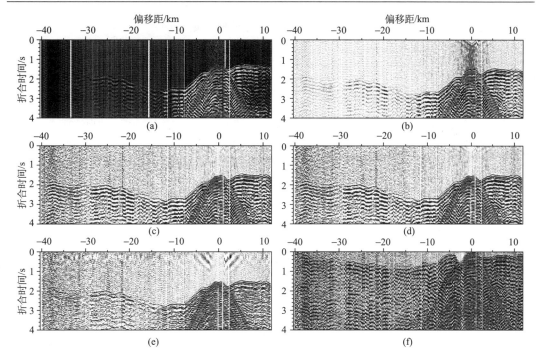

图 5-2　西南印度洋中脊 OBS 探测 a8k8 测线 12 号站位实测地震记录

折合时间=原时间−$\dfrac{偏移距}{折合速度}$，折合速度为 6 km/s；（a）未做任何处理的地震记录；（b）自动增益后的地震记录；（c）使用带通滤波后的地震记录；（d）时间和位置校正后的地震记录；（e）预测反褶积处理后的地震记录；（f）水深静校正后的地震记录

1）3-D 地震试验的 OBS 位置校正

当有交叉放炮测线经过 OBS 上方时，通常可以得到较准确的 OBS 位置（夏常亮，2009；敖威等，2010；夏少红等，2011）。方法是读取每个站位 OBS 垂直分量中离该站位最近的 5 炮（或更多）的水波初至，精确到毫秒，并对记录器进行时间漂移和滤波延迟校正（后述），然后减去校正后的放炮时间，得到的差即为直达水波的单程走时。对下面的方程采用最小二乘法或其他迭代算法求取 OBS 水平坐标：

$$(t_i \times v)^2 = d^2 + (x_i - x)^2 + (y_i - y)^2 \qquad (5\text{-}2)$$

式中，d 为 OBS 站位初步确定的水深（由水深测量插值确定），待定 OBS 坐标为 (x, y)，水中地震波速度 v 取 1.5 km/s，t_i x_i，y_i（i=1, 2, 3, 4, 5, …）为记录的水波初至和炮点坐标。进一步可以采用 2-D 的方法作进一步位置校正（牛雄伟等，2014）。

2）2-D 测线 OBS 位置校正

对于 2-D 试验，OBS 初始平面坐标由投放点的坐标确定，深度由水深测量确定，然后将其投影到上述炮点局部化剖面上，得到 OBS 的局部化坐标及偏离实际点误差（薛彬等，2008）。在此基础上计算小偏移距附近的直达水波的理论走时曲线并与实测记录相拟合，对 OBS 位置进行人工微调。图 5-3 是 2006 年南海 OBS 勘测的某剖面的 2 号点小偏移距附近直达水波理论曲线与实测曲线的对比情况。可以看出，时间漂移和深度校正可以很好地改进曲线的形态，使之更具对称性，同时减小走时误差[图 5-3(b)]。随后的位置校正可以进一步减小走时误差[图 5-3(c)]。

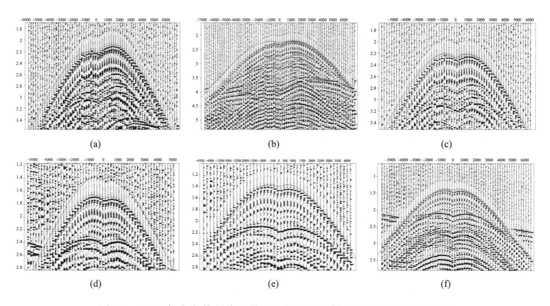

图 5-3　2006 年南海某测线 2 号和 5 号 OBS 时间漂移和位置校正结果

上图为 2 号 OBS；下图为 5 号 OBS；（a）（d）未校正的小偏移距附近直达水波记录；（b）（e）时间漂移和深度校正后；（c）（f）进一步的位置微调校正的结果

5.2.3　OBS 时钟漂移校正

　　OBS 投放前其记录器参数设置使用 GPS 授时，回收后立即再次用 GPS 对时，确定总的时钟漂移量（薛彬等，2008）。一般认为时间漂移是线性的，因而可以由工作起始时间、终止时间和总漂移量，计算得到 OBS 每个记录道（对应一个炮点）的时间漂移。实际工作表明时间漂移的校正量约为几毫秒到十几毫秒。然后根据漂移量对地震记录剖面进行校正，这个过程中可再次计算小偏移距附近的直达水波的理论走时曲线并与实测记录相拟合，对 OBS 位置进行微调。经过上述 OBS 位置和时间的校正，小偏移距附近海底面反射震相的形态得到了较好的改善[图 5-2(d)]。

5.2.4　增益恢复、滤波及预测反褶积处理

　　对所有站位的 OBS 地震记录，可使用国际上通用软件包 SU（Cohen and Stockwell，1995）进行必要的处理，如增益恢复处理[图 5-2(b)]、带通滤波[图 5-2(c)]等。滤波要根据气枪主频进行（赵明辉等，2008），还可以使用 F-K 滤波消除紧随直达波的干扰波，噪声干扰严重时可采用一致性滤波（Milkereit and Spencer，1989），还可采用预测反褶积压制多次波[图 5-2(e)]，便于识别沉积层和上下地壳分界面的反射震相。

5.2.5　水深静校正

OBS 地震记录是以共接收点记录的折合时间剖面的形式来表达的，常用的折合速度为 6.0 km/s 或 8.0 km/s，前者用于突出地壳内折射波 Pg，后者用于突出上地幔顶层内折射波 Pn。但当地形变化较大时，对震相识别造成一定影响。为此，可以采用水深静校正处理，从每道记录的时间轴上减去水层内垂直走时。图 5-2（f）给出了水深静校正之后的地震记录，该 OBS 位于地形隆起处，海底面起伏高差达 2000 m，可以看出校正后 Pg 的视速度接近真实，利于震相识别。通常水深静校正只用于震相识别，震相拾取和射线追踪模拟仍使用先前的地震记录。

5.3　OBS 天然地震的数据处理

5.3.1　OBS 水平分量方位校正

用于天然地震观测的宽频带 OBS，其数据的整理方法有其自身的特点和要求。相对于人工源，利用被动源进行的研究，更强调水平分量的应用，这时水平分量拾震器的方位显得尤为重要。然而有些型号的 OBS 本身没有记录方位的功能，需要通过其他途径解决。

1）如果与人工源地震试验同时进行

在人工源地震试验中，因为海水中只能传播 P 波，S 波是来自地层的转换波，且只有 SV，所以径向分量具有最大能量。选取已经由 GPS 和上述方法精确定时定位的某些炮点，用试错法旋转将两个水平分量合成径向分量，以能量为目标函数，当其达到最大值时，根据旋转角求出两水平分量原始方位。接收点和炮点方位的计算：

$$\alpha = \tan^{-1} \frac{y_r - y_s}{x_r - x_s} \tag{5-3}$$

式中，(x_r, y_r)、(x_s, y_s) 分别为接收点和炮点坐标。

2）只有被动源观测

瑞雷波质点运动轨迹从震源向台站呈椭圆状前进，理论上只能被垂向分量（Z）和径向分量（R）记录，因此通过瑞雷波的极化分析也能够计算出 OBS 水平分量的方位角。如图 5-4 所示，已知台站与震中连线方向的反方位角为 seaz，假设水平分量 bh1 的未知方位角为 x，对垂向分量（Z）作 Hilbert 变换，在 0°～360° 域内，按照某个步长增加旋转角 θ，对水平分量作顺时针旋转，每一步计算垂向分量（Z）与径向分量（R）互相关，如果 bh1 分量刚好能与径向分量（R）重合，那么其互相关值达最大，并且相互之间的角度关系满足（Stachnik et al.，2012）：

$$x = seaz - \theta \tag{5-4}$$

5.3.2　其他处理

（1）对于 OBS 的天然地震记录，首先要从 USGS、中国地震台网等公布的地震目录中搜索 OBS 观测期间全球发生的地震情况，根据研究方法和对象，选取其中的一部分地震。然后根据全球地震走时表，从 OBS 记录中拾取所需要的地震记录。

（2）常规处理：包括数据格式转换、去斜坡、取平均、改变采样率、滤波等。一般情况下，都是将原始数据转为 sac 格式，然后用 sac2000 等商用软件进行处理。

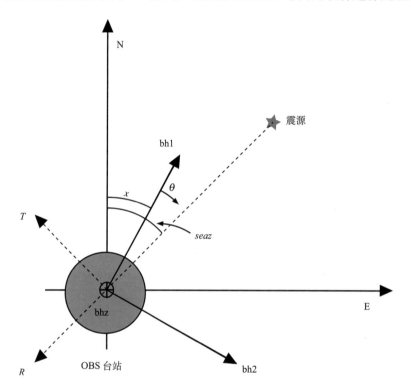

图 5-4　OBS 内部各分量放置关系及坐标关系

bh1 和 bh2 分量为水平分量，bhz 为垂直分量，bh1 分量的方位角为 x，bh2 分量的方位角为 90°+x，
seaz 为台站与震中连线方向的反方位角，θ 为旋转角度

参　考　文　献

敖威，赵明辉，丘学林等. 2010. 西南印度洋中脊三维地震探测实验中炮点与海底地震仪的位置校正. 地球物理学报，53(12): 2982-2991.

牛雄伟，阮爱国，吴振利等. 2014. 海底地震仪实用技术探讨. 地球物理学进展，29(3): 1418-1425

王彦林，阎贫，郑红波等. 2007. OBS 记录的时间和定位误差校正. 热带海洋学报，269(5): 40-46.

夏常亮. 2009. OBS 地震数据关键处理环节研究. 中国地质大学硕士学位论文.

夏少红，敖威，赵明辉. 2011. 海洋广角地震数据校正方法探讨. 海洋通报，30(5): 487-491.

薛彬，阮爱国，李湘云等. 2008. SEDIS IV 型短周期自浮式海底地震仪数据校正方法. 海洋学研究，26(2): 98-102.

赵明辉, 丘学林, 夏少红等. 2008. 大容量气枪震源及其波形特征. 地球物理学报, 51(2): 558-565.

Cohen J K, Stockwell J W. 1995. The SU user's manual. Colorado School of Mines, 1-40.

Milkereit B, Spencer C. 1989. Noise suppression and coherency enhancement of seismic data. In: Agterberg F P, Bonham-Carter G F (eds.). Statistical Applicationin the Earth Sciences. Geological Survey of Canada, 243-248.

Stachnik J C, Sheehan A F, Zietlow D W, et al. 2012. Determination of new zealand ocean bottom seismomter orientation via rayleigh-wave polarization. Seismological Research Letters, 83(4): 704-713.

第 6 章　OBS 的 2-D 剖面反演建模

对地壳/洋壳深部结构的认识一般是通过 2-D 的横向或纵向断面来实现的。即使是 3-D 的层析成像，其最终结果也是通过多方位的 2-D 切片或沿竖直方向的水平切片来展示的；或者在建模时先对几条主干剖面成像，形成 3-D 的初始模型，再进行 3-D 的层析成像。所以说 2-D 剖面是最常见也是最重要的。事实上，海底 OBS 人工源地震试验，最常见的也是 2-D 测线，3-D 台阵需要的炸测时间和对 OBS 的数量要求往往会导致经费上的不可实现性。就人工源地震而言，2-D 剖面建模也可以称为层析成像，关键是算法。如果采用网格速度，将所有的震相都作为折射波/回折波，自动反演，那样得到的结果都称为层析成像。就"反演"概念而言，凡是由测得的数据计算出未知的参数就是反演。实际上可以直接测得的参数并不多，很多参数是通过间接的方法推算的。反演的一种定义是指由初始模型通过自动迭代来获得最佳结果；另一种定义是由多次的正演来实现（又称为正演模拟）。从本质和广义上讲，两者是一样的。"广义反演"就是将模型正演获得的理论数据对比拟合实测数据，根据精度要求（目标函数）修改理论模型，直至获得最佳结果。"狭义反演"是指各种误差拟合的迭代算法，含各种线性和非线性理论及具体算法，不包含正演。

OBS 的 2-D 反演建模主要包括地震记录剖面上各类震相的识别与拾取、初始模型的建立、初至波层析成像、射线追踪正演模拟、试错法反演或自动迭代反演。核心是非均匀介质的射线追踪理论和技术（SEIS 83/88，是各类流行的商业化软件的核心）（Cerveny et al.，1977，1984）。本章介绍作者课题组多年来主要使用的两套软件及其做法，分别是 WARRPI（Ditmar et al.，1995）和 RAYINVR（Zelt and Smith，1992）。WARRPI 在拾取震相、射线追踪正演和修改模型参数等方面具有十分友好的人机互动界面，操作简单，易于掌握；而 RAYINVR 在拾取震相、射线追踪和修改模型等方面需要不断改动较多参数，不易于掌握，但其在射线追踪误差分析和模型分辨率分析及成图等方面优于 WARRPI。我们通常是将 WARRPI 和 RAYINVR 结合使用，取长补短，以提高效率。因此，采用的技术路线有以下三种选择：①单独使用 WARRPI 软件，结合 GMT 绘图软件；②单独使用 RAYINVR 软件，结合 GMT 绘图软件；③先使用 WARRPI 软件，然后将较满意的结果和参数输出、转换，再使用 RAYINVR 软件做更精细反演，结合 GMT 绘图软件。

操作系统：openSUSE 11.2（32bit）；德国 GeoPro 公司提供的 WARRPI 软件包；Colin Zelt 等编写的 RAYINVR 软件包（g77 版）；Zplot 软件包；Vmed 软件包；SU 软件包；以及 g77、g++、gcc 等基础软件，以保证上述软件可运行。

6.1　震相识别与拾取

假设 OBS 站位为"炮点"，而将所有炮点作为"接收点"，形成以该 OBS 为中心的一个共炮点地震记录剖面。一般来说，取记录长度为 0～12 s，水较深时可取 2～12 s。最大炮检距根据数据质量和具体情况而定，一般来说≤150 km。对洋盆一般取折合速度 8.0 km/s；对于陆架取折合速度 6.0 km/s。然后对一条测线的每个 OBS 地震记录剖面进行震相识别，常见的可直观识别的震相有直达水波（Pw）、来自地壳内部的折射波（Pg）、莫霍面的反射波（PmP）及上地幔内顶部的折射波（Pn）。对直观识别的震相可通过某种软件来拾取，形成数据文件；随后在反演过程中，通过射线追踪正演和试错法进一步确认和修改。图 6-1 是南海中央海盆某测线的某个 OBS 台站的地震记录剖面（a）、正演模拟（b）和拟合情况（c）。这个例子中折合速度取 8.0 km/s，有一个沉积层的反射震相，有效信号的最大炮检距约 60 km。

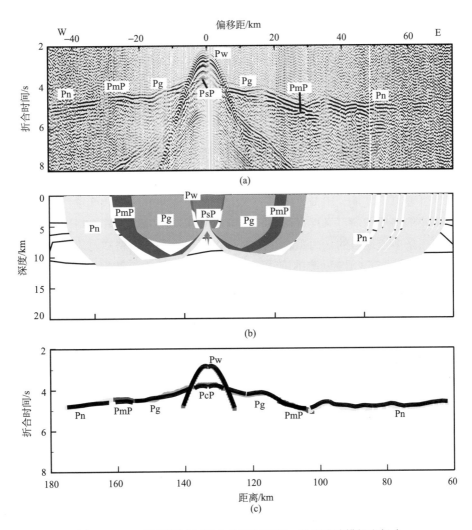

图 6-1　OBS 地震记录剖面上的震相识别、射线追踪模拟和拟合

折合时间=原时间$-\dfrac{偏移距}{折合速度}$，折合速度为 8.0 km/s

沉积层的反射或折射、地壳内的反射均少见，常在直达水波的包络线内部，较难识别具体有哪几种，怎样命名，可以根据记录剖面的特点来确定。在大洋中甚至可以将沉积层等同于洋壳层，陆壳可以不分层，也可以分两层等。具体做法见下述具体软件的应用。

6.2 初始模型的建立

6.2.1 一般原则

建立初始模型要根据常识、研究对象的特点、研究区的历史资料、获得的水深资料、沉积层的单道和多道地震资料等。例如，对于洋中脊地区，可以设海水层、沉积薄层、洋壳层 2、洋壳层 3、上地幔，地壳厚度大致设为 4～5 km。如果是在边缘海，地壳厚度在陆坡区可以设为 25 km，在海盆中设为 6～7 km。初始模型除了海底面由水深资料确定外，其他各分界面可以取为水平面。速度在水平方向上可以一致，在垂直方向上根据常识逐层增加。沉积层速度为 2～4 km/s、上地壳速度为 4～6.4 km、下地壳速度为 6.4～7.0 km/s、上地幔顶部速度为 8.0 km/s，具体设置方法由采用的软件决定。WARRPI 软件中，模型的速度按点位可以任意给定，而 RAYINVR 软件中，模型速度由层顶速度和层底速度确定，中间为线性变化。

6.2.2 利用已有反射地震剖面和水深测量数据

在建模时要尽可能地利用前人在研究区取得的资料和其他勘测数据，以增加对模型的约束，从而提高反演的可靠性。例如，在南海某次 OBS 试验中，设计的 OBS 剖面与前人获得的三条多道地震的剖面重合，因此可以利用这些剖面资料，为初始模型提供海底面、沉积层界面。在 OBS 勘测的同时还获取了单道地震水深数据和水深仪数据（深水区用的是单道地震，浅水区用的是水深仪数据）也可以为建模提供类似的帮助。由于得到的多道地震剖面历史资料只是图像而不是数据所以要进行特殊处理。同时考虑到实际测线与多道地震可能不完全重合，因此要用水深数据来对照拟合多道地震剖面中的海底面，来检验特殊处理得到的海底面是否正确。

1. 从多道地震图中读取海底面

（1）在多道地震图中对感兴趣的各个界面进行勾画，使海底面和各沉积界面清晰。可以用 Windows 的画图板进行。

（2）使用数字化软件将海底面图像曲线读成数据。在这个过程中，要利用已知信息，即为多道地震图的标志点在 OBS 测线局部化坐标中找对应点，确定三个点的坐标 (x, t)，其他点自然就确定了。从而得到 $t(x_i)$ 函数。采样点数目不要太大，200～400 个数字化点即可。考虑水中的声波速度为 1.5 km/s，进一步利用转换公式：

$$Zw(x_i) = t(x_i) \times 1.5 / 2 \tag{6-1}$$

上式除以 2，是因为多道地震反射时间是双程反射时间，从而得到海底面深度函数 $Zw(x_i)$。

（3）进一步将多道地震得到的海底面与测得的水深剖面拟合。再利用 SU 软件包中的"xmgrace"命令，寻找最佳的水平移动和比例，直到两条曲线达到最好的重合（图 6-2）。

上述例子显示，从多道地震剖面中读取的海底面与实测水深剖面几乎完全重合，这说明两点，一是 OBS 剖面和多道地震剖面确实是重合一致的；二是用数字化软件读取的多道地震剖面数据是精确的。所以建初始模型设置海底面时两者都能用（实际采用实测的水深数据），进一步提取多道地震海底面之下的沉积层界面，也将是可靠的。

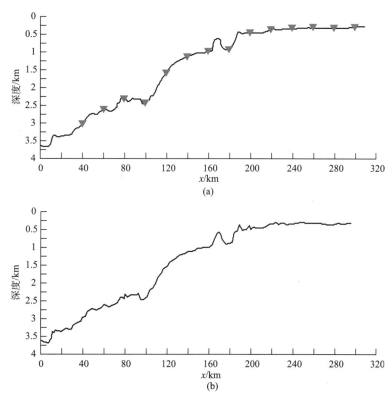

图 6-2　南海某 OBS 测线海底面深度的确定结果
（a）实测水深剖面；（b）多道地震海底面

2. 沉积界面

在上述两条海底面曲线拟合的基础上，还可以试着读取多道反射地震图中显示良好的更深的沉积反射界面，用于构建速度模型的浅层部分。

（1）同样使用数字化软件，首先对反射地震图上的比较清楚的各个沉积反射面进行数字化，得到 $t_j(x_i)$ 曲线。

（2）由于在地震图上读取海底面和沉积界面时，是手工点取的，所以 x 坐标是非均匀的，因此需要编写一个简单程序，将海底面和沉积界面的 x 坐标均匀化和整数化，这样就可以在下面的剥层中使得上下不同界面对应点的 x 坐标完全一致。

（3）将时间转换成深度：

$$\mathrm{d}z_{ji} = (t_j(x_i) - t_{j-1}(x_i)) / 2 \times V_j(x_i) \tag{6-2}$$

然后将这些厚度加到界面上：

$$Z_j(x_i) = Z_{j-1}(x_i) + \mathrm{d}z_{ji} \tag{6-3}$$

从而得到第 j 个反射面埋深分布： $Z_j(x_i)$ 。

需要说明的是，这里面有一个关键问题需要解决，即如何为上述式子获取各层的速度。一个简单的办法是根据经验或其他信息，给一个大概值，因为在反演中各层的速度和界面起伏形态仍是需要调整的，现在的误差不会有太大的长远影响。还有一个比较好的办法是，根据剖面上 OBS 的坐标，在相应的沉积界面对应点上读取时间，将其除以 2 变成单程时间，然后在 OBS 零偏移距附近根据这个时间找到对应的反射曲线，读取视速度。然后将各 OBS 的该反射面的视速度平均化。图 6-3 是某剖面读取的海底面和其下面两个沉积界面的深度分布。

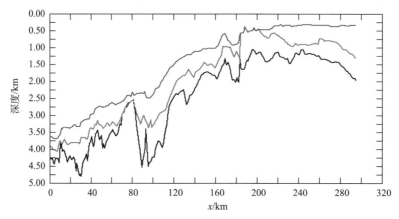

图 6-3　南海某 OBS 测线沉积界面的确定结果

层 2 和层 3 的速度分别取 1.8 km/s 和 2.4 km/s

6.3　使用 WARRPI 进行初至波层析成像

所谓初至波（firstbreak arrivals），就是不分界面和波的性质，将各道最先到达的波统一视为回折波。初至波反演成像的目的是给后续的反演提供一个基础模型。它的好坏关系到非线性反演初始模型的好坏，以及震相分界面性质识别的准确性。我们采用德国 GeoPro 公司提供的 WARRPI 软件包来进行反演，其核心是 2-D 动力学射线追踪正演"Seis83"，包括射线追踪和理论地震图计算两部分。WARRPI 特点有两个：一是增加了走时反演模块；二是可视化。可以先逐站位手工操作正演模拟，即所谓的试错法反演，最后对所有站位做自动反演（阻尼最小二乘法）。具体做法如下。

（1）根据 6.2 节的方法，用水深数据设定海底起伏面。这是十分重要的。在使用

WARRPI 时，我们是将 OBS 台站视为炮点，可将水面炮点视为接收点，这样就与"Seis83"相一致了。水体速度设为 1.5 km/s。

（2）给出速度分布。一般是根据经验逐层给定：沉积层 1.8~4.2 km/s、上地壳 5.2~6.5 km/s、下地壳 6.5~7.0 km/s、上地幔 8.0~8.3 km/s。在对 WARRPI 建模时，将这些速度按深度放在第二层，因为是初至波成像，所有震相都被认为是第二层的回折波。给出模型最大深度（如 30 km），也就是说初始模型是由三个界面两介质层组成，第一个界面是水平面，第二个界面是海底界，第三个界面是模型底面，第一层速度是海水速度，第二层是逐渐变化的速度层（暂时无界面分隔）。

（3）对初至波进行第一次自动反演成像（自动多次迭代）。其结果是第二层的速度发生了变化，图像中会显示出速度分层和起伏影像。

（4）增加界面。首先是利用 OBS 剖面附近与之重合的多道地震剖面设定浅部沉积层界面和速度（如果没有多道资料，可以简单设为水平界面）。对莫霍面大致给出一个深度和速度。同时根据第一次反演影像中的速度分布勾画出基底、康氏面和高速层等界面。

（5）继续初至波反演。可以利用 WARRPI 的可视化特点，用试错法（不断进行射线追踪正演），手工调整界面形态或速度，观察每个 OBS 的射线追踪的正演结果与实测曲线的拟合情况。当正演的结果比较理想时，再进行一次反演（自动经过多次迭代，目标是走时残差足够小），获得一个初至波模型，界面相对反演之前可发生变化，水层速度保持不变。多次重复"正演试错+反演"，来获取最终的初至波模型（图 6-4）。

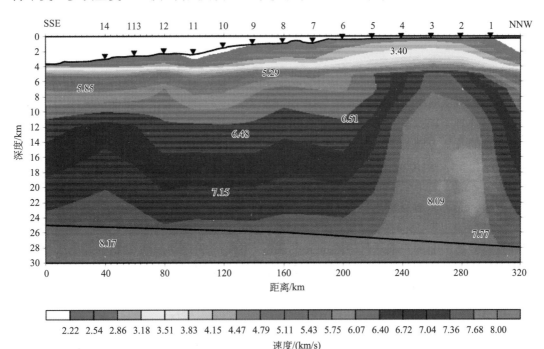

图 6-4　南海东沙初至波层析成像结果

6.4　使用 RAYINVR 进行速度结构成像

RAYINVR 软件是 Colin Zelt 等开发的进行射线追踪的二维软件，包括试错法正演、自动反演和分辨率测试等相关程序（Zelt and Smith，1992）。具体做法如下。

（1）初始模型的建立：通过分析 OBS 单台记录剖面的震相特征，根据多道地震剖面、区域地质资料、该区域已有的工作基础，以及初至波速度结构，建立地壳结构的初始模型。

（2）震相的识别：可以利用 RAYINVR 自带的软件拾取震相，也可以利用其他拾取震相软件，但要区分不同种类的震相。

（3）正演模拟：根据初始模型计算各震相的理论走时曲线，并将该理论计算的走时与实际观测的走时进行对比，遵循从单台到多台，从浅部到深部的原则，用试错法不断修改模型，使理论计算结果逐步向实测曲线逼近，获得一个较理想的模型。

（4）反演计算：采用 RAYINVR 的反演计算程序，逐层对射线密集区域进行反演更新等循环迭代计算，最终使得所有震相总的均方根走时残差最小，获得各台站的理论射线路径和二维地壳速度结构。

（5）分辨率测试：将最优化模型作为初始模型，初始模型中添加速度异常，然后利用拾取的震相进行反演计算恢复，将恢复后的模型与初始模型相减得到新的速度异常模型，对比两个速度异常模型的不同，来判断模型的分辨率。

6.5　海底广角地震反演实例——南海礼乐滩 OBS 剖面

前面我们已经详细介绍了 OBS 2-D 反演的主要原则和步骤，以及两个软件的具体操作技术。本节以南海礼乐滩的一条测线（OBS973-2）为例（阮爱国等，2011）（图 6-5），详细介绍几种不同反演方法，使读者对 OBS 的 2-D 反演有更具体的认识，并给出模型精度和误差的评估方法（牛雄伟等，2014）。分别使用正演迭代方法（Zelt and Smith，1992）和自动反演方法（Hobro *et al.*，2003）进行反演，同时，为了得到更精细的地壳结构信息，还对多道反射地震剖面（NH973-2）（丁巍伟和李家彪，2011）进行时深转换。即将广角地震剖面和多道反射地震剖面结合，将该反射剖面得到的界面信息作为 OBS 折射剖面反演模型的约束，同时将折射剖面的反演速度用于反射剖面时深转换，通过相互约束，得到折射地震剖面的正演迭代（Zelt and Smith，1992）和自动反演（Hobro *et al.*，2003）速度模型，再结合多道地震深度剖面及其地质解释模型，探讨三个模型的差异及其缘由，最终得到礼乐滩及邻区的精细地壳结构，并对模型进行定量化误差分析。

广角地震测线 OBS973-2 是 2009 年由中国科学院南海海洋研究所"实验 2 号"完成。测线穿越礼乐滩东北部，向西北方向延伸进入东部次海盆，呈 NW-SE 走向，长 369 km，共布设 17 台 OBS，成功回收 15 台。分析表明，15 个台站的数据质量良好，深部震相清晰（图 6-6），均识别出直达水波（Pw）和结晶基底以下上地壳的折射波（Pg1），大部分台站识别出莫霍面的反射波（PmP）和上地幔顶部的折射波（Pn），少量台站识别出经过下地壳的折射波（Pg2），最远震相可以追踪到 120 km 以外。多道地震剖面 NH973-2，与 OBS973-2 测线基本重合，且最大间距仅为 3 km，可为正演模拟提供浅部约束。

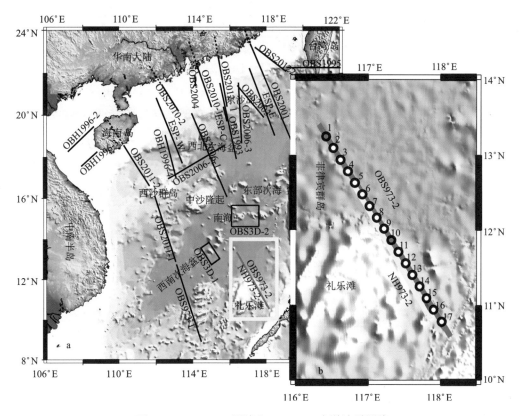

图 6-5　OBS973-2 测线和 NH973-2 多道地震测线

红色为 OBS973-2 测线；黄色为 NH973-2 多道地震测线；红色圆为丢失的 OBS

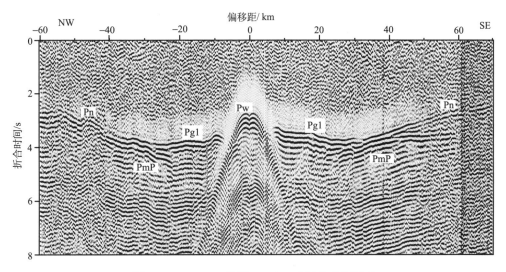

图 6-6　OBS973-2 测线 OBS03 台站的地震记录

折合时间=原时间$-\dfrac{偏移距}{折合速度}$，折合速度为 6 km/s

6.5.1　正演迭代算法获取的地壳模型

采用的软件为 RAYINVR（Zelt and Smith，1992），使用方法见 6.4 节。

OBS08 台站位于洋陆过渡区（OCT），剖面向陆的右侧震相偏移距大于 60 km，识别出了 Pg1 和 PmP 震相，剖面左侧为海盆区，水深比右侧深，记录环境好，记录到的震相达到 80 km 以外，主要有 Pg1、PmP 和 Pn 震相[图 6-7(a)]，从获得的射线[图 6-7(b)]和震相拟合结果[图 6-7(c)]可以看出结果很好。对测线上所有台站进行相互约束，同步拟合得到理想的速度结构模型。再做迭代计算，得到最佳 2-D 地壳结构和射线密度分布（图 6-8）。

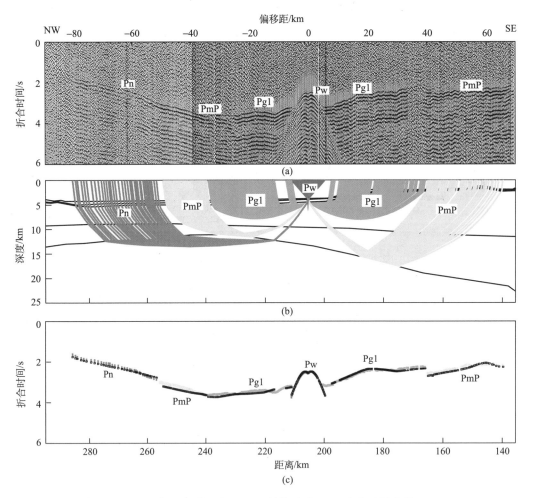

图 6-7　OBS08 台站地震记录（a）、射线追踪（b）和走时拟合情况（c）

$$折合时间 = 原时间 - \frac{偏移距}{折合速度}，折合速度为 6\ km/s$$

检验模型的可靠程度是通过在射线追踪过程中计算的走时残差及 χ^2（它表示实际观测走时与理论计算走时的拟合程度，越接近 1 表示拟合越好）来进行，同时还可以通过绘制射线密度覆盖图、计算最终模型的速度和界面扰动及检测板测试等方法对数据的恢复能力和可靠性进行判断。震相拾取时，我们根据数据质量的好坏人为设定数据不确定性为±50～±80 ms。结果表明各种震相走时残差均方根（RMS）均较小，随着深度略有增加，最大不超过 120 ms。χ^2 为 1.1～1.9，表明震相拟合较好（表 6-1）。整条测线速度模型的射线密度分布［图 6-8（b）］表明，射线覆盖次数普遍大于 5 次，主要集中在 10～40 次，对整个模型有较好的覆盖，保证了模型的可靠性，使模拟结果有较好的约束和分辨率。最终模型的速度和界面扰动（Zelt and Smith，1992；Muller *et al.*，1997）（表 6-2）表明，地壳速度的不确定性很小（<0.25 km/s），莫霍面埋深不确定性为±0.29 km。

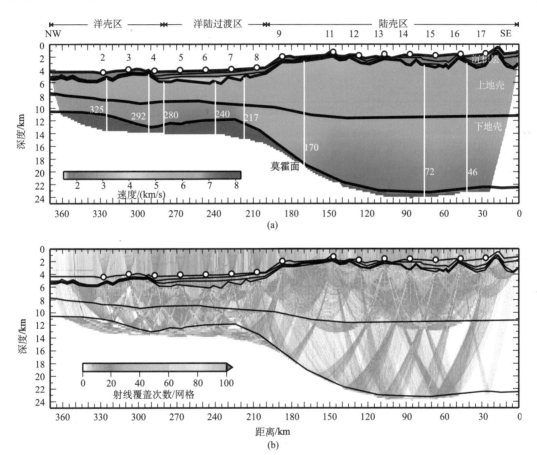

图 6-8　OBS973-2 测线正演模拟获得的地壳速度结构（a）和射线密度分布图（b）

计算网格：0.5 km×0.25 km；纵轴放大倍数 V.E.=5，图中黑色圆圈为 OBS 在剖面上的位置，其上数字为 OBS 编号。（a）中白线为文中展示的 1-D 速度曲线的位置，白色数字为模型中的位置，单位为 km

表 6-1　OBS973-2 测线的震相拾取和模拟

震相	参与计算的震相数	RMS/ms	χ^2
Pw	513	77	1.185
Pg1	2632	112	1.830
Pg2	310	101	1.272

续表

震相	参与计算的震相数	RMS/ms	χ^2
PmP	1014	120	1.762
Pn	460	95	1.085
合计	4929	110	1.643

表 6-2　速度模型的层速度和界面不确定性分析

模型参数	不确定性
上地壳顶部速度/(km/s)	±0.08
上地壳底部速度/(km/s)	±0.18
下地壳顶部速度/(km/s)	±0.23
下地壳底部速度/(km/s)	±0.22
莫霍面埋深/km	±0.29

6.5.2　自动反演方法获取的模型

自动反演采用 Jive3-D 软件（Hobro，1999；Hobro *et al.*，2003）。该软件适用于广角地震走时数据正演建模和层析成像反演的软件，其算法使用规则网格节点来描述地壳速度和深度，允许数据拟合误差和模型复杂度同时降到最小，得到最小结构的 1-D、2-D 或 3-D 模型，也支持折射、广角反射和大偏移距多道地震数据的同时反演（Hobro，1999）。反演过程即为目标函数 ψ 最小化的过程。目标函数 ψ 定义为

$$\psi(\delta\boldsymbol{m}) = \delta t_L^{\mathrm{T}}\boldsymbol{C}_D^{-l}\delta t_L + \lambda_m\boldsymbol{m}^{\mathrm{T}}\boldsymbol{C}_M^{-l}\boldsymbol{m} \tag{6-4}$$

式中，$\boldsymbol{m}$ 为新模型的模型参数矩阵；$\delta\boldsymbol{m}$ 为模型的扰动量；$\delta t_L = r - A\delta\boldsymbol{m}$，$A$ 是残差矩阵，r 为拾取走时和合成走时之差，$\boldsymbol{C}_D$ 是数据的协方差矩阵，描述走时的不确定性，$\boldsymbol{C}_M$ 是衡量模型平滑度的权重矩阵；λ_m 是正则化长度（regularization strength），该参数控制模型的平滑度在反演过程中变化。反演开始时 λ_m 保持较大数值（通常为 0），得到最平滑的模型，然后其值减小（即光滑度减小，最小值为 –9.99），更多细节/微小构造在模型中出现，直至得到拟合最佳的模型。使用共轭梯度方法来计算模型的更新向量，且每一步反演都使目标函数 ψ 在线性区域内最小化。

使用 Jive3-D 软件进行 2-D 建模反演，只需把某一水平维度的长度设置为 1 即可（Hobro，1999）。反演采用改进的层剥法（Paulatto *et al.*，2010），使得对各层和界面的约束随着深度的增加更加连续有序。在每一步反演中，当前层及其上覆层和界面都被反演。由于自动反演方法缺少直观性，最好先使用正演方法对震相进行识别和确认（Paulatto *et al.*，2010）。所以我们将正演迭代法获得的模型作为初始模型，包括海水层、地壳层和上地幔顶部[图 6-9(a)]，并使各层内速度场连续且平滑，设地壳内速度从上向下在 1.8～7.0 km/s 范围内变化，上地幔速度为 8.0～8.2 km/s。首先根据网格节点，将初始模型自动插值形成均匀模型[图 6-9(b)]，并且在随后的每次反演开始时，使用两次 B 型样条插值得到沿深度方向等速度梯度的新速度网格和线性界面。为了尽可能避免过度拟合，使

用尽量粗糙但又不影响拟合误差的网格节点（Scott *et al.*，2009）。我们采用的网格间距为 5 km（水平 1）×0.5 km（水平 2）×0.5 km（垂直）。模型长 370 km、宽 1 km、深 30 km。使用的速度节点在地壳层为 76×3×62，在上地幔为 76×3×9，海底面节点数为 373（代表节点间距为 1 km），莫霍面节点数为 40（代表节点间距为 10 km）。计算所得速度场的不连续可以被解释为界面，使用光滑和连续的多项式深度函数表示。

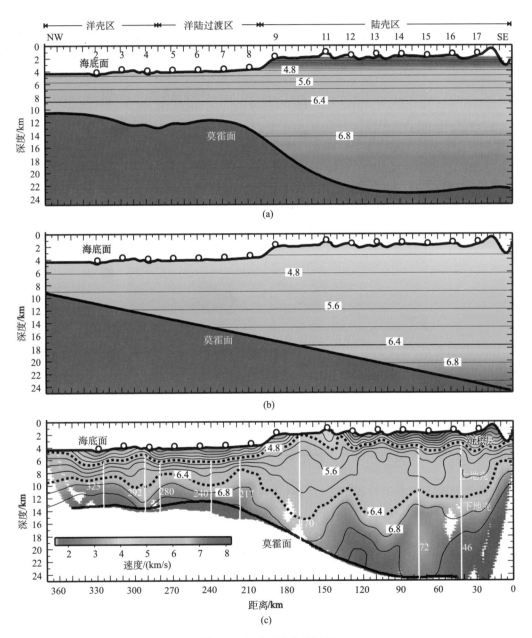

图 6-9　自动反演方法过程

（a）初始模型；（b）参数化模型；（c）最终模型。纵轴放大倍数 V.E.=5；其他说明同图 6-8

自动反演过程不再包括直达水波，其他数据与正演迭代法相同，包括震相类型（Pg1和 Pg2 统一为地壳内折射震相 Pg）和走时不确定性。反演过程中，模型光滑度参数 λ_m 从 0 减小到–9.99（步长为–0.2，负值代表光滑度降低），每个 λ_m 迭代 8 次，直到得到稳定的模型，这时模型优化率从 30%（λ_m 为 0 时）降低到 0.001%（λ_m 最小时），χ^2 从 884.01 降低到 1.11（图 6-10）。拾取走时拟合率均大于 80%，这样得到的模型[图 6-9（c）]能较好地反映真实地壳结构（Paulatto *et al.*，2010）。

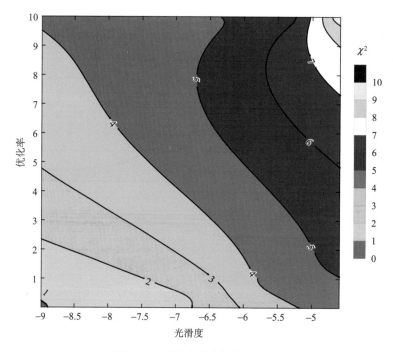

图 6-10　反演参数之间的关系图

使用检测板方法进行模型分辨率测试（Paulatto *et al.*，2010）（图 6-11）。所加扰动为速度值的 5%，扰动正弦函数半波长为 50 km×2 km，结果表明，模型整体上有很好的纵向分辨率和较好的横向分辨率，边缘部分由于射线较少，分辨率较差。

6.5.3　由反演模型对多道地震剖面进行时深转换获得的地壳结构

NH973-2 测线数据，通过振幅补偿、静校正、增益处理、反褶积处理、去除多次波、速度分析、剩余静态校正及频谱分析等叠前处理后，再进行偏移叠加和叠后反褶积及高通滤波处理，获得高质量的偏移叠加剖面。在此基础上，根据上述自动反演获得的速度分布，对多道地震剖面进行时深转换，并与折射地震结果进行对比验证，结果如图 6-12 所示。可以看出，上述 3 种方法得到的结果互相一致，OBS 剖面深部结构可靠性优于多道地震。

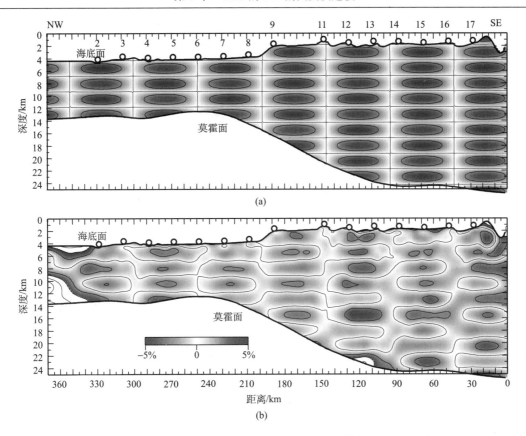

图 6-11　自动反演获得模型的检测板分辨率测试

（a）理论模型；　（b）恢复模型。扰动半波长为 50 km×2 km，扰动速度等值线为 0.5 km/s。纵轴放大倍数 V.E.=5，其他说明同图 6-8

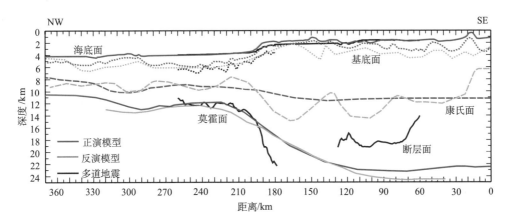

图 6-12　NH973-2 多道地震时深转换结果（黑线）、OBS973-2 测线正演迭代获得的模型（红线）和自动反演获得的模型（绿线）

纵轴放大倍数 V.E.=5

6.5.4 地壳模型对比分析

用 RAYINVR 获得的正演模型[图 6-8（a）]分为 7 层，最上面一层是海水层，速度为 1.5 km/s，沉积层有三层。沿整个剖面，沉积层厚度较薄，局部地区沉积层 2 和沉积层 3 缺失；整个沉积层的平均厚度为 1~2 km，速度从浅部的 1.8 km/s 向下增大到 4.5 km/s；上地壳厚度变化较大，从洋盆的 3~4 km 变化到过渡带的 5~7 km，最后增厚至礼乐滩的 7~8 km，速度从 5.0~5.5 km/s 变化到 6.4 km/s；下地壳厚度从洋盆处的 3~4 km 变化到过渡带的 4~5 km，然后增至礼乐滩的 9~12 km，速度从 6.5 km/s 变化到 6.9~7.2 km/s；最后一层是上地幔顶部，速度从 8.0 km/s 增至 8.2 km/s（表 6-3）。与之相比，自动反演获得的模型[图 6-9（c）]共分 3 层，海水层、地壳层和上地幔。可以看出，各层厚度和正演迭代模型及多道地震深度剖面接近（表 6-3，图 6-12）。但地壳厚度整体偏大约 1.5 km，其主要原因为自动反演得到的莫霍面受 PmP 震相数量和走时的不确定性影响，但总体偏差小于模型厚度（30 km）的 5%，表明正反演模型高度相似。在模型 120 km 附近地壳中出现高速层，但检测板分析此处恢复较差。与正演方法相比，自动反演方法拟合好（χ^2 为 1.11，小于正演模型的 1.643），而且效率高（自动计算，省时省力），所以，在有足够边界条件约束的情况下，应当优先考虑使用自动反演方法。

多道地震时深转换模型（图 6-12）的海底面与 OBS973-2 正反演模型的海底面（浅部的黑色和红色实线）稍有差异是由于 OBS973-2 与 NH973-2 并不完全重合，两测线相交，距离最大处 3 km，但并不影响对构造的解释。OCT 区域的沉积基底面与自动反演获得的模型的 4.8 km/s 速度等值线一致，但都比正演迭代获得的模型深度大些，表明沉积层速度最大速度小于 4.8 km/s 或者时深转换使用速度偏低。使用 180~260 km 区域内的平均地壳速度计算的 205~260 km 处的莫霍面与正反演模型都非常一致，进一步表明用自动反演获得的模型的速度结构可以约束得到可靠的多道地震剖面深度剖面。

与采用 WARRPI（阮爱国等，2011）获得的结果对比（表 6-3），正演模拟结果高度一致，但使用 RAYINVR 软件正演得到的速度模型增加了用 χ^2 进行统计误差分析，并计算了模型参数的不确定性（表 6-2），对模型的定量化误差分析使得本结果更具有说服力。

表 6-3　正演模拟与自动反演结果的对比（各层平均厚度）　（单位：km）

模拟方法	区段	沉积层	上地壳	下地壳	总厚度
正演模拟（WARRPI）	陆壳区	1.35	8.31	10.20	19.86
	过渡区	1.83	5.71	4.80	12.34
	洋壳区	1.14	3.10	3.00	7.24
正演模拟（RAYINVR）	陆壳区	1.35	8.31	11.40	21.06
	过渡区	1.83	5.71	4.41	11.95
	洋壳区	1.14	3.10	3.26	7.50
自动反演	陆壳区	2.09	7.77	12.69	22.55
	过渡区	1.16	6.88	5.63	13.67
	洋壳区	1.41	3.45	3.92	8.78

6.5.5　礼乐滩地壳结构特征及意义

　　模型中从南东向北西 0～200 km 为陆壳，平均厚度为 21～23 km，速度从 5.5～5.8 km/s 变化到 6.9～7.2 km/s，上地壳存在横向速度异常和低速区。分别取正演迭代和自动反演获得的模型各自 46 km、72 km 和 170 km 处的 1-D 速度结构进行比较（图 6-13），可以看出与拉张陆缘速度结构有很好的一致性。在该区域的上地壳中具有速度横向异常，1-D 模型也存在速度倒转现象和低速区，而多道地震剖面上显示有一系列多米诺状半地堑，同时有部分断层切穿到基底，甚至到下地壳（图 6-13），表明该区域以伸展活动为主，并且其活动一直持续至今（丁巍伟和李家彪，2011）。

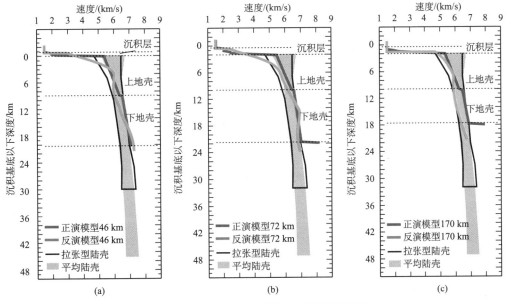

图 6-13　陆壳区正反演结果 1-D 速度曲线对比

（a）位于模型中 46 km，红线为 RAYINVR 正演模拟，绿线为 Jive3-D 自动反演模型，黑线区域代表拉张型陆壳速度范围（Christensen and Mooney，1995），阴影区域代表平均陆壳速度范围（Christensen and Mooney，1995），纵轴 0 km 处为沉积基底，图中的地壳分层界面使用 RAYINVR 正演模型中的层界面；（b）位于模型中 72 km，其他图例同图 6-13（a）；
（c）位于模型中 170 km，其他图例同图 6-13（a）

　　模型中 200～280 km 划分为 OCT，速度结构揭示该区域地壳结构减薄，是介于张裂减薄的陆壳和洋壳之间的一种状态。正演迭代模型揭示该区域地壳厚度为 11～12 km（自动反演模型中地壳厚度为 13～14 km）。图 6-14 展示了 217 km、240 km 和 280 km 处的 1-D 速度结构，并与 ODP1277 井蛇纹岩速度曲线（Christensen and Mooney，1995）和大西洋 OCT 区域的速度范围（Sibuet and Tucholke，2012）进行了对比。结果显示，上地壳速度基本与大西洋 OCT 区域速度及 ODP1277 井蛇纹岩速度一致，下地壳速度都比蛇纹岩速度低，下地壳没有发现高速层，说明南海南部陆缘为非火山属性。

　　模型中 280～370 km 为洋壳，正演迭代模型揭示该区域地壳厚度为 7～8 km（自动反演模型中地壳厚度为 8～9 km）。选取测线 292 km 隆起区的 1-D 速度曲线与大西洋 0～127 Ma 洋壳速度曲线（White *et al.*，1992）对比[图 6-15（a）]，隆起区下地壳速度偏

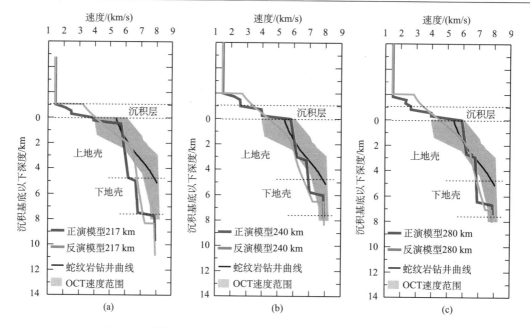

图 6-14　洋陆壳过渡区（OCT）正反演结果 1-D 速度曲线对比

（a）位于模型中 217 km（红线和绿线），黑线代表 ODP1277 井蛇纹岩速度曲线（Sibuet and Tucholke，2012），阴影区域代表 OCT 区域的速度范围（Sibuet and Tucholke，2012），其他同图 6-13；（b）位于模型中 240 km，其他图例同图 6-14（a）；（c）位于模型中 280 km，其他图例同图 6-14（a）

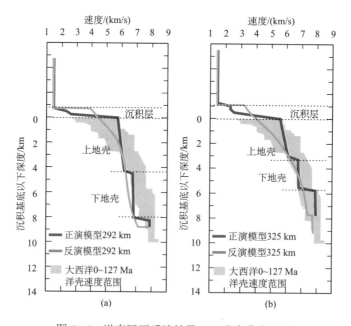

图 6-15　洋壳区正反演结果 1-D 速度曲线对比

（a）位于模型中 292 km（红线和绿线）阴影区域代表大西洋 0～127 Ma 洋壳速度范围（White *et al.*，1992），其他同图 6-13；（b）位于模型中 325 km，其他图例同图 6-15（a）

低，约为 6.8 km/s，表明该隆起可能为陆壳（Christensen and Mooney，1995），是礼乐滩地块随扩张脊向南移动时的残留，其连线为北西向，进一步验证了礼乐滩地块与其西北部的中沙地块共轭扩张（阮爱国等，2011）。另外测线 325 km 处［图 6-15（b）］的速度结构与大西洋 0～127 Ma 洋壳基本一致，表明本区域洋壳生成的外部条件（扩张速率、地幔温度、熔融物供给量等）可能与大西洋有较大的相似性。

参 考 文 献

丁巍伟，李家彪. 2011. 南海南部陆缘构造变形特征及伸展作用：来自两条 973 多道地震测线的证据. 地球物理学报, 54(12): 3038-3056.

牛雄伟，卫小冬，阮爱国等. 2014. 海底广角地震剖面反演方法对比——以南海礼乐滩 OBS 剖面为例. 地球物理学报, 57(8): 2701-2712

阮爱国，牛雄伟，丘学林等. 2011. 穿越南沙礼乐滩的海底地震仪广角地震试验. 地球物理学报, 54(12): 3139-3149.

宋海斌，松林修，仓本真一. 2011. 西南海海槽地震资料处理及其似海底反射层特征. 地球物理学报, 44(6): 799-804.

卫小冬，阮爱国，赵明辉等. 2011a. 穿越东沙隆起和潮汕坳陷的 OBS 广角地震剖面. 地球物理学报, 54(12): 3325-3335.

卫小冬，赵明辉，阮爱国等. 2011b. 南海中北部陆缘横波速度结构及其构造意义. 地球物理学报, 54(12): 3150-3160.

Cannat M, Sauter D, Bezos A, et al. 2008. Spreading rate, spreading obliquity, and melt supply at the ultraslow spreading Southwest Indian Ridge. Geochemistry Geophysics Geosystems, 9(4): Q04002.

Cerveny V, Psencik I. 1984. SEIS83-Numerical modeling of seismic wave fileds in 2-D laterally varing layered structure by the ray method. In: Engdahl E R (ed.). Documentation of Earthquake Algorithms. Report SE-35, Boulder, 36-40.

Cerveny V, Molotkov I A, Psencik I. 1977. Ray Method in Seismology. Prague: Charles University Press.

Christensen N I, Mooney W D. 1995. Seismic velocity structure and compositon of the continental crust: A global view. Journal of Geophysical Research: Solid Earth, 100(B6): 9761-9788.

Ditmar P G, Roslov Yu V, Techernyshev M Yu. 1995. "DOGSTOMO"-software package for first arrival kinematic modeling and tomographic inversion of seismic data in 2-D and 3-D: Abstracts of the 20th General Assembly of the European Geophysical Society, Annal. Geophys., Supplement 1 to volume 13, part 1., p57.

Hobro J. 1999. Three-dimensional tomographic inversion of combined reflection and refraction seismic traveltime data. Ph. D. thesis, University of Cambridge.

Hobro J, Singh S, Minshull T. 2003. Three-dimensional tomographic inversion of combined reflection and refraction seismic traveltime data. Geophysical Journal International, 152(1): 79-93.

Muller M R, Robinson C J, Minshull T A, et al. 1997. Thin crust beneath Ocean Drilling Program borehole 735B at the Southwest Indian Ridge? Earth and Planetary Science Letters, 148: 93-107.

Paulatto M, Minshull T A, Baptie B, et al. 2010. Upper crustal structure of an active volcano from refraction/reflection tomography, Montserrat, Lesser Antilles. Geophysical Journal International, 180(2): 685-696.

Scott C L, Shillington D J, Minshull T A, et al. 2009. Wide-angle seismic data reveal extensive overpressures in the Eastern Black Sea Basin. Geophysical Journal International, 178(2): 1145-1163.

Sibuet J C, Tucholke B E. 2012. The geodynamic province of transitional lithosphere adjacent to magma-poor continental margins. Geological Society, London, Special Publications, 369(1): 1.

Watremez L, Leroy S, Rouzo S, et al. 2011. The crustal structure of the north-eastern Gulf of Aden continental margin: insights from wide-angle seismic data. Geophysical Journal International, 184(2): 575-594.

Wessel P, Smith W H F. 1995. New, improved version of generic mapping tools released. Eos Transactions American Geophysical Union, 76(29): 329.

White R S, McKenzie D, O'Nions R K. 1992. Oceanic crustal thickness from seismic measurements and rare earth element inversions. Journal of Geophysical Research: Solid Earth, 97(B13): 19683-19715.

White R S, Minshull T A, Bickle M, et al. 2001. Melt generation at very slow-spreading oceanic ridges: constraints from geochemical and geophysical data. Journal of Petrology, 42(6): 1171-1196.

Wu Z L, Li J B, Ruan A G, et al. 2011. Crustal structure of the northwestern sub basin, South China Sea: results from a wide angle seismic expertment. Science in China Series (D), 41(10): 1463-1476.

Zelt C A, Smith R B. 1992. Seismic traveltime inversion for 2-D crustal velocity structure. Geophysical Journal International, 108(1): 16-34.

Zhao M H, Qiu X L, Xia S H, et al. 2010. Seismic structure in the northeastern South China Sea: S-wave velocity and Vp/Vs ratios derived from three-component OBS data. Tectonophysics, 480(1-4): 183-197.

第7章 OBS 的 3-D 地震层析成像

用人工源（气枪）开展 OBS3-D 台阵地震探测花费较大，但可获得研究目标全方位、更精细的结构，因此在海洋构造调查中也是经常采用的方法。3-D 层析成像方法已有很多，主要有两类，一是初至波层析成像；二是包括反射震相的成像。OBS 地震记录中莫霍面的反射震相是十分重要的，但通常不以初至震相出现。所以我们更推崇后一种方法。2010 年由国家海洋局第二海洋研究所牵头，联合中国科学院南海海洋研究所、北京大学和法国巴黎地球物理研究所（IPGP），在西南印度洋中脊热液活动区（49°17'～50°49'E）开展了一次 OBS3-D 台阵人工源地震试验，这是我国首次开展海底 3-D 地震调查，也是首次对洋中脊地壳构造进行地震调查，具有里程碑意义。相关研究人员已利用这些数据获得了许多成果（Zhao *et al.*，2013；Li *et al.*，2015；Niu *et al.*，2015；Jian *et al.*，2017）。本章介绍采用 Jive3-D 方法开展的 3-D 层析成像研究（数据处理方法不再赘述）和获得的成果。

7.1 方 法 原 理

Jive3-D 软件适用于广角地震走时数据正演建模和层析成像反演（Hobro，1999；Hobro *et al.*，2003）。使用规则网格节点来描述地层速度和深度，允许数据拟合误差和模型复杂度同时降到最小，同时适用于 1-D、2-D 和 3-D 模型，支持折射、广角反射和大偏移距多道地震数据的同步反演。

Jive3-D 软件采用线性迭代正则化反演（最小平方反演算法，无阻尼，有效降低了对初始模型的依赖）和非常灵活易变的模型参数使结果尽量客观。在正则化反演时，使用平滑度约束来修正模型以拟合数据。因为初始模型首先被修改并使用强约束条件，所以反演一开始就被很好地约束。在开始阶段，先得到模型的宏观特征，如平均速度、层内速度梯度和平均反射深度，数据包含的大尺度构造被模型化。随着反演的进行，平滑约束的强度逐渐降低，允许一系列好的细节出现在模型中，数据包含的微小尺度构造被模型化。最终为满足数据精度的最简单的模型。

反演过程开始于一系列小的线性步骤，每一步由一个正演和反演组成。正演计算基于前一模型的射线扰动来进行。扇形射线首先从接收点开始传播，经过模型并预测每一对"接收点-源"的入射角。合成走时和 Frechet 残差使用射线追踪方法得到，同时也得到走时拟合误差（$r=t_{\text{real}}-t$）。反演过程即使目标函数 ψ 最小化的过程。定义为

$$\psi(\delta m) = \delta t_l^T C_D^{-l} \delta t_l + \lambda_m m^T C_M^{-l} m \qquad (7\text{-}1)$$

式中，m 为新模型的模型参数矩阵；δm 为模型的扰动量，$\delta t_l=r-A\delta m$，A 为 Frechet 残差矩阵；C_D 为数据的协方差矩阵，描述走时的不确定性；C_M 为衡量模型平滑度的权重矩

阵；λ_m 为正则化长度（regularization strength），该参数控制反演过程中模型平滑度的变化。反演开始时为了得到最平滑的模型 λ_m 设为较大数值（通常为 0，正值代表光滑度，负值代表不均匀度），然后其值减小（即平滑度减小，最小值为 -9.99），更多细节/微小构造在模型中出现，每一步反演都使目标函数 ψ 在线性区域内最小化，直至得到拟合最佳的模型。

7.2　西南印度洋中脊 3-D 层析成像

7.2.1　初始模型

根据 2-D 模型、其他信息和软件的要求建立 3-D 初始模型。包括海水层和地壳层，由海底面分隔，层内速度场连续且平滑，海水层速度为 1.5 km/s，地壳速度为 1.8～8.0 km/s。为了获得较高的走时拟合率，沿放炮测线方向建立坐标轴，对水深坐标、炮点和 OBS 台站坐标局部化，得到沿洋中脊 X 方向（EW）150 km 长，垂直洋中脊 Y 方向（NS）80 km 长，Z 方向 14 km 深的初始模型。首先根据网格节点，将初始模型差值形成均匀模型，并且在随后的每次反演开始时，使用 2 次 B 型样条差值得到沿深度方向等速度梯度的新速度网格和线性界面。为了尽可能避免过度拟合，使用较大间距但又不影响拟合误差的网格节点（Scott et al., 2009）。本例中使用的网格间距为 5 km（EW）×2.5 km（NS）×1 km（Z）。模型覆盖了 150 km（EW）×80 km（NS）×14 km（Z）的区域，地壳层的速度节点为 30×32×16，由多波束数据（Sauter et al., 2004）得到海底面（图 7-1）的网格，节点间距为 500 m，节点数为 300×160。使用的反演参数见表 7-1。缓慢减小 λ_m，增大模型的不均匀性，以降低拟合误差，同时降低模型优化程度，以得到稳定的最终模型。

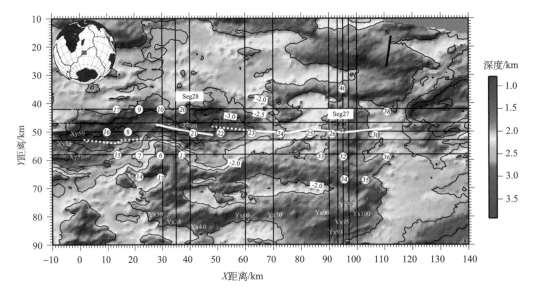

图 7-1　3-D 层析成像使用的水深数据及剖面的位置

表 7-1　反演参数

反演编号	迭代次数	λ_m	优化率	射线追踪参数
01	5	0	30	1
02	5	−1	20	1
03	5	−1.5	10	1
04	5	−2	10	1
05	5	−2.5	10	1
06	5	−3	10	1
07	5	−3.5	10	1
08	5	−4	10	1
09	5	−4.5	5	1
10	5	−5	1	1
11	5	−5.5	1	1
12	5	−6	0.1	1
13	5	−6.5	0.05	1
14	5	−7	0.01	1

由于初至波信息来自地壳和上地幔，未界定莫霍面，Zhao 等（2013）假定 7.0 km/s 速度等值线为初至波层析成像模型的莫霍面，但洋壳速度可达 7.2 km/s（White *et al.*，2001），并且上地幔速度也可能低至 7.4 km/s（Jokat and Schmidt-Aursch，2007），再加上本研究区异常复杂，很难用某一速度等值线合理地表示莫霍面，故这里不再强调地壳厚度，参考 2-D 模型（Niu *et al.*，2015）中上地幔的速度为 8.0 km/s，用射线在正常洋壳和上地幔顶部速度范围（1.8～8.0 km/s）内到达的深度（8.0 km/s 速度等值线的深度）表示可能的地壳厚度。

7.2.2　层析成像结果

总体上看，3-D 影像反映的研究区的主要地层和构造特征是：西面的岩浆扩张中心（NVR）（Seg28）速度表层速度低，射线深度大。扩张中心南侧隆起区速度较高，拆离断层特征明显。非转换不连续（NTD）区域的表层速度低，射线深度整体偏小。在 EW 方向切片上深度小，而在 NS 方向切片上深度稍大。东面的 NVR（Seg27）表层存在高速异常，在海平面以下 6～10 km 处存在低速异常，射线深度大。下面选取有代表性的几个横向（X）、纵向（Y）和深度（Z）速度切片对 3-D 层析成像结果进行详细介绍。

1. 平行洋中脊切片

平行洋中脊速度切片可分三部分：洋中脊北侧、扩张中心和洋中脊南侧（图 7-2～图 7-6）。图 7-2 展示了扩张轴北部 Y=42 km 的平行洋中脊速度切片（Xy42），剖面水深变化较小（平均约 2000 m）；表层速度横向变化大，在 Seg28 低（约 2.8 km/s），Seg27 高（约 4.0 km/s）；从浅到深，速度梯度变化不大，Seg28 稍大；8.0 km/s 速度等值线在扩张中心深度大（Seg28 为约 11 km，Seg27 为约 13 km），在 NTD 深度小（约 9 km）。

图 7-3～图 7-5 展示了沿扩张轴平行于洋中脊的速度切片（Xy47、Xy50 和 Xy53），其特征为水深变化大，在 Seg28 为裂谷（>3000 m），NVR 稍有隆起，在 Seg27 无裂谷，表现为较大隆起（<2000 m）；表层速度横向变化大，在 Seg28 的 NVR 速度低（约 2.8 km/s），由于 NVR 走向与切片有一定夹角，在 Xy50 切片上，非 NVR 区域速度较高（约 4.0 km），而 Seg27 中部（90～100 km）速度高（达 6.0 km/s），两侧低，NTD 区域为过渡特征；速度梯度在 Seg28 较均匀，在 Seg27 中部出现负梯度，在海底面之下 6～10 km 处出现低速区；8.0 km/s 速度等值线趋势与 Xy42 切片类似，在扩张中心深度大（Seg28 约 12 km，Seg27 >13 km），在 NTD 深度小（约 10 km）。

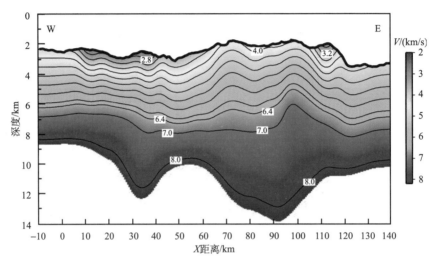

图 7-2　Y 为 42 km 处的 X 方向速度切片

黑色细线为速度等值线，小于 6.4 km/s 的速度等值线间距为 0.4 km/s，线上所标数字为其速度值。黑色粗线为海底面。纵轴放大的
倍数 V.E.=6.25。为了更接近真实地壳模型，避免受射线未覆盖区域速度的影响，只展示了模型中速度值小于 8.2 km/s 的部分

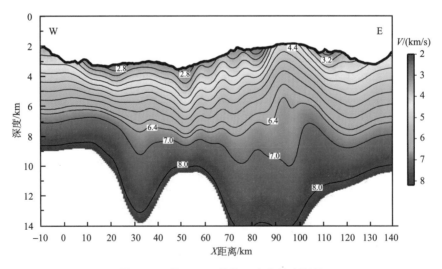

图 7-3　Y 为 47 km 处的 X 方向速度切片

纵轴放大的倍数 V.E.=6.25

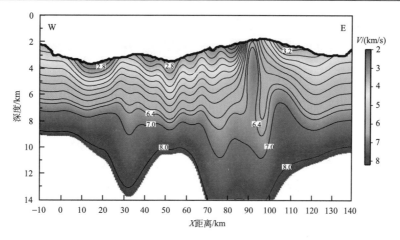

图 7-4　Y 为 50 km 处的 X 方向速度切片

纵轴放大的倍数 V.E.=6.25

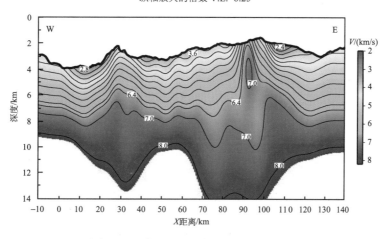

图 7-5　Y 为 53 km 处的 X 方向速度切片

纵轴放大的倍数 V.E.=6.25

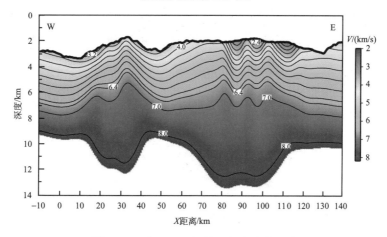

图 7-6　Y 为 58 km 处的 X 方向速度切片

纵轴放大的倍数 V.E.=6.25

图 7-6 展示了扩张轴南部的平行洋中脊速度切片（Xy58），剖面水深变化较大，在 Seg28 隆起处最浅（<2000 m），向两侧变深，在 Seg27 地势整体较高（约 2000 m），但较平坦；表层速度横向变化大，在 Seg28 高（约 3.2 km/s），Seg27 低（约 2.4 km/s）；从浅到深，速度梯度变化不大；8.0 km/s 速度等值线趋势与其他横向切片类似，在 NVR 深度大（Seg28 约 11 km，Seg27 约 13 km），在 NTD 深度小（约 9 km）。

2. 垂直洋中脊切片

垂直洋中脊速度切片也可分为 3 个部分：Seg28、NTD 和 Seg29。图 7-7～图 7-9 为位于 Seg28 的速度切片（Yx30、Yx35 和 Yx40），3 条切片均穿过 Seg28 的裂谷、NVR 区域及其南侧的地形隆起区，水深变化特征相似，裂谷区深（约 3000 m）但有微小隆起，南侧浅（<2000 m）并有起伏，北侧较深（2000～2500 m）且平坦。其表层速度特征与地形有较大的相关性，裂谷区和 NVR 速度低（约 2.8 km/s），南侧速度高（约 4.4 km/s），北侧居中。裂谷区及 NVR 区域 8.0 km/s 速度等值线深（12～13 km），南侧表现为明显的地幔隆起，地壳减薄，北侧信息较少，特征不明显。

图 7-10 为 NTD 区域的垂直洋中脊速度切片（Yx60）。其主要特征为仍有明显的中央裂谷，但水深变化较小，南北部特征类似。裂谷区速度较低（约 3.2 km/s），向南北两侧增大。速度梯度均匀。8.0 km/s 速度等值线深度在裂谷区稍大（约 10 km），向两侧变浅。

图 7-11～图 7-16 为 Seg27 区的垂直洋中脊速度切片（Yx70、Yx90、Yx93、Yx95、Yx97 和 Yx100）。Seg27 区域整体水深浅（约 2000 m），沿切片水深变化不大（除 Yx70 离 Seg27 中心较远，起伏稍大）。选取 Yx70 切片的原因是 Seg27 尺度较大（约 72 km）（Cannat et al., 1999；Sauter et al., 2004），该切片位于 Seg27 的西端，与其他切片对比，可以更立体地分析 Seg27 EW 向的特征。Yx70 切片在扩张中心的特征为表层速度低（约

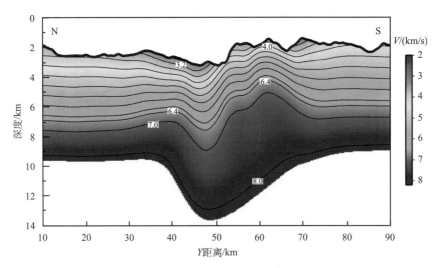

图 7-7　X 为 30 km 处的 Y 方向速度切片

纵轴放大的倍数 V.E.=3.3

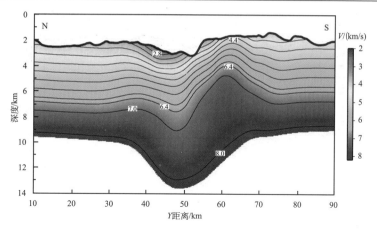

图 7-8　*X* 为 35 km 处的 *Y* 方向速度切片

纵轴放大的倍数 V.E.=3.3

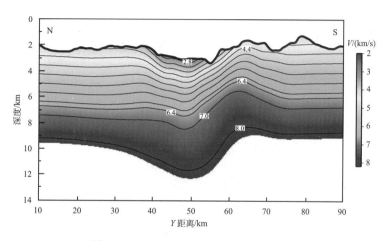

图 7-9　*X* 为 40 km 处的 *Y* 方向速度切片

纵轴放大的倍数 V.E.=3.3

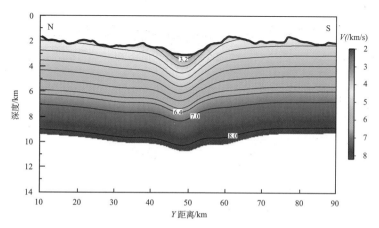

图 7-10　*X* 为 60 km 处的 *Y* 方向速度切片

纵轴放大的倍数 V.E.=3.3

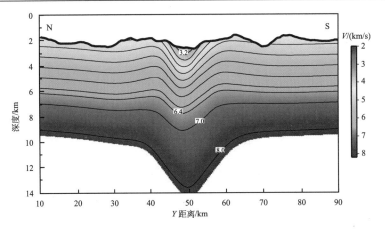

图 7-11　X 为 70 km 处的 Y 方向速度切片

纵轴放大的倍数 V.E.=3.3

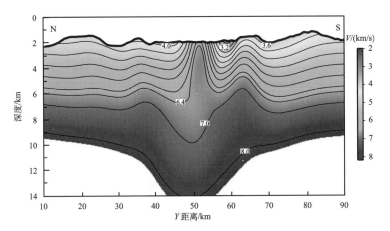

图 7-12　X 为 90 km 处的 Y 方向速度切片

纵轴放大的倍数 V.E.=3.3

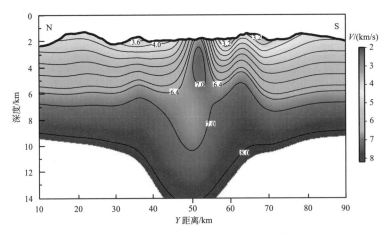

图 7-13　X 为 93 km 处的 Y 方向速度切片

纵轴放大的倍数 V.E.=3.3

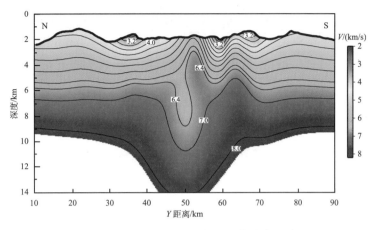

图 7-14　*X* 为 95 km 处的 *Y* 方向速度切片

纵轴放大的倍数 V.E.=3.3

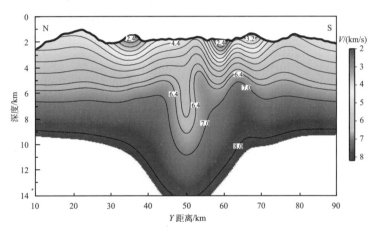

图 7-15　*X* 为 97 km 处的 *Y* 方向速度切片

纵轴放大的倍数 V.E.=3.3

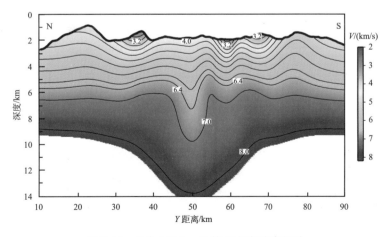

图 7-16　*X* 为 100 km 处的 *Y* 方向速度切片

纵轴放大的倍数 V.E.=3.3

3.2 km/s)，速度梯度均匀，8.0 km/s 速度等值线较深（约 13 km）。Yx90、Yx93、Yx95、Yx97 和 Yx100 切片位于 Seg27 中部，表层速度特征为中间高（4.0～6.4 km/s），两侧低（2.4～3.2 km/s）。在 $Y=50$ km 附近出现低速区，深度在海平面下 6～10 km，在 Yx95 切片上特征最明显，向四周减弱，结合 Xy47、Xy50 和 Xy53 切片，推断低速区的尺度为 6 km(NS)×10 km(EW)×4 km(Z)。扩张中心区的 8.0 km/s 速度等值线埋深大，达 14 km。

3. 深度切片

图 7-17～图 7-24 为深度切片，深度值为海平面下 4～10 km（1 km 间隔）及 12 km，更好地展示了横向和纵向切片所描述的速度特征。可以看出，<8 km 时，Seg28 与 Seg27 特征差异明显，Seg28 扩张中心速度较低，其南侧存在明显的高速异常，Seg27 扩张中心 <5 km 为高速异常，5～8 km 为低速异常。8～10 km 时，Seg28 和 Seg27 速度结构相似，不存在 NTD。>10 km 时，Seg28 与 Seg27 之间地壳薄，存在 NTD。

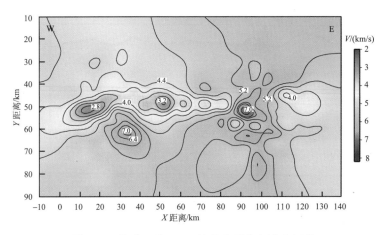

图 7-17　深度 Z 为 4 km 处的水平方向速度切片

纵轴放大的倍数 V.E.=1

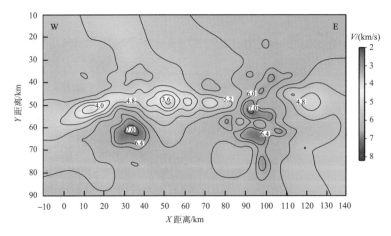

图 7-18　深度 Z 为 5 km 处的水平方向速度切片

纵轴放大的倍数 V.E.=1

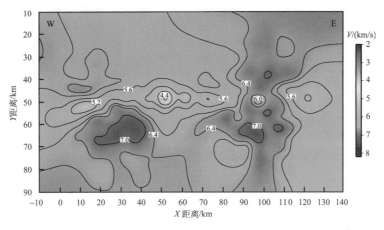

图 7-19　深度 Z 为 6 km 处的水平方向速度切片

纵轴放大的倍数 V.E.=1

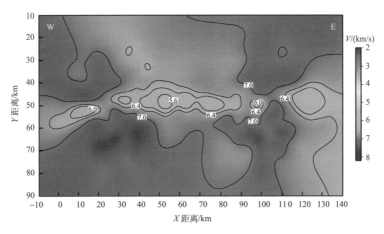

图 7-20　深度 Z 为 7 km 处的水平方向速度切片

纵轴放大的倍数 V.E.=1

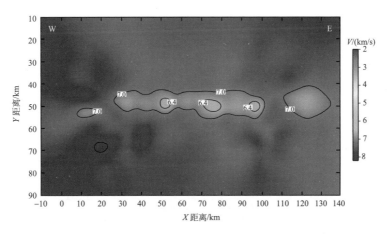

图 7-21　深度 Z 为 8 km 处的水平方向速度切片

纵轴放大的倍数 V.E.=1

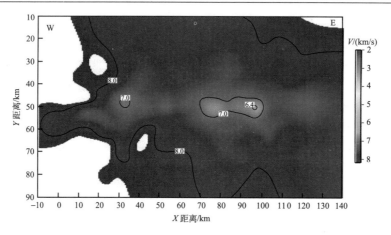

图 7-22　深度 Z 为 9 km 处的水平方向速度切片

纵轴放大的倍数 V.E.=1

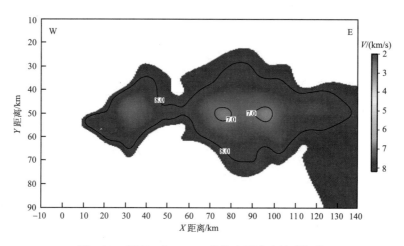

图 7-23　深度 Z 为 10 km 处的水平方向速度切片

纵轴放大的倍数 V.E.=1

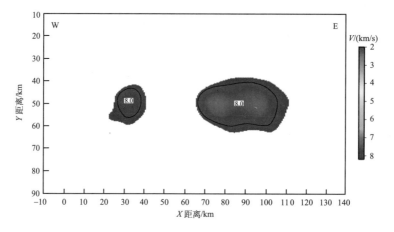

图 7-24　深度 Z 为 12 km 处的水平方向速度切片

纵轴放大的倍数 V.E.=1

7.2.3　模型评估

　　最终模型中，使用 26 个 OBS 台站（图 7-1），拾取初至波走时 142750 个，拟合 109918 个，拟合率 77%。统计误差 χ^2 值（其定义与 2-D 模型评价方法相同）从 1114.55 降至 1.53，拟合残差 RMS 从 2670 ms 减小至 157 ms，略大于设定的走时拾取误差（图 7-25，图 7-26），拾取误差的范围为 50～200 ms，随炮点到 OBS 的偏移距增大而增大。

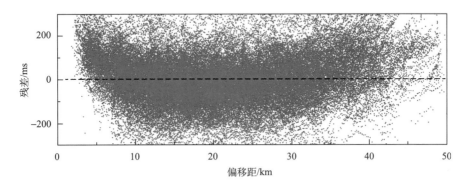

图 7-25　最终模型的拟合残差分布

设定的走时拾取误差最大约 200 ms，可见绝大多数拟合残差在误差范围内

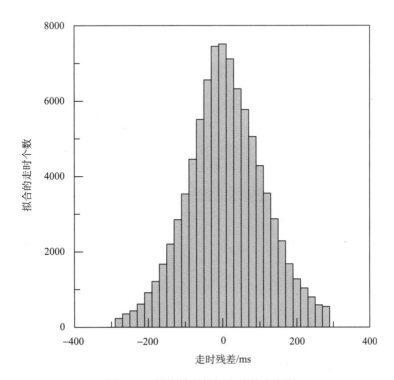

图 7-26　最终模型的拟合残差直方图

可见多数走时的残差较小，在误差（200 ms）范围内

图 7-27～图 7-29 分别为 26 个台站的走时拟合结果，可以看出，整体拟合情况好，拟合误差随到时的增大而有所增大，某些台站走时较大的震相拟合较差甚至未能拟合。对于 Seg28 区域的 OBS06～OBS20，拾取和拟合的震相数在 7000 以内，对于到时较小的震相拟合好，表明 Seg28 的地壳模型得到了较好的约束。而位于中间的 OBS21～OBS24 均拾取和拟合了大于 7000 的震相数，对 Seg27 和 Seg28 都很好地进行了约束，这也是本次 3-D 层析成像实验的主要亮点之一，使用均匀网格的模型来拟合构造特征有较大差异的 Seg27 和 Seg28。位于 Seg27 区域的 OBSs 也表现出对较小到时震相有很好的拟合，约束了 Seg27 的地壳模型，同时，由于施工时 Seg28 的能量较强，Seg27 区域的 OBSs 也记录并拟合较多的较大到时的震相，达到了对 Seg27 与 Seg28 同步反演的目的。

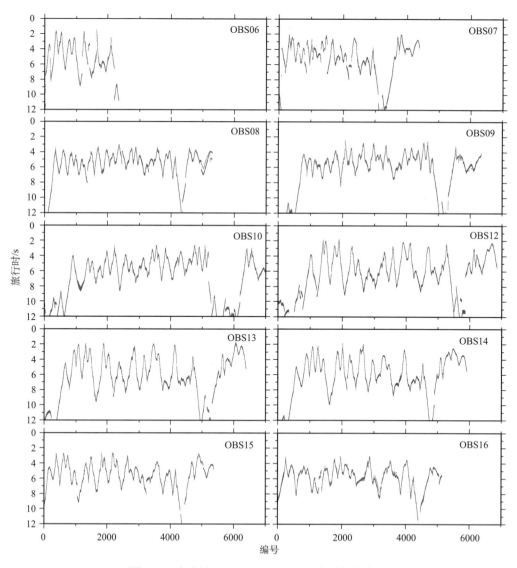

图 7-27　各台站（OBS06～OBS16）走时拟合结果

蓝色线为拾取走时，红色线为理论计算走时，横坐标为该台站拾取走时的编号，不同于炮号，右上角编号为 OBS 台站号

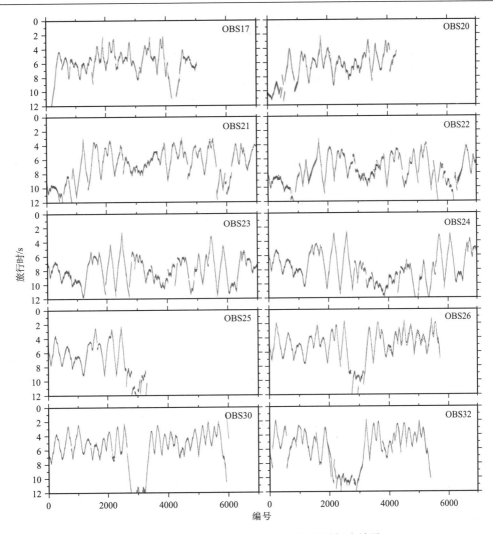

图 7-28　各台站（OBS17～OBS32）走时拟合结果

　　与 2-D 剖面类似，同样可以使用射线密度对模型进行评估（Paulatto et al.，2010）。3-D 模型的射线密度能较好地反映节点的可靠性。由于模型平行洋中脊（5 km²）、垂直洋中脊（2.5 km²）和深度（12.5 km²）切片的网格大小不一致，故使用不同的色标来表示。选取上述速度切片对应的射线密度切片（图 7-30～图 7-32），可以看出，由于炮点、OBS 台站分布和炸测能量变化等因素影响，射线密度分布特征总体趋势为覆盖次数较高，沿主干测线、Seg28 和 Seg27 扩张中心区域都有很好的覆盖，两个扩张段之间的 NTD 区域射线覆盖相对较差，由浅到深，射线覆盖次数下降。从 Xy50 切片和深度切片的密度分布可以看出，沿洋中脊轴的射线密度在 Seg27、Seg28 及 NTD 区域均较大，与 2-D 反演结果的射线密度分布一致，一方面表明 3-D 模型也很好地反映了沿洋中脊轴的真实地壳模型，另一方面也表明对 Seg27 与 Seg28 使用同一网格速度模型模拟的可行性。从垂直洋中脊的速度切片上可以看出，在 Seg28 区域其南侧的射线密度高，表明模型对其南侧的特殊构造进行了很好的约束。

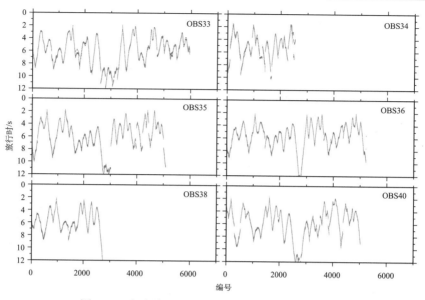

图7-29 各台站（OBS33～OBS40）走时拟合结果

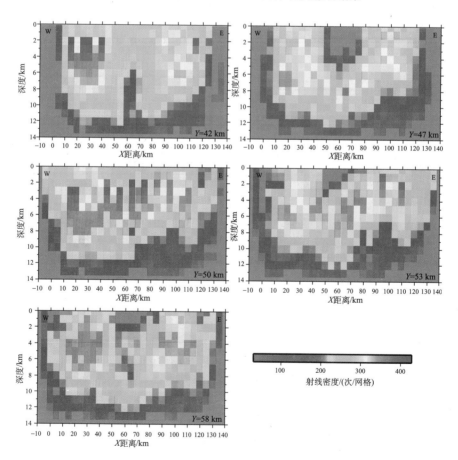

图7-30 平行洋中脊速度切片的射线密度分布

网格大小为 5 km×1 km，纵轴放大的倍数 V.E.=6.25

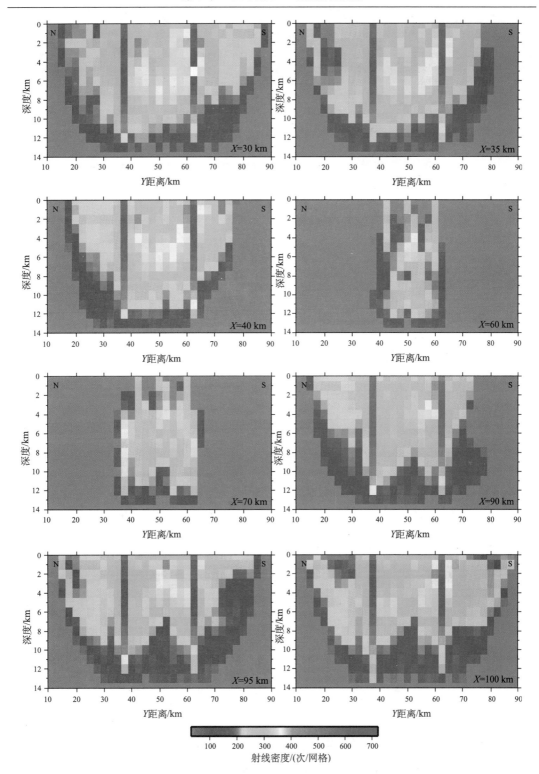

图 7-31　垂直洋中脊速度切片的射线密度分布

网格大小为 2.5 km×1 km，纵轴放大的倍数 V.E.=3.3

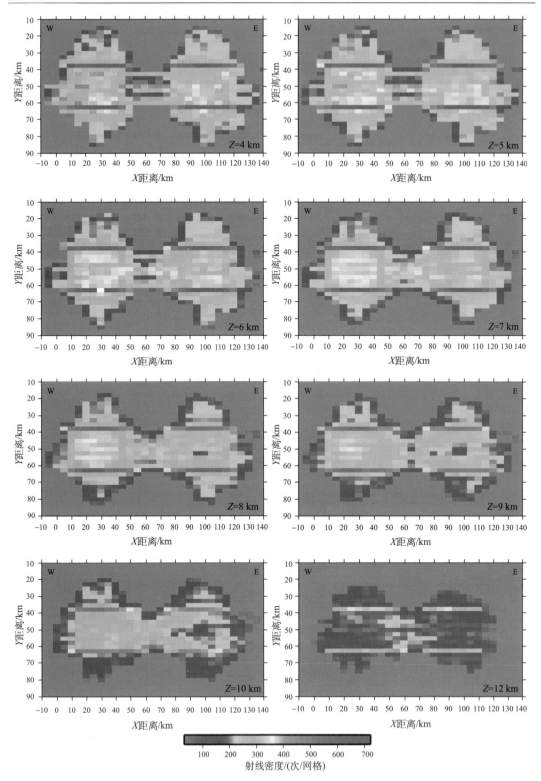

图 7-32　深度切片的射线密度分布

网格大小为 5 km×2.5 km，纵轴放大的倍数 V.E.=1。所选剖面位置与上文一致

7.3　讨　　论

7.3.1　与全球超慢速扩张洋中脊地壳结构对比

虽然西南印度洋脊（SWIR）地壳结构的地震探测还很少，但分别位于 66°E、57°E 和 50°E 三个不同性质的区域，有很好的代表性。Melville 破碎带（MEL TF）和罗德里格斯三联点之间（60°45'～70°E），洋中脊斜度为 25°，缺少转换断层和 NTD，水深 4500～5500 m，最深 6000 m，出露大量蛇纹石化橄榄岩，磁异常年龄约 4.5 Ma（Cannat et al.，1999；Sauter et al.，2004）。在 66°E 使用 3 台海底水听器（OBH）的多条测线地震试验表明（Muller et al.，1999；Minshull et al.，2006），地壳厚度为 2.2～5.4 km，其中上地壳厚 1.5～2.5 km，速度梯度大，下地壳厚 0.5～3.0 km，速度梯度低。在扩张段边界地壳异常薄，只有 2.0～2.5 km，而扩张段的中间是融熔产生和运移的集中区，其地壳最厚达 3.5～6.0 km。Atlantis 第二破碎带是一个大错断区，错动洋中脊达 200 km，存在许多转换断层和 NTD，洋中脊斜度为 40°，转换断层形成的裂谷极深，超过 6500 m，而洋中脊被强烈抬升，水深 4000～5000 m（Muller et al.，1997；Cannat et al.，1999）。在 57°E 使用 9 台 OBH 的广角地震试验表明（中心为 ODP borehole 735B）（Muller et al.，1997，2000），受转换断层的影响，沿洋中脊方向地壳结构较不均匀。在转换裂谷处地壳为薄的低速层（2.5～3 km 厚），表明存在高度蛇纹石化的地幔橄榄岩；在洋中脊中央上地壳缺失，下地壳厚 2 km，且下伏 2～3 km 部分蛇纹岩化地幔，莫霍面深 5±1 km。中央区东侧上地壳厚 2～2.5 km，速度梯度高，下地壳只有 1～2 km 厚，远小于一般大洋下地壳的 5 km。本书研究区在 Indomed 破碎带（IN TF）和 Callieni 破碎带（GA TF）之间（49°17'～50°49'E），离马里昂热点较近。洋中脊斜度为 15°，缺少转换断层，地势较高，水深 2000～4000 m。平行洋中脊的速度剖面显示上地壳厚度为 2.0±0.2 km，速度梯度较大，下地壳厚度横向变化强烈，最薄处为 2.2 km，最厚处超过 8 km，对应火山构造。

SWIR 不同区域的地震地壳模型的对比表明，SIWR 沿洋中脊上地壳比较均匀（2～3 km 厚），横向不均匀主要由下地壳的变化引起。不同区域的速度结构具有较大的相似性［图 7-33（a）］，地壳平均厚度相近（约 5.0 km）。洋中脊裂谷、转换裂谷或 NTD 等水深区域地壳较薄，是利于蛇纹岩形成和出露或热液活动的地方；扩张中心由于地幔上涌表现为高地形，是融熔产生和运移的集中区，地壳较厚，这与其他超慢速扩张洋中脊相似（Dick et al.，2003；Snow and Edmonds，2007），与 Sauter 等（2001）提出的地壳结构与岩浆供给模型一致。但由于 SWIR 不同区域构造环境不同，扩张中心岩浆温度和供给存在差异，对应的地壳最大厚度有区域性差异。在岩浆供给充足的地方（50°28'E）地壳厚达 10.5 km，在破碎区（57°E）最大地壳厚度为 5～6 km，在岩浆贫瘠区（66°E）厚度为 6 km。

与北冰洋的 Gakkle 洋中脊（GR）（Jokat and Schmidt-Aursch，2007）对比［图 7-33（b）］，表明速度结构有一定的相似性，但 GR 的结果表明其洋壳只由一层高速度梯度的岩浆岩组成，其地壳非常薄，厚度为 2～3 km，其最大地壳厚度小于 5 km。在其莫霍面存在一个很大的速度间断，从 6.4 km/s 直接变化到约 7.4 km/s。所有在 GR 洋中脊的速度剖面均缺少标准洋壳的层 3，而我们的速度剖面上都有标准洋壳的层 3，且不存在速度间断，地壳厚度相对较厚，厚度为 4～8 km，由于研究区跨越不同扩张段，其扩张段中心和扩张段两端的地壳厚度有较大差异。有一个共同点是 GR 与 SWIR 洋壳层 2 表层的速度都相对较低，其可能的原因为观测点位于或靠近扩张中心，有新鲜的岩浆出现在上地壳中（Libak et al.，2012）。

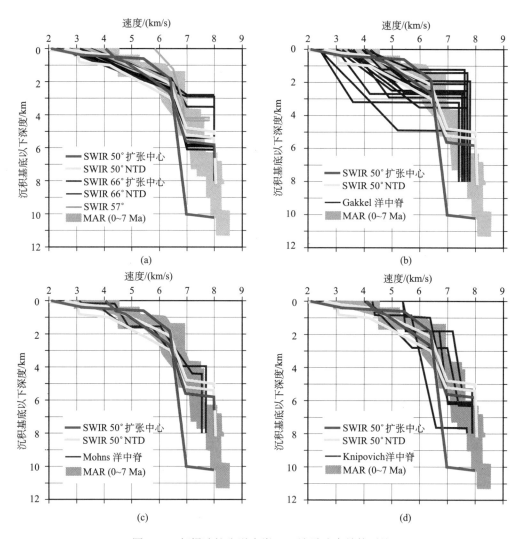

图 7-33　超慢速扩张洋中脊 1-D 地震速度结构对比

（a）SWIR 50°E、57°E（Muller et al.，2000）与 66°E（Minshull et al.，2006）的地壳结构对比；（b）SWIR 50°E 与 Gakkel 洋中脊地壳结构对比（Jokat and Schmidt-Aursch，2007）；（c）SWIR 50°E 与 Mohns 洋中脊地壳结构对比（Klingelhöfer et al.，2000）；（d）SWIR 50°E 与 Knipovich 洋中脊地壳结构对比（Kandilarov et al.，2010）。SWIR 50°E 的结果选自 2-D 测线 X1X2。Gakkel 洋中脊、Mohns 洋中脊和 Knipovich 洋中脊的速度结构数字化自 Libak 等（2012）。阴影区为大西洋中脊 0～7 Ma 的速度结构范围（White et al.，1992）

与 Mohns 洋中脊（MR）（Klingelhöfer *et al.*，2000）进行对比［图 7-33（c）］，可以看出速度模型洋壳层 2 较相似，洋壳层 3 有差异，SWIR 50°E 地壳较厚，表明附近的岩浆供给比 Mohns 洋中脊充足。Mohns 洋中脊地壳厚度约 4 km，其速度结构包括速度约 3 km/s 的较薄的洋壳层 2A、速度范围为 4～5 km/s 的约 1.5 km 厚的洋壳层 2B 及速度范围为 6～7 km/s 的约 2 km 厚的洋壳层 3。SWIR 50°E 的洋壳层 2A 也相对较薄，但沿洋中脊有厚度变化（0.5～1.1 km），其特征与中速扩张洋中脊的洋壳层 2A 类似，如 Valu Fa 洋中脊，洋壳层 2A 厚度为 0.4～1.0 km（Jacobs *et al.*，2007）。

与 Knipovich 洋中脊（KR）（Kandilarov *et al.*，2010）的速度结构对比［图 7-33（d）］，表明洋壳层 2 速度梯度差异较大，洋壳层 3 速度梯度最为接近。KR 的速度模型中洋壳包括两层。其中，洋壳层 2 速度值为 4～6 km/s，厚度由 1 km 变化到 3 km；洋壳层 3 速度值为 6.3～7.5 km/s，厚度由 3 km 变化到 5 km。其地壳厚度最厚达 8 km，且有较低的速度，与其他几处超慢速扩张洋中脊不同。可能预示着本书研究区与 KR 都曾经岩浆供给充足。

需要指出的是，SWIR 50°E 的上地幔顶部速度为 8.0 km/s，比 GR（7.4～7.7 km/s）、MR（7.5～7.7 km/s）和 KR（7.6～7.9 km/s）高，其可能的原因是 SWIR 50°E 地壳较厚，大于发生蛇纹石化作用的最大深度 5 km（Minshull *et al.*，1998），而其他洋中脊可能存在蛇纹石化地幔。

通过与全球几处超慢速扩张洋中脊的速度结构对比，可以得出虽然超慢速扩张洋中脊扩张速率接近，但其地壳结构大不相同（Libak *et al.*，2012）。这些观测结果可以确定超慢速扩张洋中脊的地壳结构与扩张速率没有很大的相关性，而地壳下面的地幔特征（温度、岩浆是否充足）对洋中脊下熔融体的形成有很大影响（Korenaga，2011）。所以，不同的地幔温度、不同的地幔成分或不同的岩浆供给量是观测到不同区域超慢速扩张洋中脊有不同地壳结构的主要原因（Libak *et al.*，2012）。

7.3.2 关于洋壳厚度

根据 3-D 层析成像的结果来分析研究区的地壳厚度及其相关地球物理参数的分布是很有意义的，也是主要成果之一。图 7-34 展示了研究区的莫霍面埋深分布（a）、地壳厚度（b）、地壳平均密度（c）及地幔温度分布（d）。计算地壳厚度使用的莫霍面埋深［图 7-34（a）］来自 7 km/s 和 8 km/s 速度等值线深度的加权平均，并结合 2-D 模型中反射震相确定的莫霍面深度来调整，其最终深度位于 7 km/s 和 8 km/s 速度等值线之间并最大程度地与 2-D 模型的莫霍面深度一致，避免了单一速度等值线不能代表整个研究区复杂的地壳构造。可以看出，莫霍面埋深的特征为洋中脊扩张轴部（>8 km）比两侧（约 8 km）埋深大，NTD 区域比岩浆扩张段稍浅，埋深最大处（>11 km）位于 Seg27，最浅处位于 Seg28 南侧（约 6 km）。莫霍面的展布特征在一定程度上影响着其上覆地壳的厚度。

图 7-34（b）为研究区的地壳厚度分布，使用研究区的莫霍面埋深与多波束水深数据（图 7-1）计算得到。虽然研究区水深变化较大，但地壳厚度的分布趋势与莫霍面埋深基本类似，地壳厚度普遍大于 5 km，最薄处在 Seg28 南侧，达 4 km。在 Seg28 和 Seg27

扩张段中心地壳厚度增大（>7 km），最大处位于 Seg27 的扩张中心，达 10 km。我们得到的地壳厚度分布趋势与 Zhao 等（2013）关于 Seg28 层析成像的结果基本一致，但本书得到的模型和结果更为平滑，使得在 NVR 区域地壳厚度比 Zhao 等（2013）得到的结果偏小（约 1 km），在 Seg28 南侧偏大（约 1 km）。与重力得到的地壳厚度基本一致（Mendel *et al.*，2003；Zhang *et al.*，2013），但在 Seg27 厚度稍大（约 2 km）。表明有必要对研究区的密度分布进行研究（Minshull and White，1996），并分析地震地壳厚度与重力地壳厚度有差异的原因。

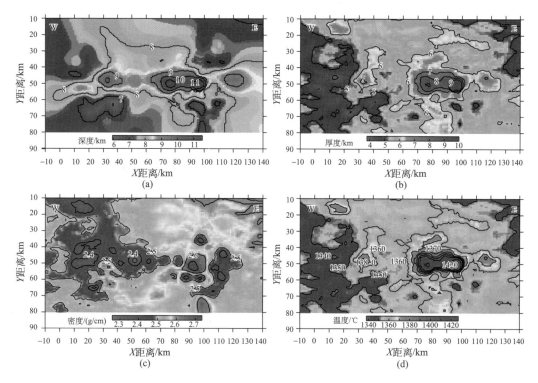

图 7-34　研究区的莫霍面埋深（a）、地壳厚度（b）、地壳平均密度（c）和地幔温度（d）

等值线间距均为对应色标的最小刻度，图中所标数字为该等值线的值；纵轴放大倍数 V.E=1

图 7-34（c）展示的是研究区的密度分布。首先计算每一点的平均速度，再使用速度和密度（Carlson and Herrick，1990）的关系式得到密度值：

$$\rho = 3.81 - 6.0 / V_P \tag{7-2}$$

结果表明，高密度值集中在扩张中心的隆起区，在 Seg28 与地形对应较好，低密度值分布在 NTD 区域。Seg27 的高密度区域非常集中，范围小于厚地壳的分布，周围存在较低密度区域，这可能是导致重力计算出的地壳厚度偏小的原因。同时还可以推断，尽管 Seg27 表现为较多的物质供给，并且有向西迁移的趋势，但并没有影响到 Seg28，至少在浅层没有影响，Seg28 有独立的熔融供给源（Zhao *et al.*，2013）。

图 7-34（d）展示了超慢速扩张洋中脊（全扩张速率为 14 mm/a）生成相应厚度熔融

物（地壳）在上地幔 100 km（从海底面算起）处所需的温度（Cannat et al.，2008）。计算时设定 6 km 厚度的正常地壳对应的温度为 1360 ℃。由于所需温度与生成熔融物厚度的关系接近线性，温度分布与地壳厚度分布相似，在 Seg28 和 Seg27 下方温度高，分别为 1380 ℃和 1420 ℃，表明研究区下方存在偏热的地幔。

Sauter 等（2009）通过对地形和重力数据的分析，指出 Indomed 和 Gallieni 转换断层之间区域性厚地壳和热的地幔与其相邻的洋中脊段有关。Gallieni 转换断层西部的低磁异常也表明该区域的地幔温度和岩浆活动足够高并达到岩浆分馏的温度（Sauter et al.，2004）。另外，本区域玄武岩中的低 Na8.0 值也表明此处产生的岩浆熔融比临近的水深大的洋中脊段多（Cannat et al.，2008）。其他的地球化学证据如 (Sm/Yb) n 或 CaO/Al$_2$O$_3$，也都支持该区域有较高地幔温度和充足的熔融供给（Meyzen et al.，2003）。

区域性的厚地壳可以用地幔温度增加（Cannat 等，2008）或熔融供给增多（Zhou and Dick，2013）解释。使用 Cannat 等（2008）的地幔熔融模型，根据研究区的平均地壳厚度得到其地幔温度分布［图 7-34 (d)］。较高的地幔温度（1420 ℃）与玄武岩 Na8.0 值低一致（Cannat et al.，2008）。Morgan（1972）指出在地幔流驱动的洋中脊扩张理论中，其对洋中脊的影响主要表现为地幔温度、洋中脊地形和地壳厚度的增加。然而，Zhou 和 Dick（2013）尝试用熔融增加时形成低密度亏损地幔，而不是地壳厚度和地幔温度的增加来解释 SWIR 的地壳特征，对地幔柱理论进行了质疑。但这与在本研究区的区域性厚地壳并不矛盾，Indomed 和 Gallieni 转换断层之间地壳厚度增加是 10～8 Ma 发生的新事件，而在此之前该区域的地壳可能较薄（Sauter et al.，2009）。总之，由我们的结果得到的厚地壳模型表明地幔柱理论在此区域仍然适用。

对导致地幔出现温度异常和熔融供给增多原因的主流观点认为是 SWIR 受 Crozet 热点影响的结果（图 7-35）（Sauter et al.，2009）。认为在 IN TF 与 GA TF 两大转换断层之间（46°E 和 52°20'E），相对于其他扩张段存在更厚的地壳和更热的地幔，其玄武岩的地球化学特征与来自 Crozet 热点的物质的贡献一致，进而推测这种熔融异常可能是由于地幔从 Crozet 热点向 SWIR 外涌产生的。在 8～10 Ma（C$_{4n}$-C$_{5n}$），洋中脊（47°15'～49°30'E）有一次极端突然的很大的岩浆加强事件，岩浆活动从 Seg27 的中间开始，然后沿中轴向东或者向西传输，另外，瑞雷波的地震层析成像也表明（Debayle et al.，2005），IN TF 与 GA TF 之间洋中脊下面存在明显的低速异常；氦同位素比值（^{4}He/^{3}He<80000）明显低于洋中脊玄武岩（MORB）平均的氦同位素比值，表明是非脱气的和非亏损 OIB 源的贡献（Gautheron et al.，2008）。

综上所述，在超慢速扩张洋中脊发现的厚地壳使得地壳厚度和扩张速率及岩浆供给的关系变得更加复杂（White et al.，2001；Cannat et al.，2008；Sauter and Cannat，2010；Sauter et al.，2011；Zhang et al.，2013），对其温度突然增高或熔融供给增加可能的解释是受热点影响或洋中脊本身供给增多等，但有待于进一步深入研究。另外，岩浆供给增多的意义还表明本研究区在地质成矿方面有更大的价值，优于其他超慢速扩张洋中脊。

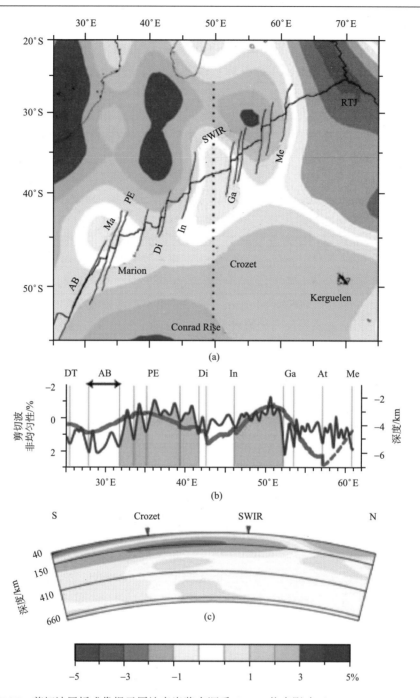

图 7-35 剪切波层析成像揭示厚地壳岩浆来源受 Crozet 热点影响（Sauter *et al.*，2009）

（a）75 km 深处剪切波速度扰动水平切片，虚线为图（c）的位置；（b）沿洋中脊轴剪切波的不均匀性与水深的对比，其趋势高度一致，红线为剪切波的不均匀百分比，蓝线为水深，橙色区域为预测的厚地壳区域；（c）图（a）虚线处的垂直切片，从 Crozet 热点下方延伸至 SWIR 下方的低速异常表明 Crozet 热点为 SWIR 50°E 处提供了充足的岩浆

7.3.3　热液喷口与构造关系

热液活动至少需要满足两个条件：热源和通道。研究区的活动热液喷口位于 Seg28 的西端和 Seg27 的中心。地形差异明显，活动热液喷口位于裂谷中，其南侧地形隆起，Seg27 的活动喷口位于隆起的扩展轴上，表明存在不同的构造影响着热液活动。Zhao 等（2013）对 Seg28 的初至波层析成像研究表明，Seg28 南侧的隆起区为拆离断层，为热液活动提供了可能的通道。本书的 2-D 模型、3-D 层析成像的结果及多波束地形数据，进一步确认了热液喷口周围存在拆离断层，解释了热液活动得以发生的主要原因。

拆离断层和大洋核杂岩（OCC）是大洋中脊中发展的重要构造，是近些年被广泛发现和提及的一种新的大洋中脊中的断层模式（Blackman *et al.*，2009），通常认为拆离断层的发育与热液活动相伴相生（Seher *et al.*，2010）。拆离断层一般是长期活动的、低角度的（15°～30°）、大断距的正断层（Cheadle and Herrick，2010；Olive *et al.*，2010），大部分形成于中速、慢速和超慢速扩张洋中脊的内侧角上，所处的地壳年龄较为年轻，为 0～10 Ma，具有不对称扩张的特点，有拆离断层的一侧扩张速率更快。从洋中脊取得的大量的多波束数据和侧扫声纳数据处理后可以看出，拆离断层可以分为脱离带、大洋核杂岩和末端三个部分（Tucholke *et al.*，1998），其中大洋核杂岩以其特殊的地貌特征被深入研究，通常为宽阔的、穹状形状、有巨大窗棂构造的构造单元，或者是有条痕状构造的、擦痕与洋中脊扩张方向平行的构造单元（Cannat *et al.*，2006；Ildefonse *et al.*，2007；John and Cheadle，2010）。从大洋核杂岩穹状面取得的岩心得到的代表性岩石为辉长岩（Smith *et al.*，2006），说明大洋核杂岩下具有一个大的辉长岩体。发育大洋核杂岩和海洋拆离断层的区域有着升高的布格重力异常（Tucholke *et al.*，2008），地壳的 P 波速度更快，莫霍面有所抬升（Ohara *et al.*，2007；Dannowski *et al.*，2010）。广泛被认同的观念认为拆离断层起源于岩浆供给不足的区域，大多是在洋脊段的末端，其演化会受到上地幔辉长岩体侵入的影响（Blackman *et al.*，2009；John and Cheadle，2010）。

本书的 2-D 和 3-D 速度模型均显示 Seg28 扩张段 NVR 有较厚的地壳，表明岩浆供给充足，而在此区域发现持续活动达 2 Ma 的拆离断层，与传统认为拆离断层起源于岩浆供给不足的区域并大多是在洋脊段的末端的认识不一致，这一现象可能的原因有三种：①Seg28 在地质历史时期岩浆供给不足，且持续大于 2 Ma；②Seg28 形成较晚，在地质历史时期为 Seg27 的末端，缺乏岩浆，这种可能与 Seg28 和 Seg27 之间的 NTD 规模较小（约 10 km）相一致；③岩浆供给增多对拆离断层继续发育没有影响（Olive *et al.*，2010），拆离断层开始形成于岩浆供给少的时期，在 2 Ma 内 Seg28 的岩浆供给增多，但岩浆侵入发生在韧性的软流圈，对拆离断层的影响不大，使得其继续发育。

热液活动区的拆离断层作为通道，使得海水与 Seg28 扩张段的岩浆源相互作用，形成了热液活动，拆离断层及其影响产生的小断裂持续活动，热液活动也持续发生。另外，对热液活动区微震的研究可以对热液通道的形态和位置特征等进一步确认，这将是以后工作的重点。总之，拆离断层及其与热液喷口相关的研究还有许多问题等待解决，还将是未来洋中脊研究的热点。

　　另外，高分辨率的多波束地形数据也为识别该拆离断层提供了依据，通过在多波束地形图（图 7-36）上确定拆离断层的起始破碎点及末端（终止点），得到该拆离断层的长度约 14 km，OCC 穹状面宽约 2.6 km。以 7 mm/a 的半扩张速率（Chu and Gordon，1999）计算，该拆离断层持续活动了约 2 Ma（Zhao et al.，2013），与其他已知的拆离断层活动时间相当（Tucholke et al.，1998）。

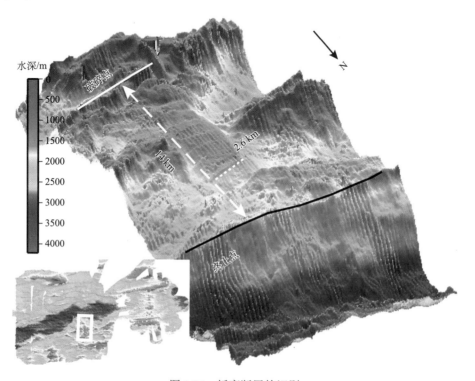

图 7-36　拆离断层的识别
左下角插图中白色方框为本图在研究区的位置

参 考 文 献

敖威，赵明辉，丘学林等. 2010. 西南印度洋中脊三维地震探测实验中炮点与海底地震仪的位置校正.
　　地球物理学报, 53(12): 2982-2991.
牛雄伟，李家彪，阮爱国等. 2015. 超慢速扩张洋中脊 NTD 的蛇纹石化地幔: 海底广角地震探测. 科学
　　通报, 60: 952-961.
阮爱国，李家彪，陈永顺等. 2010. 国产 I-4C 型 OBS 在西南印度洋中脊的试验. 地球物理学报, 53(4):
　　1015-1018.
张佳政，赵明辉，丘学林等. 2012. 西南印度洋中脊热液 A 区海底地震仪数据处理初步成果. 热带海洋
　　学报, 31: 79-89.
赵明辉，丘学林，李家彪等. 2010. 慢速、超慢速扩张洋中脊三维地震结构研究进展与展望. 热带海洋学
　　报, 29(6): 1-7.
Blackman D K, Canales J P, Harding A. 2009. Geophysical signatures of oceanic core complexes.
　　Geophysical Journal International, 178(2): 593-613.

Cannat M, Rommevaux-Jestin C, Sauter D, *et al.* 1999. Formation of the axial relief at the very slow spreading Southwest Indian Ridge (49° to 69°E). Journal of Geophysical Research: Solid Earth, 104(B10): 22825-12843.

Cannat M, Sauter D, Mendel V E, *et al.* 2006. Modes of seafloor generation at a melt-poor ultra-slow-spreading ridge. Geology, 34(7): 605-608.

Cannat M, Sauter D, Bezos A C, *et al.* 2008. Spreading rate, spreading obliquity, and melt supply at the ultraslow spreading Southwest Indian Ridge. Geochemistry Geophysics Geosystems, 9(4): Q04002.

Carlson R L, Herrick C N. 1990. Densities and porosities in the oceanic crust and the irvariations with depth and age. Journal of Geophysical Research, 95: 9153-9170.

Cheadle M J, Grimes C B. 2010. Structural geology: To fault or not to fault. Nature Geoscience, 3: 454-456.

Chu D, Gordon R G. 1999. Evidence for motion between Nubia and Somalia 587 along the Southwest Indian Ridge. Nature, 398: 64-67.

Dannowski A, Grevemeyer, I, Ranero C R, *et al.* 2010. Seismic structure of an oceanic core complex at the Mid-Atlantic Ridge, 22°19′N. Journal of Geophysical Research: Solid Earth, 115(B7): 1-15.

Debayle E, Kennett B, Priestley K. 2005. Global azimuthal seismic anisotropy ant the unique plate-motion deformation of Australia. Nature, 433(7025): 509-512.

Dick H J B, Lin J, Schouten H. 2003. An ultraslow-spreading class of ocean ridge. Nature, 426: 405-412.

Gautheron C, Bezos A, Moreira M, Humler E. 2008. Helium and trace element geochemical signals in the Southwest Indian Ridge, in Proceedings of the 18th Annual V. M. Goldschmidt Conference Abstract, Geochi Cosmoch Acta.

Hobro J. 1999. Three-dimensional tomographic inversion of combined reflection and refraction seismic traveltime data. Ph. D. thesis, Univesity of Cambridge.

Hobro J, Singh S, Minshull T. 2003. Three-dimensional tomographic inversion of combined reflection and refraction seismic traveltime data. Geophysical Journal International, 152(1): 79-93.

Ildefonse B, Blackman D K, John B E, *et al.* 2007. Integrated Ocean Drilling Program Expeditions 304/305 Science Party. Oceanic core complexes and crustal accretion at slow-spreading ridges. Geology, 35: 623-626.

Jacobs A M, Harding A J, Kent G M. 2007. Axial crustal structure of the Lau back arc basin from velocity modeling of multichannel seismic data. Earth and Planetary Science Letters, 259(3-4): 239-255.

Jian H, Chen Y J, Singh S C, *et al.* 2017. Seismic structure and magmatic construction of crust at the ultraslow-spreading Southwest Indian Ridge at 50°28′E. Journal of Geophysical Research: Solid Earth, 122(1): 18-42.

John B E, Cheadle M J. 2010. Deformation and alteration associated with oceanic and continental detachment fault systems: are they similar? Geological Society of America, 46(5): 175-205.

Jokat W, Schmidt-Aursch M C. 2007. Geophysical characteristics of the ultraslow spreading Gakkel Ridge, Arctic Ocean. Geophysical Journal of the Royal Astronomical Society, 168(3): 983-998.

Kandilarov A, Landa H, Mjelde R, *et al.* 2010. Crustal structure of the ultra-slow spreading Knipovich Ridge, North Atlantic, along a presumed ridge segment center. Marine Geophysical Research, 31(3): 173-195.

Klingelhöfer F, Géli L, Matias L, *et al.* 2000. Crustal structure of a super-slow spreading centre: a seismic refraction study of the Mohns Ridge, 72°N. Geophysical Journal International, 141(2): 509-526.

Korenaga J. 2011. Velocity-depth ambiguity and the seismic structure of large igneous provinces: a case study from the Ontong Java Plateau. Geophysical Journal International, 185(2): 1022-1036.

Li J, Jian H, Chen Y J, et al. 2015. Seismic observation of an extremely magmatic accretion at the ultraslow spreading Southwest Indian Ridge. Geophysical Research Letters, 42(8): 2656-2663.

Libak A, Christian H E, Mjelde R, et al. 2012. From pull-apart basins to ultraslow spreading: Results from the western Barents Sea Margin. Tectonophysics, 514-517(1): 44-61.

Mendel V, Sauter D, Rommevaux-Jestin C, et al. 2003. Magmato-tectonic cyclicity at the ultra-slow spreading Southwest Indian Ridge: Evidence from variations of axial volcanic ridge morphology and abyssal hills pattern. Geochemistry Geophysics Geosystems, 4(5): 9102.

Meyzen C M, Toplis M J, Humler E, et al. 2003. A discontinuity in mantle composition beneath the southwest Indian Ridge. Nature, 421(6924): 731-733.

Minshull T A, White R S. 1996. Thin crust on the flanks of the slow-spreading Southwest Indian Ridge. Geophysical Journal International, 125(1): 139-148.

Minshull T A, Muller M R, Robinson C J, et al. 1998. Is the oceanic Moho a serpentinisation front? In: Mills R A, Harrison K (eds.). Modern Ocean Floor Processes and the Geological Record. Geological Society, London, Special Publications, 148: 71-80.

Minshull T A, Muller M R, White R S. 2006. Crustal structure of the Southwest Indian Ridge at 66°E: seismic constraints. Geophysical Journal International, 166(1): 135-147.

Morgan W J. 1972. Deep mantle convection plumes and plate motions. AAPG Bulletin, 56(2): 203-213.

Muller M R, Robinson C J, Minshull T A, et al. 1997. Thin crust beneath Ocean Drilling Program borehole 735B at the Southwest Indian Ridge? Earth and Planetary Science Letters, 148(1-2): 93-107.

Muller M R, Minshull T A, White R S. 1999. Segmentation and melt supply on the Southwest Indian Ridge. Geology, 27(10): 867-870.

Muller M R, Minshull T A, White R S. 2000. Crustal structure of the South West Indian ridge at the Atlantis II Fracture Zone. Journal of Geophysical Research: Solid Earth, 105(B11): 25809-25828.

Niu X, Ruan A, Li J, et al. 2015. Along-axis variation in crustal thickness at the ultraslow spreading Southwest Indian Ridge (50°E) from a wide-angle seismic experiment. Geochemistry Geophysics Geosystems, 16(2): 468-485.

Ohara Y, Okino K, Kasahara J. 2007. Seismic study on oceanic core complexes in the Parece Vela back-arc basin. Island Arc, 16(3): 348-360.

Olive J A, Behn M D, Tucholke B E. 2010. The structure of oceanic core complexes controlled by the depth-distribution of magma emplacement. Nature Geoscience, 3(7): 491-495.

Paulatto M, Peirce C, Ryan G, et al. 2010. Upper crustal structure of an active volcano from refraction/reflection tomography, Montserrat, Lesser Antilles. Geophysical Journal International, 180(2): 685-696.

Sauter D, Cannat M. 2010. The ultraslow spreading Southwest Indian Ridge diversity of hydrothermal systems on slow spreading ocean ridges. Geophysical Monograph Series, 188(2): 153-173.

Sauter D, Patriat P, Rommevaux-Jestin C, et al. 2001. The Southwest Indian Ridge between 49°15′E and 57°E: Focused accretion and magma redistribution. Earth and Planetary Science Letters, 192(3): 303-317.

Sauter D, Carton H, Mendel V, et al. 2004. Ridge segmentation and the magnetic structure of the Southwest Indian Ridge (at 55°30′E, 55°30′E and 66°20′E): Implications for magmatic processes at ultraslow-spreading centers. Geochemistry Geophysics Geosystems, 5: 374-378.

Sauter D, Cannat M, Meyzen C, et al. 2009. Propagation of a melting anomaly along the ultraslow Southwest Indian Ridge between 46°E and 52°20′E: Interaction with the Crozet hotspot? Geophysical Journal

International, 179(2): 687-699.

Sauter D, Sloan H, Cannat M, et al. 2011. From slow to ultra-slow: How does spreading rate affect seafloor roughness and crustal thickness? Geology, 39(10): 911-914.

Scott C L, Shillington D J, Minshull T A, et al. 2009. Wide-angle seismic data reveal extensive overpressures in the Eastern Black Sea Basin. Geophysical Journal International, 178(2): 1145-1163.

Seher T, Crawford W C, Singh S C, et al. 2010. Crustal velocity structure of the Lucky Strike segment of the Mid-Atlantic Ridge at 37°N from seismic refraction measurements. Journal of Geophysical Research Atmospheres, 115(B3): 153-164.

Smith D K, Cann J R, Escartín J. 2006. Widespread active detachment faulting and core complex formation near 13 degrees N on the Mid-Atlantic Ridge. Nature, 442(7101): 440-443.

Snow J E, Edmonds H N. 2007. Ultraslow-spreading ridges: Rapid paradigm changes: Oceanography. Oceanography, 20(1): 90-101.

Tucholke B E, Lin J, Kleinrock M C. 1998. Megamullions and mullion structure defining oceanicmetamorphic core complexes on the Mid-Atlantic Ridge. Journal of Geophysical Research: Solid Earth, 103(B5): 9857-9866.

Tucholke B E, Behn M D, Buck W R, Lin J. 2008. Role of melt supply in oceanic detachment faulting and formation of megamullions. Geology, 36(6): 455-458.

White R S, McKenzie D, O'Nions R K. 1992. Oceanic crustal thickness from seismic measurements and rare earth element inversions. Journal of Geophysical Research: Solid Earth, 97: 19683-19715.

White R S, Minshull T A, Bickle M, Robinson C J. 2001. Melt generation at very slow-spreading oceanic ridges: constraints from geochemical and geophysical data. Journal of Petrology, 42(6): 1171-1196.

Zhang T, Lin J, Gao J Y. 2013. Magmatism and tectonic processes in the area of hydrothermal vent on Southwest Indian Ridge. Science China: Earth Science, 56(12): 2186-2197.

Zhao M H, Qiu X L, Li J B, et al. 2013. Three-dimensional seismic structure of the Dragon Flag oceanic core complex at the ultraslow spreading Southwest Indian Ridge (49°39′E). Geochemistry Geophysics Geosystems, 14(10): 4544-4563.

Zhou H Y, Dick H J B. 2013. Thin crust as evidence for depleted mantle supporting the Marion Rise. Nature, 494(7436): 196-201.

第8章　横波与多次波的应用

将 OBS 放置海底，并配置水平分量检波器的目的之一是获得 S 波记录。这里有两种情况，一是人工源（气枪）地震试验，由于震源在海水面之下（5～10 m），而水的剪切模量为零，不能传播 S 波，所以记录的 S 波为来自地球内部速度差异界面的 PS 转换波，性质为 SV 波；二是被动源观测，记录的 S 波也来自地球内部，但其震源是断层错动产生的，所以不仅有 P 波而且还有 SV 和 SH 波，并经过全球范围的传播，通过各种速度差异圈层，所以 S 波具有很多种类，包括各种转换波（参见第 9 章天然地震部分）。将 P 波与 S 波震相结合，可以丰富地壳或岩石圈纵波速度模型之外的其他信息（常用的有泊松比），有利于对岩石性质做出判断。在 OBS 广角地震探测中，经常可以见到能量很强、连续性很好的多次波震相，但对于如何确定这些多次波的属性，以及怎样充分利用它们来约束地下的结构特征值得进一步研究。多次波是指某种地震波在某些地层中经过多次反射或折射再出射，有些情况下其振幅强于一次波，它们与一次波或它们之间的时差可以反映层界面之间的厚度和速度，有助于建模反演，如可用于沉积层的细分层、莫霍面附近下地壳高速层的识别等。本章以南海的实际地震工作为例（Wei *et al.*，2015），介绍 OBS 记录的人工源试验的横波和多次波的应用。

8.1　转换横波的识别

8.1.1　两种转换模式

实施 OBS 探测时，气枪震源在海水中爆破，向下入射并穿过海底的只是声波（P 波），OBS 接收到的 S 波信息都是由 P 波在海底以下主要速度间断面上转换产生的，转换横波的产生需要存在明显速度或密度差异的物理界面，如海底面、沉积基底面、莫霍面等，并且要有较大的偏移距和入射角（Digrances *et al.*，1998）。OBS 记录到的转换横波震相主要有 PPS 和 PSS 两种模式（Zhao *et al.*，2010；Wei *et al.*，2015）（图 8-1）。PPS 转换模式是

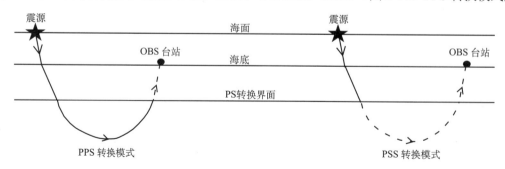

图 8-1　两种 PS 转换模式，PPS 和 PSS 示意图

实线代表 P 波射线，虚线代表 S 波射线

P 波在 OBS 台站下面的速度间断面向上传播转换为 S 波，而 PSS 模式是纵波向下传播时，在气枪震源下方的速度间断面上转换为 S 波。相比于 PPS 模式，PSS 模式的转换波走时更慢，视速度更低，蕴含着更多的 S 波速度信息（Kodaira *et al.*, 1996; Mjelde *et al.*, 2007）。

8.1.2 震相拾取

首先对 OBS 数据进行处理，包括炮点坐标和时间的校正、OBS 坐标校正、钟漂的校正和滤波（参见第 5 章 5.3 节）。利用记录的 OBS 水平分量方位角（或通过其他办法获得），将两水平分量合成，获得沿测线的径向分量，即 SV 波记录，根据运动学（走时和视速度）和动力学（粒子运动轨迹）来识别转换横波震相。图 8-2 给出了经上述处理得到的南海礼乐滩 OBS973-2 测线 OBS03 站位的垂直分量和径向分量地震记录剖面。折合速度取 8 km/s，滤波通带为 3～15 Hz，可以看出得到的径向分量确实是 S 波记录，在两个记录剖面相同位置时间差显著；所拾取的 S 波记录时段内粒子的水平运动能量远大于垂直分量。

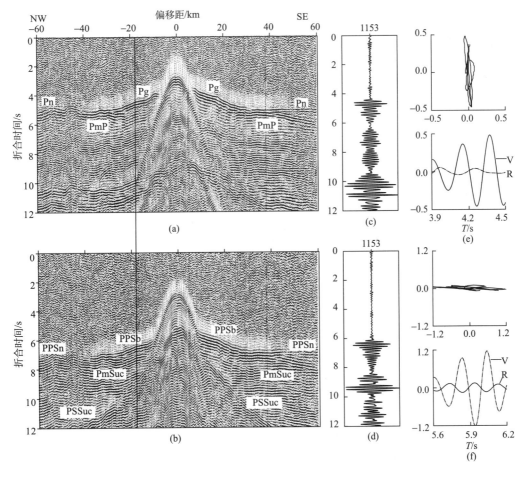

图 8-2 横波的识别方法及流程

（a）OBS03 台站的垂直分量；（b）OBS03 台站的径向分量；（c）垂直分量中第 1153 炮的波形记录；（d）径向分量中第 1153 炮的波形记录；（e）第 1153 炮 3.9～4.2 s 时段两个分量合成粒子运动轨迹和波形；（f）第 1153 炮 5.6～6.2 s 时段两个分量合成粒子运动轨迹和波形

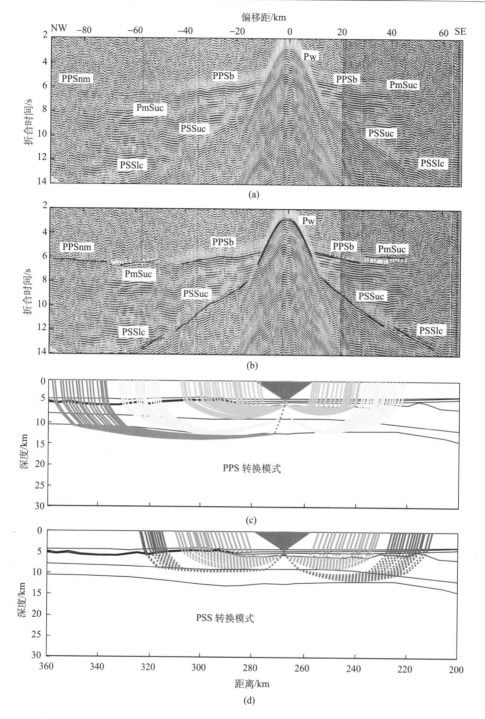

图 8-3　横波（S 波）的射线追踪模拟和震相拾取

（a）南海礼乐滩 OBS973-2 测线 OBS05 台站的径向分量记录剖面和转换波拾取，折合速度取 8 km/s，滤波通带 3～15 Hz；（b）所拾取的 PPS 和 PSS 模式震相（短划线）与模型射线追踪得到的震相（实线）的比较；（c）PPS 震相的射线追踪，（d）PSS 震相的射线追踪，其中的实线表示 P 波，点线表示 S 波然后从每个 OBS 台站的径向分量记录剖面拾取转换横波。图 8-3 给出了南海礼乐滩 OBS 973-2 测线 OBS05 台站的横波射线追踪模拟和震相拾取，拾取的转换横波震相有：PPSb 是地壳中的折射 Pg 在沉积基底发生 PPS 模式转换后，向上折射形成；PmSuc 是莫霍面反射纵波在上地壳底部经过 PPS 模式转换为横波；PPSn 震相是 Pn（上地幔折射）震相在莫霍面发生 PPS 模式转换为横波；PSSuc 是在海底面之下纵波以 PSS 模式转换为上地壳内部的横波。其实，震相的拾取、检验和正演模拟是同步进行的，将人工合成剖面与地震记录剖面进行对比，使之具有很好的一致性，目的就是保证识别的震相准确并与模型相配。

8.2　S 波的反演建模

8.2.1　走时模拟及反演

以 P 波速度模型（Ruan *et al.*，2011）为初始模型，保持模型界面不变，利用识别出的不同界面的转换震相，通过修改 P 波结构模型中不同梯形模块的泊松比来模拟。以南海礼乐滩 OBS973-2 测线为例（Wei *et al.*，2015），从测线上 15 个 OBS 台站（共 17 个，丢失 2 台）共拾取 PPS 模式震相 2054 个，PSS 模拟震相 612 个。

初始速度结构模型共分为 7 层，分别为海水层、沉积层（3 层）、上地壳、下地壳和上地幔。从 15 个 OBS 台站的震相拟合情况可以看出，识别到的 S 波震相主要是在海底面、沉积基底面、上地壳底部和莫霍面几个主要界面上转换产生的。S 波速度结构模拟中，将 P 波速度结构作为初始模型，设置模型中每层的泊松比，确定 S 波转换界面，模拟计算理论走时，并与实际观测走时比较，修改转换 S 波射线路径所对应于模型中"block"的泊松比，使得理论计算结果和实测结果逼近，从而得到 S 波速度结构和波速比结构。例如，OBS05 台站下各转换界面产生的转换 S 波震相沿 SE 和 NW 方向分别传播 62 km 和 90 km，分别识别出了 PPS 模式的转换 S 波震相 PPSuc、PmSuc、PPSn 和 PSS 模式的转换震相 PSSuc、PSSlc。PmSuc 震相在 SE 方向偏移距为 30～62 km，而在 NW 方向的偏移距最远达到 70 km；而 PPSn 震相在该台站只在一支识别出来，其偏移距达到 90 km；PSSuc 和 PSSlc 分别为上地壳和下地壳内部的 PSS 模式的转换 S 波震相，都是在海底面发生 PS 转换形成的。图 8-3 显示各组震相都得到较好的拟合。

采用 2-D 射线追踪正演来进行模拟（Zelt and Smith，1992）。模拟过程中，我们遵循由浅部到深部，由单台到多台的原则，15 台 OBS 相互约束，共同拟合，得到 OBS973-2 测线的 S 波速度结构和波速比结构（图 8-4）。

8.2.2　模型不确定性分析

检验模型的可靠程度是通过在射线追踪过程中计算的走时残差及 χ^2（实际观测走时与理论计算走时的拟合程度，越接近 1 表示拟合越好）来进行，同时也可以通过绘制射线密度覆盖图对数据的可靠性进行判断。研究中，震相拾取时，我们根据数据质量的好坏人为设定拾取误差为 ±60～±120 ms。模拟结果表明各种震相走时拟合均方差（RMS）均较小，χ^2 为 0.6～1.9，表明震相拟合较好（表 8-1）。整条测线速度模型的射线密度分布（图 8-4）表明，射线覆盖次数普遍大于 5 次，主要集中在 10～40 次，对整个模型有较好的覆盖，保证了模型的可靠性，因而模型结果有较好的约束和分辨率。

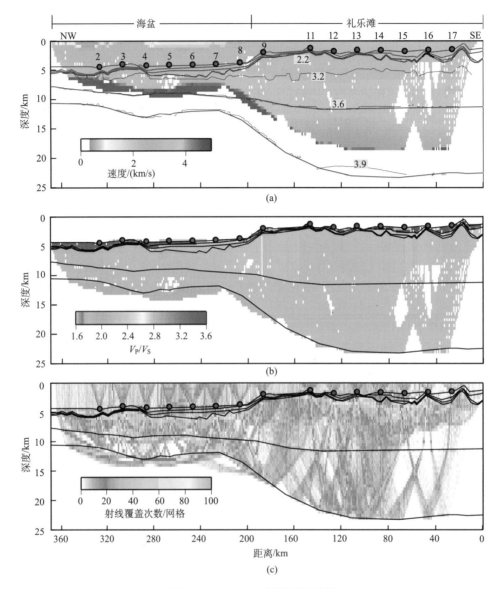

图 8-4　OBS973-2 剖面反演结果

（a）OBS973-2 测线的 S 波速度模型；（b）V_P/V_S；（c）射线密度分析（计算网格 1 km× 0.5 km）

表 8-1　OBS973-2 测线的 S 波震相拾取数、拾取误差、拟合均方差 RMS、χ^2 值、转换模式和界面

台站	转换模式	震相	拾取数	拾取误差	拟合均方差	χ^2	转换界面
OBS02	PPS	PPSb	77	0.08	0.163	1.366	沉积基底
		PPSg	50	0.10	0.104	1.020	沉积基底
		PmSb	10	0.07	0.07	1.245	沉积基底
		PPSnb	14	0.16	0.186	1.568	沉积基底
	PSS	PSSuc	55	0.16	0.193	1.808	沉积基底

台站	转换模式	震相	拾取数	拾取误差	拟合均方差	χ^2	转换界面
OBS03	PPS	PPSb	85	0.10	0.107	1.087	沉积基底
		PmSuc	54	0.12	0.135	1.233	上地壳
		PPSnm	31	0.18	0.193	1.164	莫霍面
		PSSuc	44	0.18	0.198	1.174	海底面
	PSS	PSSlc	18	0.18	0.183	0.993	海底面
OBS04	PPS	PPSb	48	0.16	0.170	1.158	沉积基底
		PmSb	25	0.12	0.136	1.337	沉积基底
		PPSnb	38	0.12	0.163	1.911	沉积基底
	PSS	PSSuc	32	0.12	0.128	1.153	海底面
OBS05	PPS	PPSb	44	0.14	0.154	1.891	沉积基底
		PmSuc	99	0.14	0.145	1.287	上地壳
		PPSnm	17	0.10	0.090	0.594	莫霍面
	PSS	PSSuc	42	0.18	0.197	1.984	海底面
		PSSlc	28	0.16	0.175	1.128	海底面
OBS06	PPS	PPSb	66	0.16	0.192	1.695	沉积基底
		PmSuc	9	0.10	0.082	0.880	上地壳
		PPSnuc	21	0.20	0.202	1.665	上地壳
	PSS	PSSuc	38	0.20	0.255	1.931	海底面
OBS07	PPS	PPSb	43	0.10	0.166	1.953	沉积基底
		PmSb	39	0.12	0.165	1.941	沉积基底
		PPSnb	74	0.20	0.215	1.36	沉积基底
	PSS	PSSuc	58	0.10	0.106	1.147	海底面
OBS08	PPS	PPSb	93	0.14	0.163	1.379	沉积基底
		PmSb	85	0.18	0.183	1.116	沉积基底
		PPSnb	13	0.08	0.095	1.123	沉积基底
	PSS	PSSucb	37	0.14	0.173	1.852	沉积基底
OBS09	PPS	PPSb	97	0.16	0.076	1.954	沉积基底
		PmSb	40	0.16	0.163	1.102	沉积基底
		PPSnuc	26	0.12	0.121	1.146	上地壳
	PSS	PSSuc	33	0.20	0.194	1.421	海底面
OBS11	PPS	PPSb	133	0.12	0.130	1.164	沉积基底
		PmSuc	24	1.14	0.147	1.042	上地壳
	PSS	PSSuc	32	0.20	0.208	1.056	海底面
OBS12	PPS	PPSb	72	0.12	0.162	1.822	沉积基底
		PmSb	64	0.12	0.158	1.744	沉积基底
	PSS	PSSlu	59	0.20	0.221	1.396	海底面
OBS13	PPS	PPSb	96	0.16	0.184	1.243	沉积基底
		PmSm	38	0.20	0.246	1.565	莫霍面
OBS14	PSS	PSSuc	26	0.20	0.231	1.432	海底面
		PSSlc	11	0.20	0.142	0.762	海底面
	PPS	PPSb	98	0.10	0.115	1.117	沉积基底
		PmSuc	14	0.14	0.181	1.807	上地壳
	PSS	PSSuc	35	0.18	0.193	1.135	海底面
OBS15	PPS	PPSb	127	0.20	0.202	1.009	沉积基底
		PmSuc	26	0.18	0.193	1.124	上地壳
	PSS	PSSuc	38	0.14	0.148	1.018	海底面
OBS16	PPS	PPSb	103	0.12	0.171	1.607	沉积基底
	PSS	PSSuc	17	0.12	0.123	1.008	海底面
OBS17	PPS	PPSb	48	0.12	0.168	1.541	沉积基底
		PmSuc	13	0.10	0.123	1.256	上地壳
	PSS	PSSuc	9	0.08	0.83	1.106	海底面

S 波速度结构的不确定性在很大程度上依赖于 P 波结构模型的不确定性（Kodaira et al., 1996；Mjelde et al., 2007）。由于垂直分量的数据质量比水平分量的数据质量高，同时 P 波结构模型中的速度界面也控制了转换界面，因此利用 P 波结构模型作为 S 波速度结构模拟的起始模型可以大大降低 S 波速度结构的不确定性。

8.3　由 S 波结构讨论南海共轭问题

8.3.1　礼乐滩及附近海盆的地壳结构特征

穿越礼乐滩的 OBS973-2 测线的 S 波速度模型和 V_P/V_S 值可以使我们深入了解其地壳结构。结果表明，下地壳 S 波速度为 3.6～4.0 km/s，V_P/V_S 值为 1.75～1.80，没有发现高速层。说明是非火山型地壳，在张裂过程中没有明显的岩浆底侵作用。礼乐陆块的上地壳 S 波速度为 2.5～3.6 km/s，V_P/V_S 值平均为 1.75，而异常区为 1.78～1.82。相对较低的 S 波速伴随较高的 V_P/V_S 值，表明异常区上地壳存在断层。这个速度异常区对应一系列的半地堑构造，一些断裂切穿了沉积基底甚至到下地壳，就像多道地震剖面揭示的那样。

8.3.2　礼乐滩与中沙块体互为共轭

根据岩石学和地球物理资料，认为南海南部边缘是新生代逐步从华南大陆分离出来的，在南海海底扩张和形成过程中向南运动到现今位置。礼乐滩的钻井遇到早白垩世海相砂岩和页岩（Taylor and Hayes，1983）。南海的拖网样品表明，中沙、西沙和南沙具有陆壳基底的特征（Kudrass et al., 1986），进一步的岩性分析认为这些中生代沉积源自华南大陆，海底扩张前礼乐滩为华南陆缘的一部分（Sales et al., 1997）。南海新生代构造演化表现出陆壳自北向南裂离的特点，东沙、中-西沙、南沙和北巴拉望具有良好的亲缘性（Li，1997）。物理模拟表明，礼乐滩是和中沙地块、西沙地块等类似的刚性地块，新生代变形作用较弱（Sun et al., 2009）。

关于南海北部陆缘与南部陆缘的具体共轭对应边（或点），还不清楚，两边的几何相似性与南海的磁异常分布不谐调。Yao（1996）根据东部海盆 EW 向的磁异常条带，认为礼乐滩与东沙群岛互为共轭。Barckhausen 和 Roeser（2004）认为中沙块体和礼乐滩是同一个陆块在 25 Ma 的裂离形成。Hao 等（2011）根据磁性基底和重力深部结构，指出中沙隆起和礼乐盆地在海盆拉张前应为同一块体。我们前期的研究（阮爱国等，2011）根据北部陆缘 OBS2006-1 测线和礼乐滩 OB973-2 测线的 P 波速度结构之间的相似性，指出礼乐滩和中沙隆起互为共轭。前期研究得到的南海北部陆缘东北部的 OBS2001 测线陆坡处上地壳平均泊松比为 1.74～1.76，并推测由花岗岩组成，下地壳存在泊松比为 1.76～1.94 铁镁质的高速层，洋盆处地壳的平均波速比为 1.80～1.94，可能为基性-超基性成分（Zhao et al., 2010）。位于东沙隆起的 OBS2006-3 测线，陆坡上地壳平均泊松比为 1.74～1.76，下地壳存在平均波速比为 1.73～1.78 的铁镁质基性岩（卫小冬等，2011），本书获得的 OBS973-2 测线的 S 波速度模型表明，礼乐滩的 S 波速度结构与北部陆缘东沙附近有差异，不存在互为共轭的关系。我们认为礼乐滩和中沙隆起互为共轭的可能性更大，因为北部陆缘东北段下地壳存在高速层，而礼乐滩和北部陆缘西段的下地壳都没有高速层显示。

8.4　多次波的应用

8.4.1　多次波概念

以海洋深部构造为目标的 OBS 人工源探测，往往以广角反射/折射方式进行，并通过射线追踪走时正反演技术来建模。模拟和迭代拟合的震相大都是初至波或反射较强的一次波，主要包括直达水波（Pw）、地壳内折射波（Pg）、地幔顶层的折射波（Pn）。高质量的 OBS 记录中还会有具有重要意义的莫霍面反射波（PmP）。由于海盆沉积大多比较薄，很难获取沉积层内的反射或折射。当然在陆架盆地中，当沉积层很厚时，也可以识别出沉积层内的折射，如我们在经过南海北部边缘潮汕凹陷的 OBS2006-3 测线的多个 OBS 台站的地震记录拾取了大量的潮汕凹陷中生代沉积内的折射波，最终确定的沉积层厚度为 8 km。就莫霍面而言有两个问题需做进一步的工作，一是莫霍面其实是具有一定厚度的，人工源地震获得的 PmP 震相射线是从上到下再反射，测定的是莫霍面的顶面，天然地震接收函数的射线是从下向上再折射，测定的是莫霍面的底面，所以存在厚度差异；二是火山型边缘海由于岩浆的底侵作用而产生下地壳高速层（7.2~7.4 km/s），但其震相在 OBS 地震记录剖面上很难识别，只是通过反演获得，而没有直接的证据。另外，有时候地震剖面中莫霍面的反射震相并不清楚，主要是依赖于折射的 Pn 震相来确定，误差较大。

在 OBS 广角地震探测中，经常可以见到能量很强、连续性很好的多次波震相。多次波是指地震波在某些地层中经过多次反射或折射再出射，有些情况下其振幅强于一次波，它们与一次波或它们之间的时差可以反映层界面之间的厚度和速度。显然我们有可能利用多次波来解决上面提到的问题，如沉积层的细分层、莫霍面约束、下地壳高速层识别等。关于 OBS 记录中的多次波已经有过一些尝试。Reiter（1991）利用叠前克希霍夫深度偏移的方法用初至波和深水多次波进行联合成像，结果显示模型浅部沉积层的成像精度有了一定的改善。Berkhout 和 Verschuur（1994）、Guitton（2002）则尝试提取出多次波，然后利用含一次波和多次波的记录代替震源子波，将多次波作为接收记录，然后利用常规的方法对多次波成像。Youn 和 Zhou（2001）提出了基于双程弹性波动方程的叠前深度偏移方法对一次波和多次波进行成像，但由于该方法需要精确的速度场，所以对硬件的要求较高。Brown（2002）、He 和 Schuster（2003）、Brown 和 Guitton（2005）提出了基于最小二乘联合成像的方法对一次波和多次波联合成像，但该方法在复杂的地质环境下的应用受到了限制。Berkhout 和 Verschuur（2003）、Verschuur 和 Berkhout（2005）、Berkhout 和 Verschuur（2006）等先利用 SRME 预测出表层相关多次波，然后将其转化为一次波，并用常规方法对其进行成像。以上研究对多次波的有效利用起到了推动作用。但目前国内对复杂海底地质环境下的 OBS 广角地震数据中的多次波的利用还研究较少。

8.4.2　多次波应用实例

本节基于中国南海 OBS2013-ZN 测线（OBS06 台站），利用多次波震相和初至波进行联合成像，并与之前的成像结果进行对比，以验证多次波在 OBS 广角地震反演中的有效性。

1. 地震记录分析

本书的数据为中国南海 OBS2013-ZN 测线 OBS06 台站的地震记录剖面。该测线于 2013 年 4 月完成，位于南海中央海盆，炸测长度为 203 km，共投放 OBS 15 台，台站间距为 10 km。震源由 4 支 1500 in³ 的 BOLT 枪阵列组成，工作压力要求 120 kg/cm² 以上。放炮间隔时间为 120 s，航速 4~5 kn。OBS 数据的采样率统一设定为 250 Hz（即采样时间间隔 4 ms）（Ruan et al.，2016）。

6 号台站位于海盆中部，水深 2.9 km，图 8-5 为折合时间地震剖面，折合速度为 8 km/s，纵轴为折合时间，横轴为坐标局部化后的距离。剖面清晰地显示了该 OBS 台站记录到的初至波及多次波震相，在直达水波右侧偏移距 7.8 km 处，在时间 4 s 处开始出现清晰的初至 Pg 震相，在初至 Pg 下方，走时迟滞约 1.7 s 处出现了多次波震相，两者走势一致，视速度相近，该震相与初至 Pg 相比振幅更为突出，清晰连续，可追踪至偏移距 27 km 处，初步认定其为二次 Pg。左半支，在偏移距–16 km 处 PmP 震相开始出现，在下方迟滞约 1.6 s 处出现了相同走势的多次震相，清晰连续，可追踪至–23.6 km 处。该震相与初至 PmP 视速度相当，振幅相近，初步认定其为二次 PmP。同样在 Pn 下方也出现了形态相似的多次震相，其振幅较初至 Pn 更大，认为是二次 Pn。

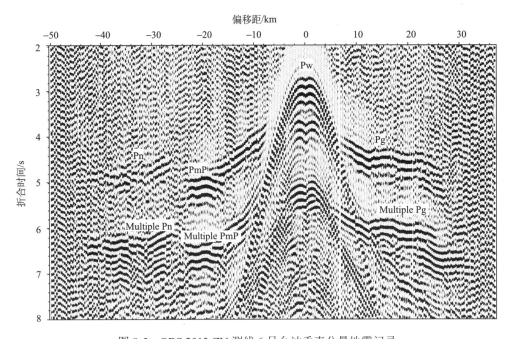

图 8-5　OBS 2013-ZN 测线 6 号台站垂直分量地震记录

折合速度为 8 km/s，Pw、Pg、PmP、Pn、Multiple Pg、Multiple PmP、Multiple Pn 为识别的初至和多次震相，Pw 为直达水波

2. 多次波震相识别

上述 6 号台站记录的地震剖面中，震相丰富，不仅初至震相清晰连续，多次震相也可追踪至较远偏移距。首先根据地震剖面大致走势判断震相，初步拾取初至波和多次波震相。在进一步的震相识别过程中，根据炮点时间、偏移距及震相的折合时间计算出理论走时，然后在实际地震波形上找到对应的位置并反复对比前后地震波形特征以保证拾取的精度。图 8-6 为 6 号台站记录地震剖面的地震波形及拾取的初至波和二次波震相，分别取自 457、331、296 炮，对应偏移距分别为 19.1 km、−21.3 km、−36.7 km。与地震剖面显示结果相同，波形图中，二次波的振幅比初至波还要强烈，时间迟滞约 1.7 s。

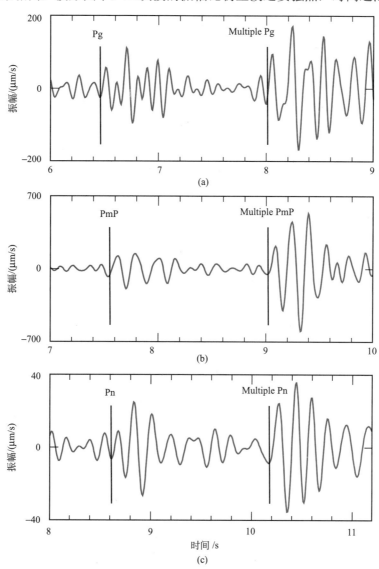

图 8-6　OBS2013-ZN 测线 OBS06 台站记录的地震波形及拾取的初至波和二次波震相到时

（a）、（b）、（c）分别取自 457、331、296 炮，偏移距分别为 19.1 km、−21.3 km、−36.7 km

随后对 6 号台站记录地震剖面的初至波和二次波粒子运动轨迹进行了分析。从初至波和多次波震相的粒子运动轨迹图看（图 8-7），两者都表现为典型 P 波震相，且粒子运动轨迹非常相似，说明二次波震相并没有在反射界面上发生 PS 转换，两者的走时差并不是由 P 波和 S 波的速度差产生的。图 8-7（a）显示二次 Pg 振幅要稍强于初至 Pg，图 8-7（c）中二次 Pn 振幅也较强于初至 Pn，图 8-7（b）中二次 PmP 的振幅比初至 PmP 表现更为强烈，初至和多次震相的相位表现出高度的一致性。

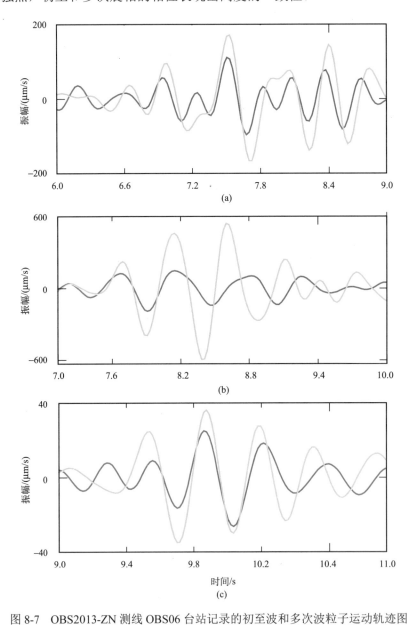

图 8-7　OBS2013-ZN 测线 OBS06 台站记录的初至波和多次波粒子运动轨迹图

（a）、（b）、（c）分别是 Pg、PmP、Pn（初至和多次震相）的粒子运动轨迹图，取自 457、331、296 炮，其中红色为初至波震相粒子运动轨迹，截取时窗分别为 6.0～9.0 s、7～10 s 和 9～11 s，绿色为多次波震相粒子运动轨迹，截取时窗分别为 6.0～9.0 s、7～10 s 和 9～11 s

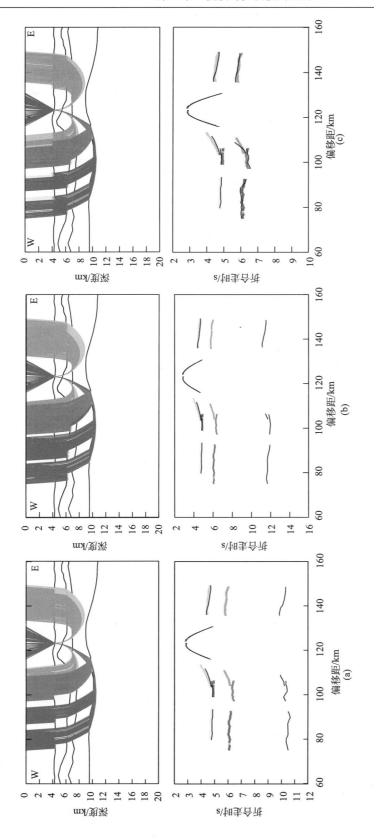

图 8-8　初至波波震相的二次波震相射线追踪及理论走时图

折合速度为 8 km/s。（a）、（b）、（c）分别为将海水层、海水层加沉积层、单一沉积层设为反射层的射线追踪和理论走时拟合结果。其中棕黄色为二次 Pg 震相，紫色为二次 PmP 震相，红色为二次 Pn 震相

3. 二次波传播路径的模拟

确定了多次波的性质后，还需进一步确定它们的传播路径。由于海底与海水面、沉积层与地壳之间的分界面均是强波阻抗界面，均易发生二次反射，形成多次波。为了确定二次反射界面，需要通过射线追踪模拟，对走时进行拟合，这一过程也就是利用多次波修改模型，增加模型分辨率，识别某些特殊层或层界面。本书中，对 OBS2013-ZN 测线 OBS06 台站记录中上述二次波震相的走时模拟采用 RAYINVR 走时反演软件（Zelt and Smith，1992）。

首先以原来的模型作为初始模型（Ruan *et al.*，2016），分别设置以下三种射线路径逐一进行模拟：①反射层为海水层，以海表面和海底面作为反射界面发生上下反射 [图 8-8（a）]；②反射层为海水层和沉积层，以海表面和沉积基底面作为反射界面发生上下反射 [图 8-8（b）]；③反射层为单一的沉积层，以海底面和沉积基底面为反射界面发生上下反射 [图 8-8（c）]。根据 OBS06 台站的数据质量，人为设定初至波震相的拾取不确定度为 50 ms，二次波震相的拾取不确定度为 80 ms。在模拟过程中，原模型的界面不变，但可以随时改变速度梯度。

结果表明（图 8-8），所设多次反射层的不同，结果完全不同，很容易判断对错。拟合结果显示，本例中只有设二次反射层为单一的沉积层时，多次波震相的理论走时和实际走时具有较高的一致性，其他两种路径的假设所拟合出的二次波震相理论走时与实际震相走时有较大偏差。说明 OBS 较强的二次波震相，不管其性质有什么不同，都是发生在海底和沉积基底之间的。同时还发现，二次波震相在传播过程中受双程旅行时的影响，当界面的起伏显著时，二次波的走时变化较一次波更大。

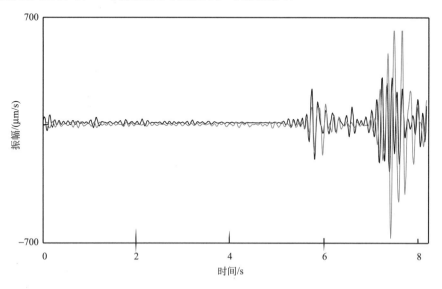

图 8-9　合成地震波形及实测地震波形对比图

黑色为合成地震波形，红色为实测地震波形。分别为 457、331、296 道

4. 检验

为验证利用初至波和二次波震相成像结果的可靠性，基于模拟后新获得的模型，提取局部的 1-D 速度分布（457、331、296 道）利用反射率正演方法合成地震波形，与实际单道波形对比（图 8-9）。结果表明合成地震波形与实际地震波形的初至 Pg 与二次 Pg 的走时和形态均有较高的一致性，说明上文所用初至波和二次波震相获得的模型具有较高的可信度。

参 考 文 献

阮爱国, 牛雄伟, 丘学林等. 2011. 穿越南沙礼乐滩的海底地震仪广角地震试验. 地球物理学报, 54(12): 3139-3149.

卫小冬, 赵明辉, 阮爱国等. 2011. 南海中北部横波速度结构及其构造意义. 地球物理学报, 54(12): 3150-3160.

Barckhausen U, Roeser H A. 2004. Seafloor spreading anomalies in the South China Sea revisited. continent-ocean interactions within East Asian marginal seas, AGU Chapman Conference, San Diego, CA, ETATS-UNIS (11/2002), 149 (10 ref.): 121-125.

Berkhout A J, Verschuur D J. 1994. Multiple technology. Part 2: migration of multiple reflections. 64th, Annual International Meeting, SEG, 64: 1497-1500.

Berkhout A J, Verschuur D J. 2003. Transformation of multiples into primary reflections. In: 2003 SEG Annual Meeting. Society of Exploration Geophysicists.

Berkhout A J, Verschuur D J. 2006. Imaging of multiple reflections. Geophysics, 71(4): SI209-SI220.

Brown M. 2002. Least-squares joint imaging of primaries and multiples. Geophysics, 111(5): 17-47.

Brown M P, Guitton A. 2005. Least-squares joint imaging of multiples and primaries. Geophysics, 70: 79-89.

Digrances P, Mjelde R, Kodaira S, et al. 1998. A regional shear-wave velocity model in the central Vøring Basin, N. Norway, using three-component Ocean Bottom Seismographs. Tectonophysics, 293(3-4): 157-174.

Guitton A. 2002. Shot-profile migration of multiple reflections. SEG Technical Program Expanded Abstracts, 21(1): 1296-1299.

Hao T Y, Xu Y, Sun F L, et al. 2011. Integrated geophysical research on the tectonic attribute of conjugate continental margin of South China Sea. Chinese Joural of Geophysics, 54(12): 3098-3116.

He R, Schuster G. 2003. Least-squares migration of both primaries and multiples. SEG Technical Program Expanded Abstracts, (1): 1035-1038.

Kodaira S, Bellenberg M, Iwasaki T, et al. 1996. Vp/Vs ratio structure of the Lofoten continental margin, northern Norway, and its geological implications. Geophysical Journal International, 124(3): 724-740.

Kudrass H R, Weidicke M, Cepek P, Kreuzer H, Muller P. 1986. Mesozoic and Cenozoic rocks dredged from the South China Sea (Reed Bank area) and Sulu Sea and their significance for plate-tectonic reconstructions. Marine and Petroleum Geology, 3(1): 19-30.

Li J B. 1997. The rifting and collision of the South China Sea terrain system. Proceedings of 30th Geological Congress, 13: 33-46.

Mjelde R, Rckhoff I, Solbakken S, et al. 2007. Gravity and S-wave modeling across the Jan Mayen Ridge, North Atlantic; implications for crustal lithology. Marine Geophysical Researche, 28(1): 27-41.

Operto S, Virieux J, Dessa J X, *et al*. 2006. Crustal seismic imaging from multifold ocean bottom seismometer data by frequency domain full waveform tomography: Application to the eastern Nankai trough. Journal of Geophysical Research: Solid Earth, 111(B9): 171.

Ruan A G, Wei X D, Niu X W, et al. 2016. Crustal structure and fracture zone in the Central Basin of the South China Sea from wide angle seismic experiments using OBS. Tectonophysics, 688: 1-10.

Sales A O, Jacobsen E C, Morado A A, *et al*. 1997. The petroleum potential of deep-water northwest Palawan Block GSEC 66. Journal of Asian Earth Sciences, 15(2): 217-240.

Sun Z, Zhou D, Wu S M, *et al*. 2009. Patterns and dynamics of rifting of passive continental margin from self to slope of the northern South China Sea: evidence from 3D analogue modeling. Journal of Earth Science, 20(1): 137-146.

Taylor B, Hayes D E. 1983. Origin and history of South China Sea Basin. In: Hayes D E (ed.). The Tectonic and Geologic Evolution of Southeast Asian Seas and Islands. Washington DC: Geophysical Monogr, 23-56.

Verschuur D J, Berkhout A J. 2005. Removal of internal multiples with the common-focus-point (CFP) approach: Part 2-Application strategies and data examples. Geophysics, 70(3): V61-V72.

Wei X D, Ruan A G, Zhao M H, *et al*. 2015. Shear wave velocity structure of Reed Bank, southern continental margin of the South China Sea. Tectonophysics, 644-645: 151-160.

Yao B C. 1996. Tectonic evolution of the South China in Cenozic. Marine Geology, 16(2): 1-13.

Youn O K, Zhou H. 2001. Depth imaging with multiples. Geophysics, 66(1): 246-255.

Zelt C A, Simth R B. 1992. Seismic travel time inversion for 2-D crustal structure velocity. Geophysical Journal International, 108(1): 16-34.

Zhao M H, Qiu X L, Xia S H, *et al*. 2010. Seismic structure in the northeastern South China Sea: S-wave velocity and Vp/Vs ratios derived from three-component OBS data. Tectonophysics, 480(1-4): 183-197.

第 9 章　海底天然地震的观测与研究方法

宽频 OBS 的带宽为 100 Hz~60 s，大多具有 4 个分量：一个水听器分量、一个垂直分量和两个水平分量，使海底天然地震观测成为可能。陆地上的一些研究方法也可以移植到海底。但海底的情况比较特殊，如 OBS 是水中沉浮下降与海床接触不实，海底可能有软泥和洋流等，OBS 镇重架可能倾斜或悬空，会造成 P 波振幅、S 波接收效果和信噪比等不同于陆地基岩上的观测，因而有必要做一些特殊处理。本章主要介绍笔者所率领的课题组多年来开展 OBS 被动源接收函数和 S 波分裂各向异性研究的一些尝试和具体实例，并在此之前补充必要的前人奠定的理论，以方便读者。

9.1　接　收　函　数

9.1.1　基本概念

1. 地震记录和转换波

在地球内部某一深度岩层发生破裂，引发地震事件，岩块在力的作用下，产生体变和切变，分别产生纵波和横波。纵波的传播方向与质点运动方向一致，速度相对较快，首先到达观测台站，故称为"primary wave"（简称 P 波）；横波的传播方向与质点运动方向垂直，速度较慢，在纵波之后间隔一定时间到达观测台站，故称为"secondary wave"（简称 S 波）。有趣的是，横波又称剪切波，对应英文"shear wave"，所以常有人将横波"S"的含意混淆。从震源到接收台站地震波传播所经过的路径称为射线路径。由于地球的分层特性，地震波速在表层低，深层高，使得射线路径在折射作用下成为向球心凸的曲线。震源、接收台站和地球球心所在的平面称为射线平面。以震中在地球上的切平面为参考，平面上过切点、地理北极和球心所在的大圆与参考平面的交线为参考北方向，射线平面上的大圆在震中处的切线投影到参考平面上与参考正北方向之间的夹角为方位角（从正北方向顺时针旋转到接收点指向震中的方向），接收点处切线在参考平面上的投影与参考正北方向之间的夹角称为反方位角（从正北方向顺时针旋转到震中指向接收点的方向）。射线入射到地表台站与深度方向的夹角称为入射角，射线扫过单位大圆弧度的时间称为射数参数。地震波在各向异性介质中传播时，可分解为射线平面内的 P 波、SV 波和垂直于射线平面的 SH 波，分别称为垂直分量、径向分量和切向分量。垂直分量记录涨缩的疏密波，径向分量记录射线平面内介质的横向振动，切向分量记录垂直于射线平面内的介质横向振动。地震检波器两个水平分量不一定直接对应径向或切向分量，需要使用方位角做校正。

地震波理论和实践表明，地壳与地幔内存在一系列的速度界面，地震波在非均匀介质传播过程中，遇到波阻抗间断面时，不仅会产生波的透射（折射）和反射，而且会激发波形的转换。当远震或近震 P 波自上而下穿越各个速度界面时，除了产生 PP 型折射波外，还产生 PS 型折射转换波，后者到达地表的时间要明显滞后，其滞后时间与转换界面的埋深、介质速度参数及震中距有关。远震 P 波波形数据中包含的地壳、地幔速度间断面所产生的 PS 转换波及其多次反射波的信息，是研究台站下方局部区域 S 波速度结构的理想震相，而且横波与纵波相比，有波速小、波长短的特征，对地质体的分辨率较高。

2. 接收函数的基本思想及其发展

到达接收点的远震 P 波波形是由震源时间函数、源区介质结构、地幔传播路径、接收点的介质结构、仪器响应等多种复杂因素共同作用的结果。能否用一种方法，去除其他因素，只保留观测点的介质结构信息？接收函数就是利用天然地震三分量记录求取接收介质响应（台站下方地壳结构）的方法。其发展经历了频谱域（Phinney，1964）、时间域（Langston，1979）和宽频带地震记录波形反演（Owens *et al.*，1984）等若干个历史阶段。目前，接收函数大致沿着两个相互平行、相对独立的研究方向发展：一是分层结构研究，旨在揭示地壳及上地幔顶部 S 波速度的垂向变化、倾斜界面的产状、介质的各向异性、地壳泊松比及地壳厚度等；二是偏移成像研究，试图揭示地壳和上地幔间断面的横向变化。

Phinney（1964）首次提出用地震波位移的水平分量与垂直分量的谱振幅比值来研究观测台站下方的地球内部速度结构，开辟了用远震体波波形研究地球内部结构的新途径。它基本不受震源及地震波传播路径的影响。为了从波形中有效地分离出仅与观测地区的地球内部速度结构有关的信息，Langston（1979）提出了等效震源的概念，假设观测台站下入射界面的纵波为 δ 函数，将谱振幅比值修改为频谱比值，反变换到时间域，计算出观测台站下方介质对等效震源在水平分量上的响应，即所谓的接收函数。这一原则性修改最大程度地消除了震源时间函数及传播路径对远震体波波形的影响，保留了相位信息，使得时间域的接收函数比谱振幅比值更加直观，这也为后来的远震体波波形反演奠定了基础。接收函数早期研究工作都局限于长周期远震记录，采用试错法作波形模拟。长周期远震体波波形模拟固然可以减弱复杂介质散射的影响，但是限制了远震体波波形的分辨率。Owens 等（1984）将接收函数推广到宽频带远震体波记录，并且为了消除高频噪声对计算结果的影响，在计算中使用了高斯滤波器。结果表明，只要几个远震对同一台站的震中方位角和震中距基本相同，则使用它们在该台的记录，分别得出的接收函数基本相同，因此对同一方向、一定震中距范围内的远震接收函数进行叠加，可提高接收函数的信噪比和可靠性。针对宽频带数据量大的特点，还发展了一种时间域的广义线性反演方法，提高了从接收函数反演获得地壳结构的分辨率。早期的接收函数反演的方法多是线性的（Phinney，1964；Owens *et al.*，1984；Owens and Crosson，1988；Ammon *et al.*，1990）。线性反演技术要求充分接近"真实"的初始模型，这使得已有的接收函数反演技术有赖于其他方法所获得的先验模型，为克服上述困难，提出了非线性反演技术。刘启元等（1996）发展了接收函数复谱比的非线性反演方法；Shibutani 等（1996）使用了遗传算法；周蕙兰和杨毅（2003）提出了剥壳遗传算法；Sambridge（1999a，1999b）

提出了近邻算法；吴庆举等（2003）提出了用小波变换方法反演接收函数的方法。

　　测定精确的台站接收函数是接收函数研究的首要步骤。传统的接收函数测定是在频率域用频谱相除并反变换回时间域得到的。由于实际的远震资料是有限带宽的，且含有各种噪声，垂直分量一般都存在近零的频谱成分，导致频率域反褶积不够稳定，故要对垂直分量作预白化处理，压制其近零值的频谱成分。但与此同时，又不可避免地压制了能量较弱的转换波震相，特别是上地幔间断面的微弱震相。为此，人们提出了多种反褶积方法，试图提高台站接收函数的测定精度和分辨率。刘启元等（1996）、刘启元和 Kind（2004）提出了从远震 P 波的多道记录中分离三分量接收函数的方法，并发展了与之相应的接收函数复谱反演技术。陈九辉和刘启元（1999）发展了计算 3-D 横向非均匀介质接收函数的 Maslov 方法。吴庆举等（2003）提出了一种在时间域采用最大熵谱反褶积提取台站接收函数的方法，以最大熵作为自相关函数和互相关函数的递推准则，利用 Toeplitz 方程及 Levinson 递推算法，得到预测误差滤波系数的递推公式，从而计算台站接收函数。外推运算过程中，反射系数总是小于 1，保证了最大熵谱反褶积的稳定性。Wiener 滤波反褶积是一种广泛应用在地震勘探数字处理中的方法，吴庆举等（2003）将其用于在时间域提取台站接收函数，用远震 P 波波形的垂直分量为输入，接收函数作为滤波因子，远震 P 波波形的径向和切向分量作为期望输出，通过期望输出与实际输出的均方误差值达到极小，来提取接收函数。邹最红和陈晓非（2003）用远震体波的 SV 分量直接反褶积 P 分量获得 SV 分量接收函数，与径向接收函数相比，SV 分量接收函数的振幅随震中距的变化更加稳定，波形简单且突出了对结构最敏感的 PS 转换波信息。理论数值实验显示：在反演地壳 S 波速度结构时，SV 分量接收函数比径向接收函数具有更好的收敛性。吴庆举等（2007）提出了一种在时间域用多道反褶积测定台站接收函数的方法。在单道反褶积的基础上，选取若干个质量较好的远震 P 波波形事件，构成多道信号，以垂直分量为输入，径向和切向分量作为期望输出，依据最小二乘法，设计多道滤波器，提取接收函数。多道滤波方法能有效地测定台站接收函数，特别是多道反褶积能够有效地恢复地壳上地幔间断面所产生的弱转换波震相。

　　另外，石油工业成熟的地震反射处理方法，如动校正、速度分析、偏移叠加等，正逐步渗透到接收函数的研究领域。这种"拟反射技术"将浅层结构的处理方法推广到地壳上地幔的深部结构研究，以前所未有的分辨率展示了地壳上地幔结构的横向非均匀性，显示出接收函数在地壳上地幔横向非均匀性研究领域的巨大潜力，拓宽了接收函数的研究空间和思想空间。

9.1.2　基本原理

1. 由实测数据求取接收函数

　　远震 P 波波形不仅仅是受台站下方介质结构所影响的，而是震源时间函数、源区介质结构、上地幔传播路径、接收区介质结构、仪器响应等多种复杂因素共同作用的结果。远震 P 波波形与这些影响因素的关系可表示成：

$$D(t) = S(t) * M_S(t) * M_{Ray}(t) * M_R(t) * I(t) \qquad (9\text{-}1)$$

式中，$D(t)$ 为所记录的远震 P 波波形数据；$S(t)$ 为震源时间函数；$M_S(t)$ 为近源介质结构响应；$M_{Ray}(t)$ 为 P 波在地幔中传播的透射响应；$M_R(t)$ 为台站下方接收介质的响应；$I(t)$ 为仪器响应。

Langston（1979）提出用震源等效，因为远震 P 波的入射角很小，不同地震波的震源和传播路径差异的影响可以忽略不计，即地震信号可分解为震源信号、地下介质响应和仪器响应三部分的褶积。在时间域，远震 P 波的三分量波形记录可表示为

$$\begin{cases} D_V(t) = I(t) * S(t) * E_V(t) \\ D_R(t) = I(t) * S(t) * E_R(t) \\ D_T(t) = I(t) * S(t) * E_T(t) \end{cases} \quad (9\text{-}2)$$

式中，$S(t)$ 为入射平面波的有效震源时间函数；$I(t)$ 为仪器的脉冲响应；$E_V(t)$、$E_R(t)$、$E_T(t)$ 分别为介质结构脉冲响应的垂直分量、径向分量和切向分量。

对于三分量记录，不同分量的震源信号和仪器响应应该是相同的，差别在于不同分量的地球响应不同。其中垂直分量主要是 P 波响应，而同一时刻的水平分量则主要是 PS 转换波的响应。如果不考虑各向异性的影响，PS 转换波的能量主要集中在震源、路径、台站三者组成的平面内，即径向分量上。从径向分量中除去垂直分量的效应，就可以得到地球结构的径向响应，也称为接收函数（Owens et al.，1984），即 $D_V(t)$ 对 $D_R(t)$、$D_T(t)$ 分别作反褶积处理就可以得到 $E_R(\omega)$、$E_T(\omega)$。反褶积在频率域可表示为

$$\begin{cases} E_R(\omega) = \dfrac{D_R(\omega)}{I(\omega)S(\omega)} \approx \dfrac{D_R(\omega)}{D_V(\omega)} \\[2mm] E_T(\omega) = \dfrac{D_T(\omega)}{I(\omega)S(\omega)} \approx \dfrac{D_T(\omega)}{D_V(\omega)} \end{cases} \quad (9\text{-}3)$$

将 $E_R(\omega)$、$E_T(\omega)$ 分别反变换回时间域，就可得到介质结构响应的径向分量 $E_R(t)$ 和切向分量 $E_T(t)$，也就是所谓的"径向接收函数"和"切向接收函数"。

利用接收函数反演地壳结构时，一般选取震中距在 30°～90°的远震 P 波，它们穿过地幔，到达三分量台站下方时，以较大且基本保持不变的水平相速度为特征，可近似为陡角度入射的平面波，具有较小的横向采样尺度。当远震平面波在接收介质中传播时，在接收介质的速度界面上产生透射并伴随着 PS 波形转换，形成 Pp 型透射波和 Ps 型转换波，构成地表观测到的原生波和转换波，这两种震相又进一步在地表与速度界面之间产生鸣震震相 PpPmP、PpPms、PpSms、PsPms 及 PsSms，形成一组与速度界面直接相关的转换波及多次反射波震相序列，其中 Ps、PpPms、PsPms、PsSms 在径向方向上最为显著（图 9-1）。

由于实际地震资料是有限带宽的，且包含随机噪声，直接用式（9-3）在频率域做除法运算往往是不稳定的。为了确保频率域反褶积的稳定性，常采用频率域反褶积稳定算法。Wiener 滤波时间域反褶积以远震 P 波波形的垂直分量作为输入，以接收函数作为滤波因子，以远震 P 波波形的水平分量（径向和切向）作为期望输出，通过远震 P 波波形垂直分量与接收函数的褶积得到 Wiener 滤波器的实际输出，以期望输出与实际输出的均方误差取极小，作为求取接收函数的准则。另外还可以用最大熵谱反褶积法（Tselentis，

1990）来求取接收函数。为了得到更高的分辨率，要对直接提取的接收函数进行叠加（吴庆举和曾融生，1998）。

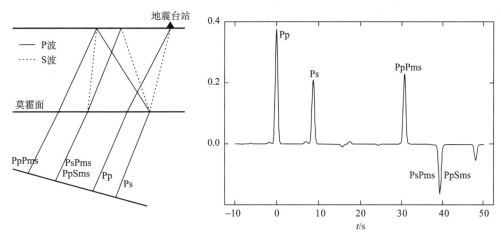

图 9-1　单层均匀介质中 PS 转换波射线路径及接收函数波形

2. 反演方法和参数选取

接收函数方法的另一主要内容是波形反演。波形反演主要是通过建立并调整地壳速度模型，以理论地震图与观测接收函数均方误差最小为原则，反演得到台站下方的 S 波速度结构。而要得到理论接收函数，就需要计算某一模型下的理论地震图，为了在反演中求解参数变化对理论结果的影响，还需要求解微分地震图，这是一个十分复杂的工作。需要说明的是，由于理论地震图是在频率域合成的，用地表位移的径向分量直接除以垂直分量，最后反变换回时间域，就可以得到接收函数理论地震图。这与实际资料接收函数的求取方法（频率域反褶积、时间域中的 Wiener 滤波反褶积或最大熵谱反褶积）是不同的。

求得了实际地震记录的接收函数，并通过理论模型的正演计算得到理论地震图的接收函数，下面就要考虑如何通过两者间的最佳拟合来确定模型参数，即建立反演方法。接收函数对 S 波速度的垂向变化最为敏感。依据接收函数的频率范围，选择合适的层厚度，以 S 波层速度作为反演参数，并根据经验公式对 P 波层速度和层密度做动态调节，选择适当的理论地震图与微分地震图，对接收函数的波形做广义线性反演，可以得到接收介质的 S 波速度模型。为压制速度模型的高频假象，采用跳动算法，对模型施加光滑度约束，在波形拟合残差与模型光滑度之间折中，在允许的波形残差范围内，尽可能获得比较合理的 S 波速度，分辨出接收介质主要的速度特征。考虑到用孤立的台站接收函数求解台站下方介质物性参数这一具体的反演问题，一般是用横向均匀的水平分层介质模型，或把界面的走向、倾角等界面产状信息包含在内的倾斜分层介质模型来模拟接收函数。对于前者，可用 1-D 合成地震图的方法来计算介质的完全响应或部分响应；对于后者，可用 3-D 射线追踪（Langston，1979）来近似模拟倾斜分层介质的接收函数。

水平分量一般取径向分量。因为在水平分层介质中，远震 P 波只产生径向优势极化的 SV 型转换波。切向分量被认为是横向非均匀或各向异性引起的。应选择 S 波的层速度 β 作为反演参数，应用统计或经验公式对 P 波速度和介质密度作动态调整。即 $\alpha=1.73\beta$；$\rho=0.32\alpha+0.77$。由于接收函数对下伏半无限空间的 S 波速度的变化并不敏感，因此可令其不变。层厚度也是反演时要考虑的一个重要层参数。其选取原则是，既要反映接收函数最小分辨厚度，又要尽量减小介质层数。而接收函数最小分辨厚度取决于接收函数的有效频率范围和 S 波速度。若用系数为 2.5 的高斯滤波器对接收函数做低通滤波，则接收函数的有效频率范围在 1 Hz 以内，地壳传播的 S 波的最短波长约为 4 km，接收函数能分辨 1 km 厚的薄层。但为减少未知参数个数和计算耗时，并提高反演精度，一般把层厚度取为 2 km，在估计有薄层或梯度带的深度范围内把层厚度相应地取为 1 km。

9.1.3　几种典型地壳模型的接收函数数值模拟

1. 莫霍面

莫霍面是地球内部最主要的不连续面之一，其在接收函数中的表现也是很明显的。把莫霍面分别考虑速度梯度带、一级速度不连续面及高低速薄互层三种简单结构，S 波速度模型及其理论接收函数分别展示于图 9-2～图 9-4 中。

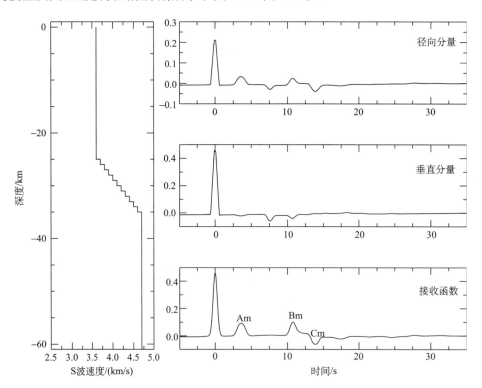

图 9-2　速度梯度带的接收函数

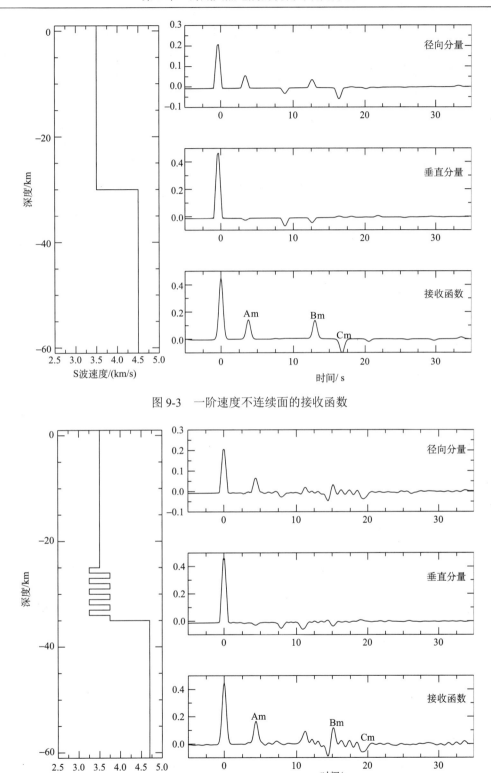

图 9-3　一阶速度不连续面的接收函数

图 9-4　高低速薄互层的接收函数

Am、Bm、Cm 震相分别是莫霍面的 Ps 转换波、PpPms 反射转换波及 PpSms+PsPms 反射转换波。高低速互层 Ps 转换波间的相消叠加使得高低速薄互层成为 Ps 转换波的"透明带"，故在 Am 震相前看不到高低速互层的 Ps 转换波，随着高低速薄互层厚度的增加或高斯系数的增大，将在 Am 震相前出现一系列的与互层顶低界面——对应的 Ps 转换波。速度梯度带内 Ps 转换波间的相互干涉使得速度梯度带成为 Ps 转换波的"低通滤波器"，故 Am 震相的视周期变长。这三种结构的莫霍面在接收函数的多次反射波中得到充分体现，由于多次反射波旅行时的增大，速度梯度带的多次反射波的视周期变得更长，振幅更小，而高低速薄互层多次反射则表现成"梳状"波形，分别出现在 Bm 震相和 Cm 震相之间，数目与高低速互层的界面个数一致，极性呈周期性反转。如果仅仅从 Ps 波相对于直达波的走时来看，速度梯度带、一级速度不连续面和高低速薄互层三种情况的 Ps 波走时的差异并不显著，原因在于 Ps 波相对走时仅与转换界面上方介质的平均速度及界面深度有关，但接收函数波形具显著差异，这就充分表明，与单纯的 Ps 波相比，由于接收函数丰富的波形信息，接收函数在揭示界面性质方面具有非常大的潜力。

2. 地壳内低速层

在全球许多地区，地壳内部分布有低速层，而低速层有薄有厚，而且可能具有多种复杂的结构，如速度逐渐变小的梯度带、高低速薄互层形式的低速层等。本书设计了四种简单形式的壳内低速层，模型参数及理论接收函数分别展示于图 9-5～图 9-8 中。

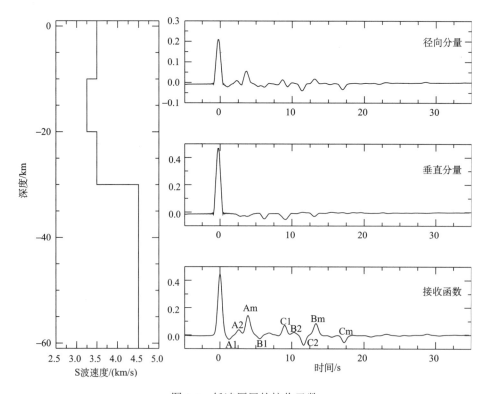

图 9-5　低速厚层的接收函数

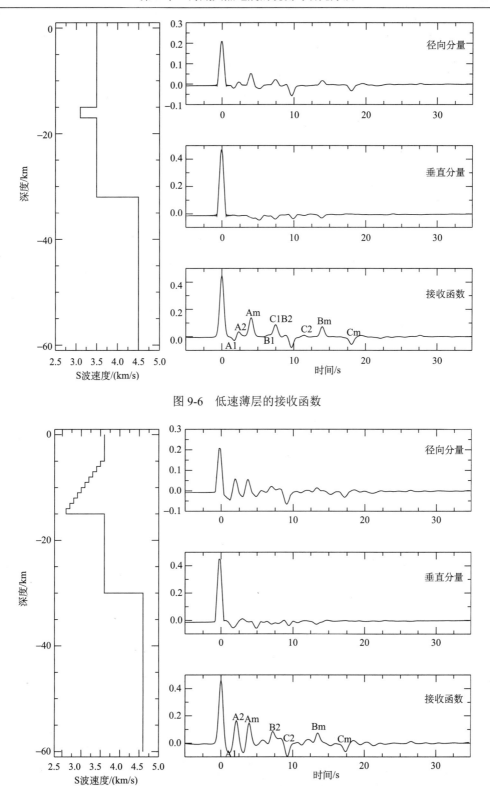

图 9-6　低速薄层的接收函数

图 9-7　低速梯度带的接收函数

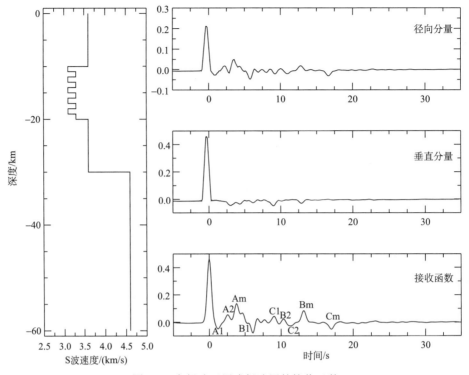

图 9-8　高低速互层式低速层的接收函数

　　震相 A1 和 A2、B1 和 B2、C1 和 C2 分别是低速层顶底界面的 Ps 转换波、PpPs 及 PpSs+PsPs 多次反射波，Am、Bm 和 Cm 分别是莫霍面的 Ps 转换波及多次反射波。震相 A1 与 A2 的极性反转，这类极性反转现象可视为低速层的存在标志。低速薄层顶底界面 Ps 转换波的相互干涉导致 Ps 转换波的能量变小，低速梯度带 Ps 转换波的振幅也较低速厚层为小，高低速薄互层对低速层顶底界面的 Ps 转换波影响不大。低速层多次反射差异明显，如低速薄层的 B1 和 B2、C1 和 C2 彼此间隔很小，而高速厚层则间隔较大，以至于 C1 和 B2 近乎叠合成复合波形，由于低速梯度带顶底界面速度连续，故只有底界面的多次反射，高低速互层的多次反射表现成"梳状"，波形分别夹于顶底界面多次反射 B1 和 C1、B2 和 C2 之间。各类低速层顶低界面多次反射的振幅基本相同，此外，低速层对莫霍面的转换波和多次反射波的影响甚微。这些理论模型表明低速层在接收函数中具有明显的表现形式，且对其下面的速度界面如莫霍面的影响不大。

　　3. 地壳内高速层

　　本节分别计算了高速薄层、高速厚层、高速梯度带、高低速互层式高速层四种简单模型的理论接收函数，各参数及相应的理论地震图分别展示于图 9-9～图 9-12 中。

　　震相 A1 和 A2、B1 和 B2、C1 和 C2 分别是高速层顶低界面的 Ps 转换波及多次反射波，Am、Bm、Cm 分别是莫霍面的 Ps 转换波及多次反射波。与低速层恰恰相反，Ps 转换波由正到负的极性跳转及多次反射由正到负或由负到正的极性反转是高速层的识别标志。高速层震相的主要特征与低速层大体相似，值得一提的是高速厚层及高低速互层式高速层顶底界面的 C1 和 B2 震相已叠合成一复合波形，故具有较大的振幅。此外，高速层基本上不影响莫霍面的震相。

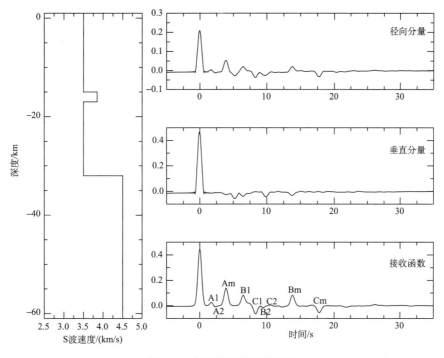

图 9-9　高速薄层的接收函数

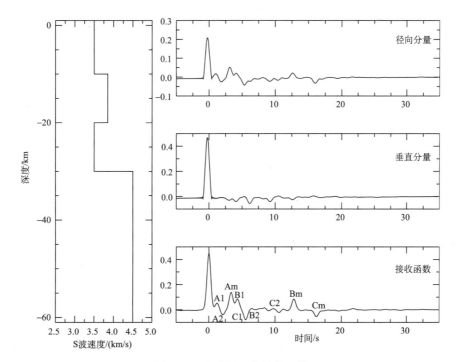

图 9-10　高速厚层的接收函数

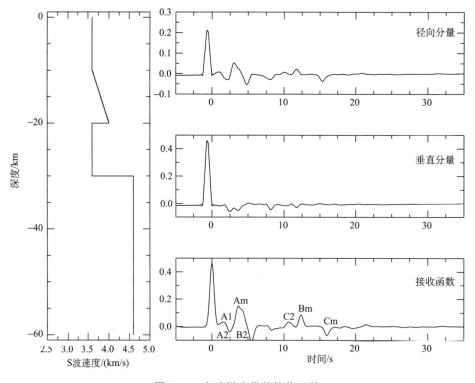

图 9-11 高速梯度带的接收函数

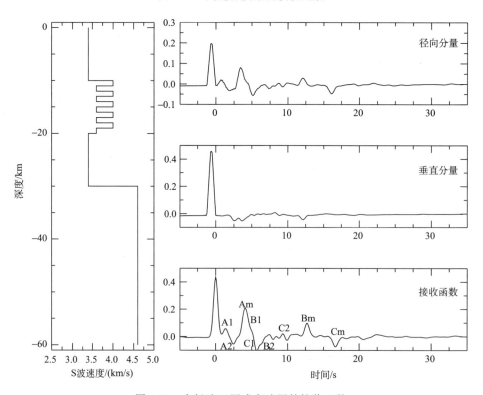

图 9-12 高低速互层式高速层的接收函数

9.2　OBS 接收函数：地壳-岩石圈结构反演

本节采用 Zhu 和 Kanamori（2000）提出的接收函数提取方法和 Sambridge（1999a，2001）、Sambridge 和 Mosegaard（2002）提出的反演方法，于 OBS 远震记录的 S 波速度结构反演。以 2010 年 12 月～2011 年 3 月在南海西南次海盆残留扩张洋中脊开展的 OBS 被动源观测试验（Ruan *et al.*，2012）为例，介绍具体做法（胡昊等，2016）。

9.2.1　数据处理方法

地震数据中常常含有各种干扰，有些干扰表现为平稳的长周期、强振幅，或表现为短周期、高频率的特点；而另一些则是无规律的非平稳信号，会对震相的判别带来困难。按照通常做法，将地震信号看做是平稳信号，经过常规的去均值、去线性趋势、波形尖灭，以及高通、低通或带通滤波器做傅里叶变换滤波处理后，我们发现 OBS 数据的信噪比仍不理想。因此，我们先通过傅里叶变换分别做高通、低通滤波和带通滤波以压制各种较为平稳干扰，然后再利用小波变换的时频分析特性，在小波域做阈值滤波以压制非平稳干扰。

信号（或函数）$f(t) \in L^2(R)$，它的连续小波变换定义为

$$\mathrm{WT}_\mathrm{f}(a,b) = |a|^{-\frac{1}{2}} \int_{-\infty}^{+\infty} f(t)\psi\left(\frac{t-b}{a}\right)\mathrm{d}t \quad a \neq 0 \tag{9-4}$$

式中，a 为尺度因子（又称伸缩因子），反映小波的频率变化；b 为平移因子（又称时移因子），反映小波在时窗中的位置。信号 $f(t)$ 关于 $\psi(t)$ 的连续小波变换，也就是 $f(t)$ 与小波 $\psi(t)$ 的内积。连续小波变换定量地表示了信号与小波函数系中的每个小波相关或相近的程度。连续小波变换重构（逆变换）为

$$f(t) = C_\psi^{-1} \int_{-\infty}^{+\infty} \int_{-\infty}^{+\infty} \psi_{a,\mathrm{b}}(t) \mathrm{WT}_\mathrm{f}(a,b) \frac{\mathrm{d}a\mathrm{d}b}{a^2} \tag{9-5}$$

其中，$C_\psi = \int_R \frac{|\Psi(\omega)|^2}{\omega} \mathrm{d}\omega < \infty$，又被称为小波变换 $\mathrm{WT}_\mathrm{f}(a,b)$ 反演原函数的容许条件。函数 $f(t) \in L^2(R)$ 的离散小波变换为

$$\mathrm{WT}_\mathrm{f}(m,n) = \int_R f(t) \cdot \psi_{m,n}(t)\mathrm{d}t \tag{9-6}$$

离散小波变换的逆变换则为

$$f(t) = A^{-1} \sum_m <f,\psi_{m,n}(t)> \tilde{\psi}_{m,n}(t) = \frac{1}{A} \sum_{m,n} \mathrm{WT}_f(m,n) \cdot \psi_{m,n}(t) \tag{9-7}$$

该小波逆变换对所有 $f(t)$ 必须满足下述条件：

$$A\|f\|^2 \leqslant \sum_{m,n} |<f,\psi_{m,n}>|^2 \leqslant B\|f\|^2 \quad A,B \in R^+ \tag{9-8}$$

满足条件的离散函数序列 $\{\psi_{m,n}; m,n \in Z\}$ 在数学上被称为"框架"。

　　下面以对实际采集的数据用软阈值方法进行滤波（Donoho，1995），来说明只用傅里叶变换做一维滤波和通过对数据做小波变换滤波的差别。图 9-13（a）是我们截取的一个事件未滤波的径向分量、切向分量、垂向分量三分量波形，前后共延续 150 s，图中可以看出，径向分量和切向分量的低频噪声很强，特别是切向分量，几乎已经掩盖了有效信号，而垂向分量与两个水平分量一样，都含有许多高频噪声。图 9-13（b）是通过波形分析后，用傅里叶 1-D 滤波得到的信号。为了尽可能地保留有效信号，滤波器分别使用了高低通、带通和陷波器，经过不同滤波器的多种组合，滤波效果依然不太理想，可以看出，傅里叶变换滤波后噪声减少的同时有效信号也受到了极大的损失，有的地方甚至连有效波极性都被破坏。进一步，先采用傅里叶变换滤掉平稳干扰，后用 1-D 小波自适应阈值滤波方法滤掉非平稳干扰，结果如图 9-13（c）所示，相对于原始的记录[图9-13（a）]，噪声压制效果十分显著，有效波的波形一致性也保存较好，其信噪比大大提高。

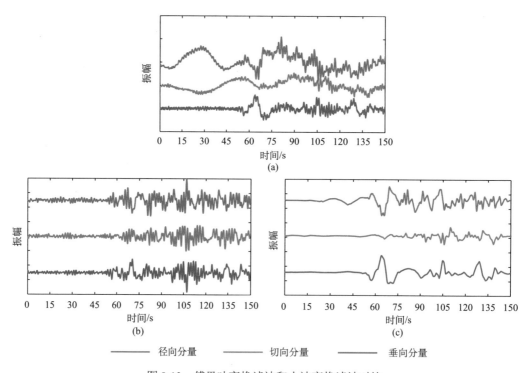

图 9-13　傅里叶变换滤波和小波变换滤波对比

（a）原始径向分量、切向分量、垂向分量三分量地震记录；（b）傅里叶变换滤波后的结果；
（c）傅里叶变换滤波联合小波变换处理的结果

9.2.2　OBS 实测接收函数的求取

　　从实际记录中提取接收函数的具体做法是，首先用 OBS 的罗经所记录的方位，将三分量地震记录通过旋转，得到径向分量、切向分量和垂直分量，然后将时间域信号转化为频率域信号，并用两水平分量信号除以垂直分量分离出接收函数（Langston，1979）：

$$\begin{cases} R^R(\omega) = X^R(\omega) / X^V(\omega) \\ R^T(\omega) = X^T(\omega) / X^V(\omega) \end{cases} \tag{9-9}$$

式中，$X^R(\omega)$ 为径向分量频谱；$X^T(\omega)$ 为切向分量频谱；$X^V(\omega)$ 为垂向分量频谱；$R^R(\omega)$ 为径向接收函数频谱； $R^T(\omega)$ 为切向接收函数频谱。

为了保证接收函数计算的稳定，引入水准量（Zhu and Kanamori，2000）：

$$r(t) = (1+c)\int \frac{R(\omega)S^*(\omega)}{|S(\omega)|^2 + c\sigma_0^2} e^{-\frac{\omega^2}{4\alpha^2}} e^{-i\omega t} d\omega \tag{9-10}$$

式中，$R(\omega)$ 为水平分量的频谱；$S(\omega)$ 为等效震源的频谱，用垂直分量的频谱表示；$S^*(\omega)$ 为垂直分量的复共轭谱；$e^{-\frac{\omega^2}{4\alpha^2}}$ 为高斯低通滤波器；$c\sigma_0^2$ 为水准量；$(1+c)$ 为补偿水准量引起的振幅损失。

用上述方法，我们从 OBS 实测数据中提取了接收函数（图 9-14）。从图 9-14 可以直观地分辨出 PS 转换波震相，且 PS 转换波震相出现在直达 P 波后几秒之内，反映了洋壳相对较小的厚度。我们发现同一台站由各地震事件求取的接收函数有较好的一致性，但

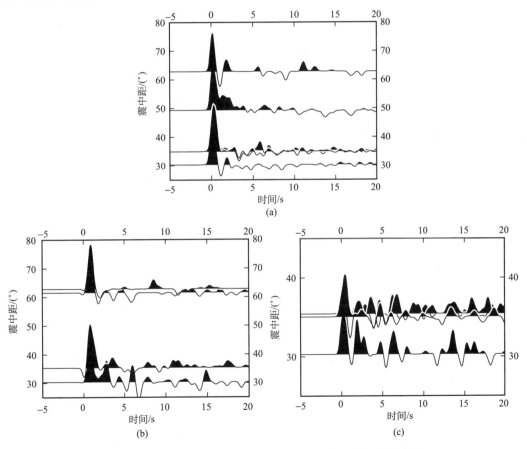

图 9-14　南海西南次海盆 OBS 台站的 4 个远震事件接收函数

（a）、（b）和（c）分别为 OBS06、OBS34 和 OBS35 台站的接收函数

个别事件有较大差异（在后续反演中不予采用）。其原因可能是各次远震的震源深度、路径、震级大小都不相同，且地震波到达台站时本身带有较大而复杂的随机噪声和路径的非均匀性，这个问题还有待于今后进一步研究。由于存在个别差异较大的接收函数，在反演过程中分别对单个接收函数和叠加后的接收函数做反演，然后筛选出其中接收函数拟合程度最高、相似性较高的反演模型做最后的结果。

9.2.3　S 波速度结构反演

本节采用相邻算法（Sambridge，1999a，1999b，2001；Sambridge and Mosegaard，2002）对 S 波速度结构进行反演。该方法为非线性反演方法中的一种，其特点是优先选取在数据拟合较好的区域内进行采样，得到一个模型集合，相对于一般的随机取样获得单一的最优模型，能够提高反演精度。本节采用的接收函数的反演软件为 NA-Sampler，其中的正演微分理论地震图是基于 Kennett（1979）提出的广义反射透射矩阵理论。为了验证反演结果，对最佳模型用 NA-Sampler 提供的评价方法做正演模拟，拟合接收函数，最后还采用了 H-K 叠加方法（Zhu and Kanamori，2000），计算莫霍面埋深和波速比（V_P/V_S），并对比反演所求的莫霍面深度。所选取的地震事件条件较为苛刻，因此所挑选出的事件为其中的 3 台国产 I-4C 型宽频带 OBS 记录到的 6 次大于 $M_S7.0$ 的地震，所选取的地震事件其记录具有较高的信噪比，震中距为 30°～63°。OBS 台站信息和地震目录分别列示于表 9-1 和表 9-2。

表 9-1　OBS 台站参数及记录时段

台站编号	OBS06	OBS07	OBS08	OBS11	OBS34	OBS35	OBS36
纬度/（°）	13.44	13.49	13.54	13.57	13.12	13.06	12.95
经度/（°）	114.60	114.69	114.76	114.97	114.95	114.87	114.95
罗经 φ/（°）	218.50	104.50	208.50	286.00	128.00	31.50	170.50
开始记录日期	2010-12-10	2010-12-10	2010-12-10	2010-12-10	2010-12-10	2010-12-10	2010-12-10
开始记录时间	13:02:15	13:12:38	12:04:13	11:02:20	12:49:47	12:38:01	13:27:11
数据截止日期	2011-03-20	2011-02-27	2011-01-10	2010-12-24	2011-02-05	2011-03-14	2011-02-05
数据截止时间	18:02:39	10:02:40	23:03:47	18:50:11	19:40:48	16:51:17	20:17:33

注：第一水平分量方位角 $X=\varphi-60°$，第二水平分量方位角 $Y=\varphi+30°$。时间为格林尼治标准时间（GMT）

表 9-2　2010 年 12 月～2011 年 3 月 $M_S7.0$ 以上地震目录

地震号	发震日期	发震时间（GMT）	纬度/（°）	经度/（°）	深度/km	震级（M_S）
1	2010-12-21	17:19:40.66	26.90	143.70	14	7.4
2	2010-12-25	13:16:37.00	−19.70	167.95	16	7.3
3	2011-01-01	09:56:58.06	−26.79	−63.09	576	7.0
4	2011-01-02	20:20:17.69	−38.37	−73.35	24	7.1
5	2011-01-13	16:16:41.54	−20.63	168.47	9	7.0
6	2011-01-18	20:23:23.51	28.78	63.94	68	7.2
7	2011-03-09	02:45:20.33	38.44	142.84	32	7.3

续表

地震号	发震日期	发震时间（GMT）	纬度/（°）	经度/（°）	深度/km	震级（M_s）
8	2011-03-11	05:46:24.12	38.30	142.37	29	9.0
9	2011-03-11	06:15:40.92	36.27	141.11	48	7.9
10	2011-03-11	06:25:50.30	38.06	144.59	18	7.7

注：GMT 指格林尼治标准时间，地震目录由 USGS 网站发布

9.2.4　结果和讨论

经上述数据处理、接收函数提取和反演等方法，我们得到了 3 个 OBS 台站的 S 波速度结构（海底之下），如图 9-15 所示。结果表明，浅部 1～2 km 为低速层，OBS06 台站下方低速区厚度相对其他两个台位较薄，这个台站离扩张中轴最近。我们认为浅部低速层由沉积物和海底扩张停止后岩浆喷发形成的岩石碎屑共同组成，但难以进一步细分。前人的研究表明，西南次海盆中部沿长龙海山两侧其沉积物厚度变化范围为 0.5～1.0 km，向西北和东南方向逐渐递增至 2～2.5 km（姚伯初，1998）；反射地震剖面揭示扩张脊上发育较厚的沉积物（Gao et al.，2009），这与我们的结果一致。在 11～12 km 处各台站均含有一个速度不连续面，S 波速度突然增加，可以认为是莫霍面。同步开展的 OBS 广角地震射线追踪反演（P 波模型）确定的莫霍面深度（从海面向下）为 10 km 左右（张洁，2013）。在研究区附近 Pichot 等（2014）对另一条 OBS 测线的反演（P 波）指出莫霍面深度为 10 km 左右。显然，我们得到的 S 波莫霍面深度与他人得到的 P 波莫霍面深度不一致，前者比后者要深 3 km 左右，这是十分重要的发现。可以从两个方面解释，一是

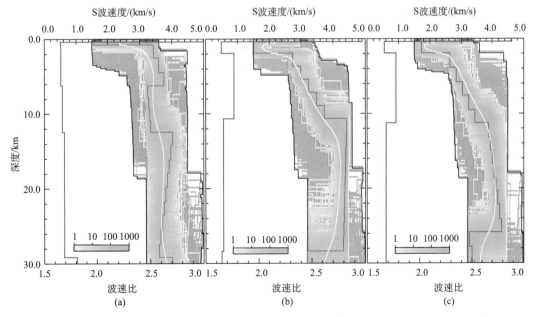

图 9-15　相邻算法生成最佳的 1000 个 S 波速度模型密度图

灰色影区为低密度区域，S 波速度可信度较低，黄色影区次之，绿色影区最好。红色实线为最佳速度模型；白色实线为平均速度；蓝色实线为波速比。（a）、（b）和（c）分别为 OBS06、OBS34 和 OBS35 台站下方 S 波速度模型

莫霍面不是简单的一个界面而是有一定厚度的层（Coleman，1977），人工源试验地震波是从上向下传播，确定的是莫霍面的顶面，而天然地震接收函数，地震波是从下向上传播，确定的是莫霍面的底面；二是 S 波相对于 P 波对于熔融或高温更为敏感。

通常地震波速向下是逐渐增加的，但是在我们获得的 1-D 速度模型中出现了新的现象。OBS06 台站下方 6～12 km（莫霍面以上）有一个 S 波低速区，而其他两个台站没有此现象。前面已经提到 OBS06 台站最靠近扩张脊中轴（裂谷），该处应该是岩浆上涌的地方，所以我们有理由认为这个低速区反映了扩张中心可能存在下地壳熔融或岩浆房。前人的热力学结构数值模拟表明，在 8～12 km 深度范围，应变速率发生了较大的改变，暗示此深度洋壳相对软弱，构造变形大（张健和施小斌，2008）。张洁（2013）的 P 波速度模型指出，可能存在拆离断层和熔融的共同作用。

另一个值得关注的现象是 OBS06 和 OBS34 两个台站的下方 17～30 km，S 波速度呈缓慢下降趋势，而 OBS35 台站在 26 km 以下 S 波急剧下降，我们认为该 S 波负梯度区可能是由于在扩张中心更深的地方存在热物质的供给。前人的研究也表明，南海的岩浆活动主要发生在海底扩张停止后，海山的年龄较为年轻（14～3.5 Ma）（Yan et al.，2006；王叶剑等，2008）；调查还显示西南次海盆为高热流区，大地热流值为 100～150 mW/m³（陈雪和林进峰，1997；Zhang et al.，2001）。因此，我们认为在当前的构造和应力环境下，虽然海底扩张停止了，但不排除上地幔熔融存在的可能性。这是一个值得进一步研究的问题，对于我们认识西南次海盆现今的深部状态有重要意义。当然还有一种可能是我们的反演方法存在误差。

9.2.5　模型评估及 H-K 叠加检验

对于求得的一维 S 波速度模型，通过 NA-Sampler 提供的评价方法对其中的最佳模型做评估。拟合中我们使用的高斯因子为 5.0，水准量为 0.001，所得到的拟合对比如图 9-16 所示。通过对比可以发现，三个模型拟合出的接收函数（蓝色实线）都能较好地与实测接收函数（红色实线）震相对应，特别是对于较早到达的 P 波、Ps 波和其他多次波震相都能基本对应，而较晚到达的一些多次波也能有所对应，该结果证明我们求得的模型是比较可靠的。

由于莫霍面上多次波发育，并且由 Ps 转换波震相到时估计的莫霍面深度对波速比（V_P/V_S）的变化相当敏感，因此可以利用多次波走时与深度的关系，采用 H-K 叠加方法（Zhu and Kanamori，2000）进一步检验上述反演确定的莫霍面深度（图 9-17）。在 7～25 km 深度和波速比 1.5～2.0 的范围内通过网格搜索叠加，所用叠加权重分别为 0.7、0.2 和 0.1（黄海波等，2011）。结果表明，OBS06、OBS34 和 OBS35 台位下方的莫霍面深度分别为 12.5 km、10 km 和 12.5 km，波速比分别为 1.85、1.69 和 1.77，说明获得的 1-D 速度模型是稳定的。

进一步可以由下面的波速比和泊松比的关系计算泊松比。计算结果显示 OBS06、OBS34 和 OBS35 台站的泊松比分别为 0.2936、0.2306 和 0.2656 左右。

$$\sigma = \frac{0.5k^2 - 1}{k^2 - 1} \tag{9-11}$$

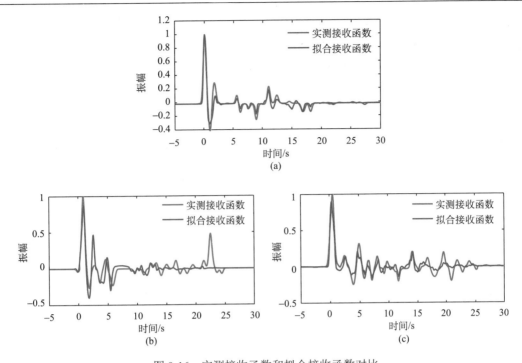

图 9-16　实测接收函数和拟合接收函数对比

（a）、（b）和（c）分别为 OBS06、OBS34 和 OBS35 台站接收函数对比

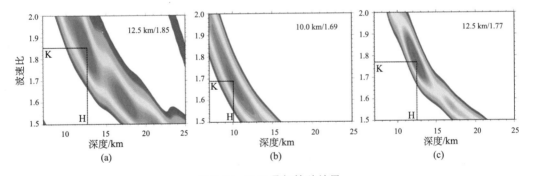

图 9-17　H-K 叠加检验结果

（a）OBS06 台站叠加结果；（b）OBS34 台站叠加结果；（c）OBS35 台站叠加结果；
各图所标的 H 点为搜索叠加最佳莫霍面深度；K 点对应的坐标为最佳波速比

9.3　OBS 接收函数：MTZ 厚度反演

地幔中平均深度分别为 410 km 和 660 km 地震间断面（分别简称为 410 界面和 660 界面）的形态可以为地球热力学和岩石成分结构提供有价值的参考，因为这两个间断面分别被解释为：410 界面是由相橄榄石转变为相尖晶石引起，其相变的克拉伯龙斜率为正，所以当温度升高（降低）时，其埋深加深（变浅）；660 界面则是由于相尖晶石相变为钙钛矿和方镁铁矿所引起，其相变的克拉伯龙斜率为负，因此 660 界面埋深随温度变化与 410 界面相反（Ito and Takahashi，1989；Katsura and Ito，1989）。410 界面与 660
界面之间的区域被定义为地幔过渡带（MTZ）。在低温环境下，410 界面上升，660 界面
下降，反之，温度的增加会导致 MTZ 变薄。因此，通过确定某个地方的 MTZ 厚度，就
可以反推下面的热力学状态。其研究方法多样，但从精度上讲被动源接收函数方法较好，
对于没有固定台站的大洋中脊，可以通过宽频带 OBS 来进行。本节以 2010 年西南印度
洋中脊 3-D OBS 台阵试验期间获得的远震记录数据为例（Ruan *et al.*，2017）。数据处理、
实测接收函数的计算方法及岩石圈结构反演与 9.2 节相同，不再赘述。唯一的差别是对
岩石圈和 MTZ 的滤波采用不同的带通，前者取 0.7～20 s，后者取 5～20 s。

9.3.1　求取 MTZ 厚度的速度谱叠加方法

1. 动校正叠加

首先根据一个参考模型计算出参考的射线参数对应的各个深度界面的转换波到时，
然后再计算出每个接收函数相对应的到时，最后对待校正的接收函数的时间轴进行分段
拉伸或压缩。计算走时采用下面两式之一：

$$t_P = H\sqrt{\frac{1}{V_P^2} - p^2} \tag{9-12}$$

$$t_S = H\sqrt{\frac{1}{V_S^2} - p^2} \tag{9-13}$$

并令：$\Delta t_{Ps} = t_S - t_P$；$\Delta t_{PpPs} = t_S + t_P$；$\Delta t_{PpSs} = 2t_S$。

2. 求取叠加速度谱

为了能够推断不同震相到时和地下速度不连续面到台站间的速度结构，Gurrola 等
（1994）将勘探地震中最常用的叠加速度谱求取方法用于接收函数。

$$T_{Ps} = H\left(\sqrt{\frac{1}{V_S^2} - p^2} - \sqrt{\frac{1}{V_P^2} - p^2}\right) \tag{9-14}$$

$$T_{Ps}(z, p) = \int_0^z \left(\sqrt{\frac{1}{V_S(h)^2} - p^2} - \sqrt{\frac{1}{V_P(h)^2} - p^2}\right) dh \tag{9-15}$$

当介质为均匀介质时用式（9-14）计算，当介质为水平层状均匀介质时用式（9-15）
计算。

根据式（9-14），将叠加速度谱的约束公式改写为（Gurrola *et al.*，1994）：

$$\Delta T_{Ps}(\Delta T_{Ps0}, p, V_S, R_V) = \frac{R_V \Delta T_{Ps0}}{R_V - 1}\left(\sqrt{1 - p^2 V_S^2} - \sqrt{R_V^{-2} - p^2 V_S^2}\right) \tag{9-16}$$

式中，p 为射线参数；$\Delta T_{Ps0} = \Delta T_{Ps}(0, z, V_S, V_P)$ 为参考射线 Ps 震相相对于 P 波的延时；
$R_V = V_P / V_S$；$\Delta T_{Ps}(\Delta T_{Ps0}, p, V_S, R_V)$ 为动校正后 Ps 震相相对 P 波的延时。通过给定 p 和 R_V
在一定范围内扫描 V_S（$R_V = 1.825$，是 PREM 对于 670 km 以上的平均值）。然后叠加动校
正后的接收函数相应时刻的振幅，从而得到叠加速度谱：

$$S(\Delta T_{\varphi 0}, V_S) = \frac{1}{N} \sum_{i=1}^{N} f_i \left[\Delta T_{\varphi} (\Delta T_{\varphi 0}, p_i, V_S, R_V) \right] \tag{9-17}$$

式中，φ 为震相类型，f_i 为第 i 道的初至的振幅。获得的最大振幅对应转换波间断面。

由于不同射线参数的接收函数通过动校正到参考曲线上后，这些接收函数在速度不连续面的转换波就有了一致性，那么当速度结构合适的时候，振幅上也就存在一致性，振幅值最大的地方相应地也就能反映出地下的速度结构和该不连续面转换震相相对于直达 P 波的延时。

3. 展平变换

上述理论都是基于地球介质水平层状的假设，但是当目标层深入到上地幔的时候，地球的曲率变化是必须要考虑进去的。因此，需要将上述水平层状假设的理论转换为球型层状介质。对叠加速度谱的每一个点都应用展平变换将水平介质结果转换为球状水平介质结果，其变换为

$$V_f = V_{sph} \left(\frac{r_e}{r} \right) \tag{9-18}$$

式中，V_f 为水平层状介质的叠加速度谱；V_{sph} 为球状水平层状介质的叠加速度谱；r_e 为地球半径；r 为水平层状介质深度为 z 时对应的半径。

$$r = r_e \exp \left(-\frac{z}{r_e} \right) \tag{9-19}$$

对于不同的延时对应的深度由式（9-15）给出。

4. 对速度谱叠加的改进

对目标层 Z 以上的参考横波速度乘一个因子，其变化范围在 1 附近，通过该速度替换最初扫描叠加的常速度，得到深度叠加振幅随因子变化的谱，在叠加速度谱上最大振幅值的地方对应该目标层的深度和因子值。一般来说，因子的值在 1 左右。

另一种方法是，对目标层 Z km 以上的参考横波和纵波速度分别乘以一个 M_S 和 M_P 因子，其变化范围在 1 附近，通过该速度替换最初扫描叠加的常速度和波速比，得到深度叠加振幅随 M_S 和 M_P 因子变化的谱，在叠加速度谱上最大振幅值的地方对应该目标层的深度、M_S 和 M_P 因子值。一般来说，M_S 和 M_P 因子的值都在 1 左右。

5. 温度异常计算

由 MTZ 厚度变化计算温度异常采用下式：

$$\Delta T = \Delta H_{MTZ} \frac{dp}{dz} \frac{1}{\gamma_{660} - \gamma_{410}} \tag{9-20}$$

式中，ΔH_{MTZ} 为厚度变化，减薄取负，增厚取正；$\dfrac{dp}{dz}$ 为压力梯度；γ_{660} 和 γ_{410} 为两间断面相变克拉伯龙斜率（Clapeyron slopes）。

由 Isap91 模型，给出 MTZ 的压力梯度为 33 MPa/km；设 410 界面相变斜率的上下界限值为 2.5 MPa/K 和 3.0 MPa/K；设 660 界面相变斜率的上下界限值为–2.1 MPa/K 和 –3.0 MPa/K。

最后计算两个极端值即可（Ito and Takahashi，1989；Bina and Helffrich，1994；Helffrich，2000）。

9.3.2　西南印度洋中脊实例

2010 年超慢速西南印度洋中脊 3-D OBS 台阵试验时间为 28 天，在 7 台宽频 OBS 中只有一台（位于热液喷口附近）获得 3 个较好的远震记录（表 9-3、表 9-4）。获得的 MTZ 两个间断面接收函数如图 9-18 所示，可以看出 MTZ 相对于全球平均值明显减小。叠加速度谱如图 9-19 所示，表明 410 界面下降 15～425 km，而 660 界面上升 18～642 km。相比全球 MTZ 平均值（243～247 km）（Gu et al.，1998；Tauzin et al.，2008），西南印度洋中脊热液喷口下面的 MTZ 减薄 26～30 km。根据式（9-20），算得温度异常为 181～237 K。

表 9-3　台站信息（GMT 时间）

No.	Lon.E/(°)	Lat.S/(°)	Azi./(°)	Start Date	Start Time	Stop Date	Stop Time
02	49.69731	37.76143	11.50	5/2/2010	05：58	23/2/2010	10：13

表 9-4　地震目录（M_s≥5.5）（USGS 发布）

No.	Date	Time	Lat.S/(°)	Lon.E/(°)	Depth/km	Magnitude/Ms
1	2010-02-15	21：51：47	7.217	128.723	126	6.2
2	2010-02-11	21：56：31	–34	25.393	14	5.5
3	2010-02-11	18：43：09	9.905	113.845	51	5.8

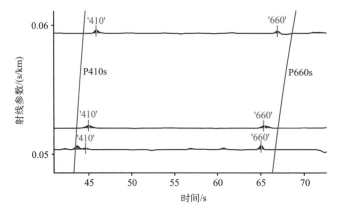

图 9-18　MTZ 两间断面实测获得的 3 个不同震中距的接收函数

蓝色线表明全球平均值

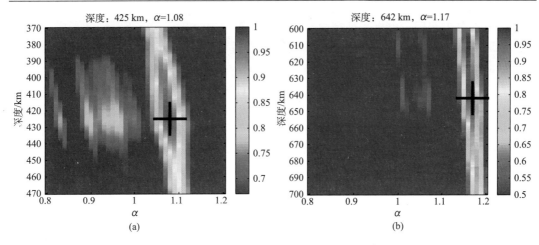

图 9-19　叠加速度谱指示的两间断面深度

9.4　地壳和地幔的各向异性

9.4.1　基本认识

一般认为，Hess（1964）对海洋上地幔各向异性的研究揭开了现代地震学各向异性研究的序幕。研究结果表明，地壳各向异性剪切波分裂时，快、慢波之间走时差一般为 0.1～0.3 s，不超过 0.5 s。上地幔各向异性的走时差为 1.0～2.0 s，远大于地壳的走时差，而下地幔不具有各向异性特征。因而，只要地震射线是通过地幔传播，所观测到的各向异性就被认为是由上地幔引起的。与地壳各向异性强调应力和动态相反，上地幔各向异性强调的是有限应变或变形和相对稳定性。大洋或大陆上地幔各向异性一般被认为是由橄榄石晶格的优势定向排列（LPO）造成的（Hess，1964；Nicolas and Christensen，1987）。剪切波在上地幔的分裂参数被认为是应变的函数，即 $\delta t = \delta t(|\varepsilon|)$，$\phi = \phi(\varepsilon_i)$ $(i = 1,2,3)$，并设 3 个主应变 ε_1、ε_2 和 ε_3 分别对应最小应变（缩短应变）、中间应变和张应变。自然态的橄榄石观测、实验、理论模拟表明（Nicolas and Poirier，1976；Christensen，1984；Nicolas and Christensen，1987），对于几乎所有的有限应变，橄榄石[100]轴都是平行于张应变（ε_3）的方向的，而[100]轴又恰好与快剪切波的偏振方向重合。这一结论是上地幔各向异性分析的基础。

从地球动力学角度看，关于上地幔各向异性的起源目前主要有三种假说，分述如下。

1）绝对板块运动假说（APM）

该假说认为各向异性是板块和其下部地幔之间的差异运动造成的。应变主要集中在软流层，在岩石圈也可能产生一定的应变。与板块运动有关的应变主宰着大陆的变形，大陆和大洋地幔可以同等对待。在这种情况下，橄榄石[100]轴位于上地幔流动平面内且平行于流动方向，因而快波的偏振方向 φ_{APM} 平行于绝对板块运动方向。

2）大陆地壳的现今应力假说（CS）

该假说认为岩石圈的弱应力导致的应变造成了各向异性，不涉及物理过程；还认为与地壳应力有关的构造过程，如地壳基底对板块的牵力、洋脊的推覆、山的形成和隆起也可以造成上地幔的各向异性。CS 模式的各向异性特征比 APM 模式难以估计，这是因为如前面提及的那样 LPO 各向异性是有限应变的函数，而不是瞬间的应力。因此，必须在应力与各向异性之间建立一个本构关系，但这种关系不是唯一的。最直接的方法是将压应力、中间应力、张应力分别与缩短应变、中间应变、张应变等价起来。在此条件下，对于张性和板块碰撞区域的纯剪切变形，快波的偏振方向 φ_{CS}（即橄榄石的[100]轴）与最大水平压应力 $\sigma_{h\max}$ 垂直，即平行于板块边界，如印度板块与欧亚板块碰撞带 φ_{CS} 应平行于边界。如果说上地幔各向异性与板块的拖力有关，则 φ_{CS} 平行于 $\sigma_{h\max}$，条件是 $\sigma_{h\max}$ 与绝对板块运动方向一致。

3）大陆岩石圈最近一次显著的内部连贯变形假说（ICD）

ICD（interior coherent deformation）模式认为由于构造活动，如造山运动、隆起、走滑变形等造成了上地幔的各向异性。与之有关的应变是由于薄膜应力的结果，与岩石圈底部的应力相反。如果没有随后的变形覆盖的话，这种各向异性就如同“化石”一般被保存在岩石圈内，从而将地球表面的构造与地幔应变相关联，认为地表地质构造上的应变场是地幔应变的可靠度量，各向异性快方向即为地质驱动方向 φ_g。对造山幕，φ_g 垂直于碰撞方向，而平行于构造走势；对伸张区域，φ_g 平行于伸张方向；对大型走滑板块边界（如圣安德烈斯断裂），φ_g 平行于断层走向。

这三种假说可以以下述方式组合：①APM 和 CS 假说意味着上地幔各向异性是现今地质活动过程的结果，ICD 在构造活动区也是如此，但是 ICD 认为在稳定区“化石”各向异性起主导作用，各向异性为我们提供了地幔的变形历史。②APM 认为各向异性局限于软流层，岩石圈也可能有各向异性，CS 和 ICD 都强调了岩石圈的变形。③对于岩石圈 APM 认为地幔应变是由于底部剪应力产生的，且快波的偏振方向 φ_{APM} 平行于上地幔软流层的运动方向；而 ICD 认为是薄膜应力造成的，且各向异性快方向即为地质驱动方向 φ_g；CS 对两种变形都是可容的，在稳定地区 $\varphi \parallel \sigma_{h\max}$，在活动构造区 $\varphi \perp \sigma_{h\max}$。

9.4.2　主要利用的震相

上地幔地震各向异性的研究方法从所使用的震相类型看，可以分为三种。一是长周期面波，如高阶的瑞雷波、乐甫波相速度随方位的变化；二是折射体波，主要是壳幔边界的 Pn 波速度随方位的变化；三是各种核幔边界产生的 S 波通过上地幔时的分裂，常用的震相有 SKS、SKKS 和 ScS。

1）长周期面波的方位各向异性

长周期面波的各向异性对研究横向数千千米大规模结构是非常有用的。而大陆各向异性的研究范围是几百千米，长周期面波的分辨率就显得太低了。因此，在大洋上地幔各向异性研究中长周期面波是适用的，而大陆上地幔的各向异性研究中一般不用长周期面波。

2）Pn 方位各向异性

使用壳幔边界的折射波 Pn 的优势在于其反映的各向异性深度是明确的，即上地幔顶部与地壳底部间的各向异性。另外，Pn 波震相比较清楚，容易识别。但因为 P 波通过各向异性介质时不像 S 波那样会产生分裂现象，所以只能观测波速随方位的变化，要求地震射线的覆盖方位全面而且分布比较均匀，因而观测代价较高。另外，对于一般深度的地震而言，Pn 波的射线路径是从地壳入射到上地幔顶部，沿壳幔边界传播一定距离后折射回地壳，最终到达地表。因此，一些非均匀因素，如复杂的地质构造、界面的起伏等，对各向异性会造成较大的影响，只有在良好的构造区，如均匀的海洋地壳和均匀的大陆地壳才能观测到 Pn 波的各向异性。为此，要求震中距尽可能小以避开横向非均匀性的影响，但是，由于大陆地壳的厚度比大洋地壳要大得多，因而在大陆观测 Pn 波的最小折射震中距比大洋要大。针对这一矛盾，大陆 Pn 波各向异性研究的一般做法是将研究区域划分成若干比较均匀的小区域。

3）SKS 和 ScS 的偏振各向异性

目前大陆上地幔各向异性研究中最流行的方法是剪切波分裂的观测，它被认为是识别介质方位各向异性性质最可靠、多解性最小的研究工具。这是因为它不仅利用了分裂波的偏振性和时间延迟等参数，而且通过对不同方位多次地震所得参数的平均能较好地克服非均匀性的影响。另外，S 波分裂法可以克服 Pn 波所要求的小震中距带来的问题。最常用的震相是核幔边界上产生的 SKS 和 ScS。

SKS 实际上是核幔边界上由 P 波转换而成的 SV 波，通过地幔向各异性介质传播而发生分裂并入射到地表。用 SKS 波研究各向异性具有很好的横向分辨率。由于外核是液态的，因此 S 波从地幔进入地核后只剩转换 P 波而没有 S 波成分，也就是说 S 波进入地核以前的非均匀因素、各向异性效果都被地核过滤掉了，所观测到的 SKS 分裂效果只是从地核出来后到达地表这单一路径上各向异性介质的反映。另外，SKS 属远震相，它是陡直入射到地表的，如果射线路径上介质是各向同性的，那么对近于球对称的地球而言，地表的切向分量应该为零，粒子的水平运动轨迹是线性的。如果介质是各向异性的，将存在一定幅度的切向分量，两水平分量的合成轨迹将是椭圆的，因此很容易识别、分析上地幔的各向异性。存在的问题是，地表观测到的各向异性是整个上地幔和地壳的共同效应，只能大致估计各向异性厚度，而不知道各向异性介质的层位，即垂向分辨率较差。另外，由于 SKS 波的最佳观测范围一般选为 85°～140°，因此要求地震震级较大以产生足够的可识别振幅。

ScS 是核幔边界上的反射 S 波，陡直入射到地表，在震中距小于 30° 内较容易观测到。缺点是 S 波在核幔边界上反射时，SH 波分量是完全反射的，但 SV 波除了反射 SV 波之外还产生折射 P 波，使得反射的 ScS 产生畸变，这种畸变 ScS 波在地表水平分量上也可产生椭圆运动，从而造成错误的识别。为了避免这种情况的发生，选择震中距应小于 30°～35°。另外，和 SKS 一样，单用 ScS 难以确定各向异性的深度，而且其各向异性效果是从震源到反射点和从反射点到观测点两条路径的共同效应，其各向异性横向分辨率比 SKS 差。

9.5　弱各向异性理论

9.5.1　本征值及本征矢量

下面的解释性推导是根据 Willmore 和 Bancroft（1960）的工作。设介质具有弱的方位各向异性（小于 10%），并在一级近似条件下设群速度与相速度具有相同的方位函数。设直角坐标系下，x_1 指向正北，x_2 指向正东，x_3 铅垂向下。设各向异性是均匀的，质量密度 ρ 也是均匀的，S 为体波位移矢量，ω 为角频率，k 为传播矢量，其单位矢量为 $\upsilon = k / k$。应变张量与位移的关系为

$$\sigma_{ij} = \frac{1}{2}\left(\frac{\partial s_i}{\partial x_j} + \frac{\partial s_j}{\partial x_i}\right) \tag{9-21}$$

应力与应变的线弹性本构关系为

$$\tau_{ij} = \rho \Gamma_{ijkl} \sigma_{kl} \tag{9-22}$$

动力学方程为

$$\rho \frac{\partial^2 s_i}{\partial t^2} = \frac{\partial \tau_{ij}}{\partial x_j} \tag{9-23}$$

对于简谐波，由动力学方程得

$$(\Gamma_{ijkl}\upsilon_j\upsilon_k)s_l = c^2 s_i \tag{9-24}$$

其中，相速度 $c = \omega / k$。

令

$$B_{il} = \Gamma_{ijkl}\upsilon_j\upsilon_k \tag{9-25}$$

$$B = c^2 \tag{9-26}$$

则式（9-24）可改写成

$$B_{il}s_l = Bs_i \tag{9-27}$$

B_{il} 是一个 3×3 矩阵，它的三个本征值 B 代表了三种体波在 υ 方向上的相速度的平方，对应的三个本征矢量 $s_i^{(1)}$、$s_i^{(2)}$、$s_i^{(3)}$ 给出了三个偏振方向。

对于弱各向异性介质，弹性模量可以表示为各向同性介质的弹性模量加上扰动量：

$$\Gamma_{ijkl} = \Gamma_{ijkl}^{(0)} + \gamma_{ijkl} \tag{9-28}$$

$$\Gamma_{ijkl}^{(0)} = (C_P^2 - 2C_S^2)\delta_{ij}\delta_{kl} + C_S^2(\delta_{ik}\delta_{jl} + \delta_{il}\delta_{jk}) \tag{9-29}$$

其中 C_P 和 C_S 分别为各向同性介质的 P 波速度和 S 波速度。对于弱各向异性，要求扰动量满足：$\gamma_{ijkl} << c_S^2$。将式（9-29）代入式（9-25）得

$$B_{il}^{(0)} = (C_P^2 - C_S^2)\upsilon_i\upsilon_l + C_S^2\delta_{il} \tag{9-30}$$

因此对于弱各向异性有

$$\begin{cases} B_{il} = B_{il}^{(0)} + b_{il} \\ b_{il} = \gamma_{ijkl} \upsilon_j \upsilon_k \end{cases} \tag{9-31}$$

当 $b_{il} \neq 0$ 时方程（9-27）的解可以写成：

$$\begin{cases} B = B^{(0)} + B^{(1)} + \cdots \\ S_i = S_i^{(0)} + S_i^{(1)} + \cdots \end{cases} \tag{9-32}$$

其中 $B^{(0)}$，$S_i^{(0)}$ 是 $b_{il} = 0$ 的解，也就是各向同性介质的解，如果 $B^{(0)}$ 是非退化的（只有一个本征矢量），选取 $S_i^{(0)}$ 为单位矢量，由式（9-31）、式（9-32）和式（9-27），并取前两项近似，得

$$b_{il} S_l^{(0)} = B^{(1)} S_i^{(0)} \tag{9-33}$$

等式两边乘 $S_i^{(0)}$ 得

$$B^{(1)} = b_{il} S_i^{(0)} S_l^{(0)} \tag{9-34}$$

如果 $B^{(0)}$ 具有二维本征空间的退化（对应两个本征矢量），设 $S_i^{(\mathrm{SH})}$、$S_i^{(\mathrm{SV})}$ 为正交的单位矢量，并满足 $B_{il}^{(0)} S_l^{(0)} = B^{(0)} S_i^{(0)}$。在（式 9-33）中设 $S_i^{(0)} = \alpha S_i^{(\mathrm{SH})} + \beta S_i^{(\mathrm{SV})}$。因此有

$$b_{il} (\alpha S_l^{(\mathrm{SH})} + \beta S_l^{(\mathrm{SV})}) = B^{(1)} (\alpha S_i^{(\mathrm{SH})} + \beta S_i^{(\mathrm{SV})})$$

上式两边乘以 $S_i^{(\mathrm{SH})}$ 或 $S_i^{(\mathrm{SV})}$，并利用正交性（$S_i^{(\mathrm{SH})} S_i^{(\mathrm{SV})} = 0$），得

$$\begin{bmatrix} S_i^{(\mathrm{SH})} b_{il} S_l^{(\mathrm{SH})} & S_i^{(\mathrm{SH})} b_{il} S_l^{(\mathrm{SV})} \\ S_i^{(\mathrm{SV})} b_{il} S_l^{(\mathrm{SH})} & S_i^{(\mathrm{SV})} b_{il} S_l^{(\mathrm{SV})} \end{bmatrix} \begin{bmatrix} \alpha \\ \beta \end{bmatrix} = B^{(1)} \begin{bmatrix} \alpha \\ \beta \end{bmatrix} \tag{9-35}$$

9.5.2　各向异性界面上 Pn 的速度

根据式（9-32），P 波的速度可以表示为

$$V_{\mathrm{P}}^2 = C_{\mathrm{P}}^2 + B^{(1)} + 2 \text{ 阶近似量度} \tag{9-36}$$

就 P 波而言，其振动方向与传播方向一致，即 $S_i^{\mathrm{P}} = \upsilon_i$，将其和式（9-31）代入式（9-34）得

$$B^{(1)} = \gamma_{ijkl} \upsilon_j \upsilon_k S_i^{\mathrm{P}} S_l^{\mathrm{P}} = \gamma_{ijkl} \upsilon_i \upsilon_j \upsilon_k \upsilon_l \tag{9-37}$$

设 P 波沿水平界面传播，相对正北（顺时针）方位角为 φ，即

$$(\upsilon_1, \upsilon_2, \upsilon_3) = (\cos\varphi, \sin\varphi, 0) \tag{9-38}$$

在一阶近似下展开式（9-37）得

$$\begin{aligned} V_{\mathrm{P}}^2 = C_{\mathrm{P}}^2 + B^{(1)} = C_{\mathrm{P}}^2 &+ \gamma_{1111} \cos^4\varphi + 4\gamma_{1112} \cos^3\varphi \sin\varphi + (2\gamma_{1122} + 4\gamma_{1212}) \cos^2\varphi \sin^2\varphi + \\ &+ 4\gamma_{1222} \cos\varphi \sin^3\varphi + \gamma_{2222} \sin^4\varphi \end{aligned} \tag{9-39}$$

利用三角恒等式将式（9-39）简化成如下形式：

$$V_{\mathrm{P}}^2 = C_{\mathrm{P}}^2 + A + C\cos 2\varphi + D\sin 2\varphi + E\cos 4\varphi + F\sin 4\varphi \tag{9-40}$$

且有

$$\begin{cases} A = \dfrac{1}{8}(3\gamma_{1111} + 2\gamma_{1122} + 4\gamma_{1212} + 3\gamma_{2222}) \\ C = \dfrac{1}{2}(\gamma_{1111} - \gamma_{2222}) \\ D = \gamma_{1112} + \gamma_{1222} \\ E = \dfrac{1}{8}(\gamma_{1111} - 2\gamma_{1122} - 4\gamma_{1212} + \gamma_{2222}) \\ F = \dfrac{1}{2}(\gamma_{1112} - \gamma_{1222}) \end{cases} \tag{9-41}$$

注意以上是以弹性模量的扰动量 γ_{ijkl} 加上各向同性波速 C_P^2 来表示各向异性的波速。为了应用的方便，根据式（9-28），用一般的各向异性弹性模量（$C_{ijkl} = \rho\Gamma_{ijkl}$）表示时，式（9-40）中的各向同性的波速 C_P^2 将隐于弹性模量而在方程中消失，经推导得

$$\rho V_\mathrm{P}^2 = A + C\cos 2\varphi + D\sin 2\varphi + E\cos 4\varphi + F\sin 4\varphi \tag{9-42}$$

其中，

$$\begin{cases} A = \dfrac{1}{8}(3c_{1111} + 2c_{1122} + 4c_{1212} + 3c_{2222}) \\ C = \dfrac{1}{2}(c_{1111} - c_{2222}) \\ D = c_{1112} + c_{1222} \\ E = \dfrac{1}{8}(c_{1111} - 2c_{1122} - 4c_{1212} + c_{2222}) \\ F = \dfrac{1}{2}(c_{1112} - c_{1222}) \end{cases} \tag{9-43}$$

9.5.3 各向异性界面上 Sn 的速度

设有 S 波沿界面传播，其传播方向仍由式（9-38）表述，这时 SV 波偏振方向在铅垂平面内且与 x_3 轴重合，而 SH 波的偏振在水平面内且与传播方向垂直，所以有

$$S_1^{(\mathrm{SV})} = S_2^{(\mathrm{SV})} = 0 , \quad S_3^{(\mathrm{SV})} = 1$$

$$S_1^{(\mathrm{SH})} = -\upsilon_2 = -\sin\varphi , \quad S_2^{(\mathrm{SH})} = \upsilon_1 = \cos\varphi , \quad S_3^{(\mathrm{SH})} = 0$$

上述偏振关系可以简洁地表示为

$$\begin{cases} S_i^{(\mathrm{SH})} = -\varepsilon_{im3}\upsilon_m \\ S_i^{(\mathrm{SV})} = \delta_{i3} \end{cases} \tag{9-44}$$

其中 ε_{ijk} 是三阶次序张量，顺循环时其值为 1，反循环时为 –1，其他为 0，并且有下列公式：

$$\varepsilon_{im3}\varepsilon_{\ln 3}\upsilon_m\upsilon_n = \delta_{il} - \delta_{i3}\delta_{l3} - \upsilon_i\upsilon_l \tag{9-45}$$

如果 V_S 是各向异性 S 首波速度，C_S 为各向同性 S 波速度，由式（9-32）得 $V_\mathrm{S}^2 - C_\mathrm{S}^2 = B^{(1)}$，

这时可能有两个本征值，设为 $B_1^{(1)}$、$B_2^{(1)}$。根据数学定理，知道 $T(\varphi) = B_1^{(1)} + B_2^{(1)}$ 为本征矩阵 B_{il} 的迹（即两主元素之和），而 $\Delta(\varphi) = B_1^{(1)} B_2^{(1)}$ 为本征矩阵的行列式。由式（9-35）有

$$T(\varphi) \equiv B_1^{(1)} + B_2^{(1)} = S_i^{(\mathrm{SH})} b_{il} S_l^{(\mathrm{SH})} + S_i^{(\mathrm{SV})} b_{il} S_l^{(\mathrm{SV})}$$

$$\Delta(\varphi) \equiv B_1^{(1)} B_2^{(1)} = S_i^{(\mathrm{SH})} b_{il} S_l^{(\mathrm{SH})} S_m^{(\mathrm{SV})} b_{mn} S_n^{(\mathrm{SV})} - S_i^{(\mathrm{SH})} b_{il} S_l^{(\mathrm{SV})} S_m^{(\mathrm{SV})} b_{mn} S_n^{(\mathrm{SH})}$$

$$= \gamma_{ijkl} \gamma_{mpqn} [S_i^{(\mathrm{SH})} S_l^{(\mathrm{SH})} S_m^{(\mathrm{SV})} S_n^{(\mathrm{SV})} - S_i^{(\mathrm{SH})} S_l^{(\mathrm{SV})} S_m^{(\mathrm{SV})} S_n^{(\mathrm{SH})}] \upsilon_j \upsilon_k \upsilon_p \upsilon_q$$

将式（9-31）、式（9-44）、式（9-45）代入上式得

$$T(\varphi) = \gamma_{ijkl} \upsilon_j \upsilon_k (\delta_{il} - \upsilon_i \upsilon_l) = \gamma_{ijki} \upsilon_j \upsilon_k - \gamma_{ijkl} \upsilon_i \upsilon_j \upsilon_k \upsilon_l \tag{9-46}$$

$$\Delta(\varphi) = (\gamma_{ijk3} \gamma_{3pql} - \gamma_{ijkl} \gamma_{3pq3} + \gamma_{mijkm} \gamma_{3pq3} \delta_{il} - \gamma_{mjk3} \gamma_{3pqm} \delta_{il}) \upsilon_i \upsilon_j \upsilon_k \upsilon_l \upsilon_p \upsilon_q \tag{9-47}$$

设 $V_{\mathrm{S1}}(\varphi)$、$V_{\mathrm{S2}}(\varphi)$ 为水平向传播的 S 波速度，并引入式（9-39）的本征值，即有

$$\begin{cases} T(\varphi) = B_1^{(1)} + B_2^{(1)} = (V_{\mathrm{S1}}^2 - C_{\mathrm{S}}^2) + (V_{\mathrm{S2}}^2 - C_{\mathrm{S}}^2) \\ Q(\varphi) = B^{(1)} = V_{\mathrm{P}}^2 - C_{\mathrm{P}}^2 \end{cases}$$

由式（9-46）～式（9-38）得

$$T(\varphi) + Q(\varphi) = V_{\mathrm{S1}}^2 + V_{\mathrm{S2}}^2 + V_{\mathrm{P}}^2 - C_{\mathrm{P}}^2 - 2C_{\mathrm{S}}^2 = \gamma_{ijki} \upsilon_j \upsilon_k$$
$$= \gamma_{i11i} \cos^2 \varphi + 2\gamma_{i12i} \cos \varphi \sin \varphi + \gamma_{i22i} \sin^2 \varphi \tag{9-48}$$

将式（9-48）展开，并引入式（9-40）、式（9-41），有

$$T(\varphi) = (V_{\mathrm{S1}}^2 - C_{\mathrm{S}}^2) + (V_{\mathrm{S2}}^2 - C_{\mathrm{S}}^2) = \frac{1}{8}(\gamma_{1111} + \gamma_{2222} + 4\gamma_{3113} + 4\gamma_{1212} + 4\gamma_{2323} - 2\gamma_{1122}) +$$

$$+ \frac{1}{2}(\gamma_{3113} - \gamma_{2323}) \cos 2\varphi + \gamma_{1323} \sin 2\varphi - E \cos 4\varphi - F \sin 4\varphi$$

对于铅垂平面内沿水平方向（由 x_1, x_2 表述）传播的波，SH 波在 $x_1 x_2$ 平面内偏振，所以与 x_3 轴无关；而 SV 波不光与传播方向有关，而且因其偏振方向在铅垂平面内且与 x_3 轴一致，所以它与三个轴都有关。因此可以根据弹性模量的指标，将上式分解为两个式子从而得到两种剪切波的速度表达：

$$V_{\mathrm{SH}}^2 - C_{\mathrm{S}}^2 = \frac{1}{8}[\gamma_{1111} + \gamma_{2222} - 2(\gamma_{1122} - \gamma_{1212})] - E \cos 4\varphi - F \sin 4\varphi \tag{9-49}$$

$$V_{\mathrm{SV}}^2 - C_{\mathrm{S}}^2 = \frac{1}{2}(\gamma_{1313} + \gamma_{2323}) + \frac{1}{2}(\gamma_{1313} - \gamma_{2323}) \cos 2\varphi + \gamma_{1323} \sin 2\varphi \tag{9-50}$$

为了应用的方便，根据式（9-28），用一般的各向异性弹性模量（$C_{ijkl} = \rho \Gamma_{ijkl}$）表示时，式（9-49）和式（9-50）中的各向同性的波速 C_{S}^2 将隐于弹性模量而在方程中消失，经推导得

$$\rho V_{\mathrm{SH}}^2 = \frac{1}{8}[c_{1111} + c_{2222} - 2(c_{1122} - c_{1212})] + \frac{1}{8}[-c_{1111} + 2(c_{1122} + 2c_{1212}) - c_{2222}] \cos 4\varphi$$

$$+ \frac{1}{2}(-c_{1112} + c_{1222}) \sin 4\varphi \tag{9-51}$$

$$\rho V_{\mathrm{SV}}^2 = \frac{1}{2}(c_{1313} + c_{2323}) + \frac{1}{2}(c_{1313} - c_{2323}) \cos 2\varphi + c_{1323} \sin 2\varphi \tag{9-52}$$

至此得到了弱各向异性介质中水平方向传播的 P 波、SH 波和 SV 波的速度与传播方位的关系式，即式（9-42）、式（9-51）和式（9-52），为用首波方法来反演上地幔顶部莫霍面的各向异性做了准备。

9.5.4 Pn 各向异性分析方法

1. 简单的时间项法

根据 Willmore 和 Bancroft（1960）、Bamford 和 Karlsruhe（1973）及 Bamford（1976）的工作进行推导。时间项分析法的基本原理是将 P 波折射走时分成三个独立的部分。设震源在 i 点，台站为 j 点，理论折射走时为

$$t_{ij} = a_i + a_j + \frac{D_{ij}}{V_{\mathrm{P}}} \tag{9-53}$$

式中，a_i 和 a_j 分别为 i 点和 j 点的延迟时间；D_{ij} 为等效走滑距离；V_{P} 为折射波速度。考虑到折射面的起伏，分别在入射点和出射点上对界面作切线，由震中和台站向两条切线作垂线。两垂足之间的距离定义为 D_{ij}。由上覆层造成的延迟时间定义为

$$a_i = \frac{h_i \cos \gamma_i}{V_0} \tag{9-54}$$

式中，h_i 为台站或震中到切线的垂直距离；γ_i 为入射角（一般取为临界角）；V_0 为上覆层波速。如果上覆层波速为深度的函数 $U(z)$，则延迟时间可以写成：

$$a = \int \frac{(V_{\mathrm{P}}^2 - U^2(z))^{\frac{1}{2}}}{V_{\mathrm{P}} U(z)} \mathrm{d}z \tag{9-55}$$

时间项分析就是通过最小二乘法来拟合式（9-53），从而求出延迟时间、折射波速度。时间项分析之所以这样命名，关键在于延迟时间的分析。简单时间项分析的条件是：通过预先对观测剖面进行合理的设计，使得一个震源被几个不同的台站观测到，而一个台站又观测到不同的震源，使得独立的延迟时间项个数因为大量重复而相对观测量来说变得很少。在此条件下简单时间项法可直接应用最小二乘法求解未知量。在式（9-53）中折射波速度不要求为常量，可以是横向变化的，也可以是各向异性的。就关心的各向异性问题，应用式（9-40），可将式（9-53）改写为

$$t_{ij} = a_i + a_j + \frac{\Delta_{ij}}{V_m} + \frac{1}{2V_m^3}(R_i + R_j - \Delta_{ij})$$
$$\times (C \cos 2\theta + D \sin 2\theta + E \cos 4\theta + F \sin 4\theta) \tag{9-56}$$

式中，θ 为水平面内传播方向与正北顺时针夹角；R_i、R_j 为两点的偏移距离，即震源或台站与折射点之间的水平距离；Δ_{ij} 为震中距。在上述推导中将折射波速度分为平均速度和扰动两部分：

$$V_{\mathrm{P}}^2 = V_m^2 + \mathrm{d}(V_{\mathrm{P}}^2) \tag{9-57}$$

$$\begin{cases} V_m^2 = C_{\mathrm{P}}^2 + A \\ \mathrm{d}(V_{\mathrm{P}}^2) = C \cos 2\theta + D \sin 2\theta + E \cos 4\theta + F \sin 4\theta \end{cases} \tag{9-58}$$

在简单时间项分析中用最小二乘法求解式（9-56），待求未知量为平均波速、与波速扰动量有关的系数。对延迟时间项、距离偏移项可根据有关信息，设定试探量，通过对拟合方差的分析来选取最佳值。

2. 延迟时间函数法

Raitt 等（1969）考虑到实际的大量资料是不符合简单时间项分析法的条件，分析中会出现很多不同的延迟时间项，为此函数法放弃了式（9-56）中各点延迟时间的独立性，将其设为台站和震中位置的函数。最常用的是多项式加上双傅里叶级数：

$$a(x,y) = a_0 + a_1 x + a_2 y + a_3 x^2 + a_4 y^2 + a_5 xy + \cdots + \sum_{p=1}^{N}\sum_{q=1}^{N}\{b_{pq}\sin(pu_x)\sin(qv_y) \tag{9-59}$$
$$+ c_{pq}\sin(pu_x)\cos(qv_y) + d_{pq}\cos(pu_x)\sin(qv_y) + e_{pq}\cos(pu_x)\cos(qv_y)\}$$

式中，u_x 和 v_y 为表示界面起伏的规则化因子。通常对多项式取一阶，双傅里叶级数取 4 阶，这时需求解的未知量有平均波速、扰动量的 4 个系数、时间项的 3 个多项式系数和 64 个傅里叶级数的系数，共计 72 个。对偏移距离仍用试探法确定。

函数法的缺点是：首先要求资料的空间分布有一定的规则，否则延迟时间函数不稳定；其次傅里叶级数中的基本波长与参考坐标方位有关；最后如果要提高傅氏解的精度，待定系数将迅速增加，解的稳定性降低。

3. 马赛克时间项分析法

Bamford（1976）根据对上述两种分析法的研究，提出了马赛克（Mozaic）时间项分析法。其基本原则与简单时间项分析法完全一样，但该方法将原先"点"或"台"的概念变成"面"的概念，也就是说在一定的小区域内，各点的延迟时间定为一个常数，从而大大减少未知量个数。整个研究区域由这些小区域（马赛克）构成。通过其他信息来确定马赛克的划分，如可由重力图来确定一套马赛克，可以由地质构造来选一套马赛克，也可应用地形、地磁资料等，从而形成几种不同的方案来分别进行分析研究。划分马赛克的原则，一是相同的延迟时间尽可能多地被应用，以减少未知量；二是对各向异性而言，观测方位的覆盖面越广、越均匀越好。

Crampin 和 Bamford（1977）实际应用上述方法到各向异性界面时，为了能较好地确定各向异性对称轴方位，作了如下处理。

将式（9-57）改写成

$$V^2 = V_m^2 + C\cos 2\theta + D\sin 2\theta + E\cos 4\theta + F\sin 4\theta \tag{9-60}$$

其中的常数是各向异性介质的 6 个弹性模量组合而成，θ 是水平面内传播方向与正北的顺时针夹角。

如果 θ 是水平面内传播方向相对对称轴的顺时针夹角，则 P 波速度表示为

$$V^2 = V_m^2 + C'\cos 2\theta + E'\cos 4\theta \tag{9-61}$$

第一种方法是将式（9-61）代入式（9-56）直接拟合。但需要初定一个方位使之在可能的对称轴分布范围内。寻找最小拟合差所对应的对称轴方位。

为了直接找出对称轴,可采用下面的方法。设对称轴、射线相对正北的夹角分别为 α 、θ ,因此可用 $\theta-\alpha$ 代替式(9-61)中的 θ ,推得

$$V^2 = V_m^2 + (C'\cos 2\alpha)\cos 2\theta + (C'\sin 2\alpha)\sin 2\theta$$
$$+ (E'\cos 4\alpha)\cos 4\theta + (E'\sin 4\alpha)\sin 4\theta \qquad (9\text{-}62)$$

对比式(9-60)与式(9-62),立即有

$$\alpha = \frac{1}{2}\tan^{-1}(D/C) \qquad (9\text{-}63)$$

$$\alpha = \frac{1}{4}\tan^{-1}(F/E) \qquad (9\text{-}64)$$

因此第二种方法是将式(9-60)代入式(9-56)做最小二乘法拟合后,可由式(9-63)或式(9-64)计算对称轴方位。再利用式(9-62)将式(9-60)转化为式(9-61)。但根据 Crampin 和 Bamford(1977)的研究,式(9-64)的结果较差,主要原因是上述拟合式中的系数 E 很小而难以确定。

4. 视速度法

时间项分析法实际做起来是比较麻烦的,所需求解的未知量太多。Vetter 和 Minster(1981)提出的分析方法是十分简洁的。它研究的是视速度随方位的变化,要求的条件是射线的覆盖方位要全面、均匀。按 20° 间隔对资料进行分组,对每一组资料按线性方法进行视速度的似合:

$$\varepsilon = \frac{\displaystyle\sum_{i=1}^{N} W_i^{-1}\left|t_0 + \frac{\Delta_i}{V_{ap}} - t_i\right|}{\displaystyle\sum_{i=1}^{N} W_i^{-1}} \qquad (9\text{-}65)$$

选取残差小的拟合结果。其中 W_i 为权系数,并将最小二乘法的不确定性作为线性拟合的不确定性。然后将结果做成平均视速度方位分布图(以 20° 为间隔),最后在极坐标下用最小二乘法拟合成椭圆,其长轴即为各向异性最大速度方向。

9.5.5 SKS 各向异性分析方法

SKS 波是核幔边界上出射的 SV 型波,属远震相。因此其到达台站下方时是陡直出射的。如果从核幔边界到地表出射点路径上介质为各向同性,对球对称的地球而言,三分量地震仪只能记录到径向分量,而切向分量为零。如果切向分量明显,水平分量的轨迹为椭圆,说明 S 波发生了分裂,射线路径上某些部位的介质可能是各向异性的。利用 SKS 的上述特点我们可以采用下述方法来研究各向异性的主要参数:快 S 偏振方向、快波与慢波之间的走时差。该方法是 Vinnik 等(1989)首先提出的。

这里的径向是指铅垂面内由震源到接收点的方向。设各向同性的径向分量振幅为 1,则在快、慢方向的分量分别为 $S_1 = \cos\beta$ 、$S_2 = \sin\beta$,当它们分裂为快、慢波时,径向上的快、慢成分分别为

$$A_{R,1} = \cos^2 \beta$$
$$A_{R,2} = \sin^2 \beta \qquad (9\text{-}66)$$

而切向上的快、慢成分分别为

$$A_{T,1} = \sin \beta \cos \beta$$
$$A_{T,2} = -\sin \beta \cos \beta \qquad (9\text{-}67)$$

式中，β 为快方向与径向的夹角（图 9-20）。

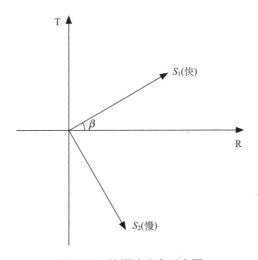

图 9-20　快慢波分离示意图

如果分裂前 SV 波的形式为 $\cos \omega t$，则由式（9-66）和式（9-67）得到各向异性介质的径向分量和切向分量为

$$\begin{cases} R(t) = \cos^2 \beta \cos \omega t + \sin^2 \beta \cos(\omega t - \omega \delta t) \\ T(t) = \sin \beta \cos \beta [\cos \omega t - \cos(\omega t - \omega \delta t)] \end{cases} \qquad (9\text{-}68)$$

式中，δt 为快、慢波之间的走时差。

考虑到介质是弱各向异性而 SKS 为长周期波，可以假定：

$$\omega \delta t << 1 \qquad (9\text{-}69)$$

在此条件下式（9-68）可以写成

$$\begin{cases} R(t) \approx \cos \omega t \\ T(t) \approx -\dfrac{1}{2} \omega \delta t \sin 2\beta \sin \omega t \end{cases} \qquad (9\text{-}70)$$

由式（9-70）得

$$T(t) = \frac{1}{2} \delta t \sin 2\beta R'(t) \qquad (9\text{-}71)$$

因此在长周期假定下，有两种方法可用来判断介质是否是各向异性。首先在两水平分量记录上识别出 SKS 震相，并在波至前后选定适当的记录长度。然后将两水平分量投影到径向和切向上（下述的水平分量都是指这两个分量而不是原始分量）。

判据 1：直接观察比较切向分量与径向分量，如果切向分量明显时，说明 S 波发生了分裂，介质为各向异性；或者做出两个水平分量的合成轨迹，如果椭圆性显著，也同样说明介质是各向异性的。

判据 2：由式（9-71）可知，从波型上看，切向分量应该是径向分量关于时间的导数。

确定 S 波分裂参数的具体做法如下。设切向分量是径向分量与线性滤波器的褶积：

$$T(t) = f(t) * R(t) \tag{9-72}$$

而由式（9-68）可知该滤波器的傅里叶变换为

$$F(\omega) = \frac{1}{2} \sin 2\beta \frac{1 - \exp(-i\omega\delta t)}{\cos^2\beta + \sin^2\beta \exp(-i\omega\delta t)} \tag{9-73}$$

选用一定的旋转角步长、时间步长，用试探法假设快波方位 φ（从正北开始，顺时针）和快慢波时间延迟 δt，根据式（9-73）和式（9-72）由径向分量计算出切向分量的理论值 T^*，然后计算残差函数：

$$E(\varphi, \delta t) = \left[\frac{1}{N} \sum \frac{\int [T(t) - T^*(t, \delta t, \varphi)]^2 \mathrm{d}t}{\int R^2(t)\mathrm{d}t} \right]^{\frac{1}{2}} \tag{9-74}$$

取残差最小时的旋转角 φ 和 δt 作为快 S 偏振方向和快、慢波时间延迟。要注意的是，式（9-73）中的 β 是径向相对快方向的夹角，随试探角的变化而变化，设径向相对正北顺时针夹角为 φ_0，则有 $\beta = \varphi_0 - \varphi$。这里的 N 是该台站研究中所用的地震记录个数。最终分析结果以时间延迟为纵坐标，以 φ 为横坐标，画出残差的等值线图，同时给出各台的快波方向、时间延迟和残差。

另外一个方法也是采用旋转法，将径向分量和切向分量投影到所试探的快、慢方向上，计算慢方向上的能量，最小能量所对应的旋转角 φ 和 δt 作为快 S 偏振方向和快、慢波时间延迟。

9.5.6　ScS 的分裂参数计算

1. 旋转相关法

Bowman 和 Ando（1987）、高原和郑斯华（1994）提出的旋转相关法其基本原理如下。由于快、慢波来自同一个源，在垂直入射的情况下，如果两水平分量通过转旋被正确地投影到快、慢方向上，那么它们就被分离为快分量和慢分量，再如果所进行时间延迟校正是正确的，那么它们的合成轨迹就是线性的，因而具有最大的相关性。具体做法如下：首先选取适当的长度，以正北方向顺时针起算，在 $0° \sim 180°$ 范围以一定的转角步长对两水平记录做旋转，并同时以一定的时间步长来变化延迟时间，求取不同快方向（慢方向与之垂直）、不同延迟时间下的相关函数值。将结果做成以时间延迟为纵轴，以快波偏振方向为横轴的残差等值线图，并给出最佳的快方向和延迟时间及残差。一般可设转角步长为 $\Delta\varphi = 2°$，时间延迟变化范围为 $\tau = 0 \sim 2\,\mathrm{s}$，其变化步长为 $\Delta\tau = 0.2\,\mathrm{s}$。

相关函数的离散形式为

$$C(\varphi, \delta t) = \sum_{m=1}^{M} U_x(mt) U_y(mt - \delta t) \tag{9-75}$$

2. 最小特征值法

Silver 和 Chan（1991）提出的最小特征值法基本原理是：对两水平分量进行旋转并作时间延迟校正，计算其协方差矩阵。从每一个方差矩阵求出的两个特征值中找出较小的那个特征值，从不同的转角和不同的延迟时间所对应的小特征值中选出一个最小的特征值，它所对应的方向和延迟时间就是快波偏振方向和快、慢波之间的走时差。协方差矩阵可表示为

$$C(\varphi, \delta t) = \begin{bmatrix} \mathrm{Var}(x) & \mathrm{Cov}(x,y) \\ \mathrm{Cov}(x,y) & \mathrm{Var}(y) \end{bmatrix} = \begin{bmatrix} c_{11} & c_{12} \\ c_{21} & c_{22} \end{bmatrix} \tag{9-76}$$

且有

$$\begin{cases} \mathrm{Cov}(x,y) = \dfrac{1}{M} \sum_{m=1}^{M} [U_x(mt) - \bar{U}_x][U_y(mt) - \bar{U}_y] \\ \mathrm{Var}(x) = \mathrm{Cov}(x,x) \\ \mathrm{Var}(y) = \mathrm{Cov}(y,y) \end{cases} \tag{9-77}$$

理论分析表明上述两种方法虽然做法不一样，其原理是完全相同的。显然式（9-75）相关函数最大，等于式（9-76）中矩阵元素 c_{12} 最大。据数学定理，式（9-76）的特征行列式（其值总是大于 0）可表示为两个特征值乘积，而两特征值之和为矩阵的迹 θ 为常数，即（设 $\lambda_2 < \lambda_1$）

$$\lambda_1 \lambda_2 = c_{11} c_{22} - c_{12}^2 \tag{9-78}$$

$$\lambda_1 + \lambda_2 = \theta = \mathrm{constant} \tag{9-79}$$

由式（9-78）可知，c_{12} 越大，行列式越小，所以我们的第一个结论是：寻找最大相关函数等价于寻找最小行列式。

由式（9-79）可知，寻找最小特征值等价于寻找最大特征值。所以我们的第二个结论是：最小特征值法等同于最大特征值法。又因为

$$\lambda_{1,2} = \frac{\theta \pm \sqrt{\theta^2 - 4(c_{11} c_{22} - c_{12}^2)}}{2} \tag{9-80}$$

所以 c_{12} 越大，λ_2 越小（λ_1 越大），所以我们的第三个结论是：寻找最小特征值等价于寻找最大相关函数。

实际上根据特征值方法，还可以派生出各种方法。另外需要说明的是，上述两种方法不光可以用于 ScS 的分裂研究，同样适用于 SKS 等其他剪切波的分裂，但 SKS 有其独特性，使用 9.3 节的方法效果更好些。

9.6　OBS 各向异性研究实例

南海西南次海盆是海底扩张形成的小洋盆，向北东方向呈喇叭形张开，其中央是中南-长龙海山链和具有较厚沉积的裂谷，显示了慢速扩张洋脊的特征。磁异常条带显示海

底扩张年代为 23～16 Ma（Briais *et al.*，1993，Sun *et al.*，2009），海山链分布显示了扩张后一定程度的岩浆活动。对海山区拖网采样获得的玄武岩样品的年代分析表明，海山的年龄在 14～3.5 Ma（Yan *et al.*，2006；王叶剑等，2009），说明扩张停止后岩浆活动没有即时停止，因此，推测扩张轴下面可能有残余岩浆房或特殊构造。

2010 年 12 月～2011 年 3 月开展了 3-D OBS 台阵人工震源探测，恶劣的天气给探测工作造成了极大的困难，导致整个调查持续了近 4 个月的时间。获得额外的好处是宽频带 OBS 记录了全球发生的天然地震较多，特别是 2011 年 3 月 11 日日本仙台以东海域发生的 M_s9.0 大地震。8 台国产 I-4C 型宽频带 OBS，回收了 7 台，4 台位于裂谷的西北侧，3 台位于裂谷的东南侧。表 9-1 给出了 OBS 台站坐标。共记录 M_s 6.0～6.9 地震 93 个，M_s 7.0 以上地震 10 个（表 9-2），表 9-5 给出了 M_s 7.0 以上地震震中距和反方位角。具有特别意义的是多台宽频带 OBS 很好地记录了 2011 年 3 月 11 日日本仙台以东海域发生的 M_s 9.0 大地震，图 9-21 为 OBS06 台站的记录，震中距 34.93°，反方位角 39.82°，P 波走时 6'53.95"，S 波走时 12'22.22"。另外还识别出了 ScS 等震相。下面介绍利用 ScS 分裂现象开展各向异性的结果（Ruan *et al.*，2012）。

表 9-5　OBS 各台站相对 M_s 7.0 以上地震的震中距及反方位角

地震编号		1	2	3	4	5	6	7	8	9	10
OBS06	震中距/（°）	30.33	61.98	166.54	154.18	62.84	49.31	35.31	34.93	32.90	36.20
	反方位角/（°）	59.32	121.09	188.90	165.54	121.76	296.44	40.01	39.82	41.61	41.92
OBS07	震中距/（°）	30.23	61.93	166.60	154.21	62.79	49.36	35.21	34.83	32.81	36.10
	反方位角/（°）	59.34	121.16	188.60	165.37	121.83	296.38	39.98	39.78	41.58	41.90
OBS08	震中距/（°）	30.14	61.89	166.66	154.24	62.76	49.40	35.13	34.75	32.72	36.02
	反方位角/（°）	59.36	121.22	188.34	165.21	121.88	296.34	39.97	39.77	41.57	41.88
OBS11	震中距/（°）	29.96	61.74	166.72	154.22	62.60	49.57	34.98	34.60	32.57	35.86
	反方位角/（°）	59.28	121.34	187.57	164.84	122.00	296.29	39.82	39.62	41.41	41.75
OBS34	震中距/（°）	30.20	61.52	166.27	153.79	62.38	49.75	35.33	34.96	32.92	36.21
	反方位角/（°）	58.63	121.12	187.4	165.11	121.79	296.63	39.43	39.23	40.97	41.36
OBS35	震中距/（°）	30.29	61.56	166.21	153.76	62.42	49.71	35.42	35.08	33.00	36.30
	反方位角/（°）	58.60	121.06	187.66	165.27	121.73	296.68	39.45	39.25	40.99	41.37
OBS36	震中距/（°）	30.29	61.43	166.11	153.63	62.82	49.83	35.46	35.08	33.04	36.33
	反方位角/（°）	58.39	121.05	187.31	165.20	122.16	296.75	39.29	39.08	40.80	41.21

从天然地震观测共记录 M_s 7.0 以上大地震 10 次（表 9-2）中遴选出 4 次地震的核幔边界反射波 ScS 并采用旋转相关法进行 ScS 波各向异性反演。旋转相关法是对经过旋转后重新投影而分解的两个水平分量波列进行时间延迟校正和相关分析，将相关性最大时对应的旋转方向和时间延迟作为反演结果，并进而根据时间延迟结合其他资料估算各向异性厚度和强度。具体做法是将两个水平分量分解为南北（Y 分量）和东西（X 分量），然后相对正北方向顺时针以步长 $\Delta\varphi = 2°$ 在 0°～180°范围内旋转，得到两个新的分量：

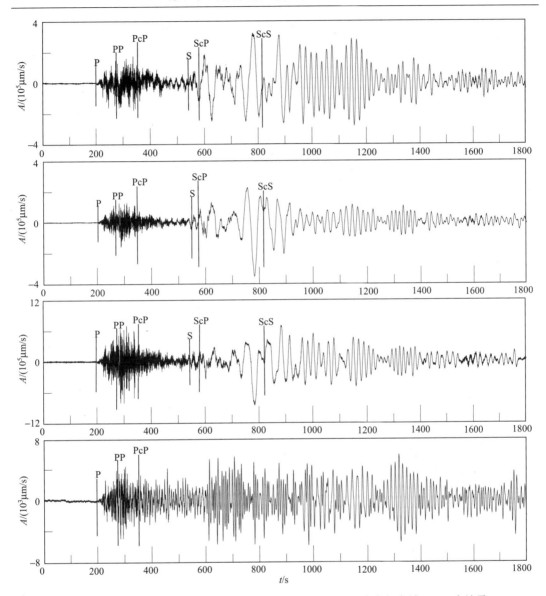

图 9-21　宽频带 OBS06 台站记录的 2011 年 3 月 11 日日本东部海域 $M_s9.0$ 大地震

从上到下依次为两个水平分量、垂直分量和水听器记录

$$S_1 = Y\cos\varphi + X\sin\varphi$$
$$S_2 = -Y\sin\varphi + X\cos\varphi \tag{9-81}$$

对于每一个旋转角度，以时间步长 $\Delta\tau = 0.08$ s 在 $-2.4 \sim 2.4$ s 范围内变化时间延迟 τ，求两水平波列的相关函数：

$$C(\varphi,\tau) = \int_{t_1}^{t_2} S_1(t)S_2(t+\tau)\mathrm{d}t \tag{9-82}$$

式中，t_1 和 t_2 为所选定的参加计算的数据起点和终点。需要说明的是，由于或多或少地存在一些干扰，所以在计算前应对记录进行滤波处理。

　　最终反演结果列于表 9-6，除了没有记录数据或不收敛外，可以看出大多数解是稳定的，快波方向为 56°～60°，时间延迟 0.8～1.04 s。但也出现了偏差较大的解，原因可能有三个方面：一是原始记录中干扰的影响带有随机性，所以各次的记录质量存在差异；二是地震的定位误差造成震中距和走时计算的细小误差，使得所选取的计算 ScS 的起始时间不准确；三是地震本身造成的，如震源深度不同，在震中距相同时，S 波在核幔的反射点实际是不一样的。当然还有其他原因，包括射线路径上的方位非均匀性差异及面波的干扰等。

表 9-6　ScS 波各向异性反演结果

地震事件编号	1	2	5	8	11
反演参数	$\phi/\delta t$	$\phi/\delta t$	$\phi/\delta t$	$\phi/\delta t$	$\phi/\delta t$
OBS06	56/0.8	40/1.04	58/0.8	56/0.88	56/0.8
OBS07	28/0.8	58/1.04	58/0.64	无数据	60/0.8
OBS08	无效	62/0.96	无数据	无数据	无数据
OBS11	56/0.8	无数据	无数据	无数据	无数据
OBS34	60/1.04	60/0.96	40/0.96	无数据	55/0.96
OBS35	76/0.8	16/0.88	无数据	58/0.8	无数据
OBS36	58/1.04	58/0.8	58/0.96	无数据	56/0.8

注：φ 为快波偏振方向（正北顺时针）（°），δt 为快慢波时间延迟（s）

　　为了对反演结果进行评估，本节做了三方面的分析（以 OBS06 台站事件 1 为例）。一是考察反演前后两水平分量的波形。可以看出，两个原始波波形由于没有将快慢波分离，所以两者不存在一致性［图 9-22（a）］，而反演校正后两列波基本一致［图 9-22（c）］。二是考察反演前后的运动轨迹，可以看出，校正以后的运动轨迹明显呈线性状态［图 9-22（d）］，而原始轨迹较乱［图 9-22（b）］。三是分析相关函数等值线的稳定性，等值线图中收敛圆的中点对应最大相关函数，其坐标读数就是各向异性的参数［图 9-22（e）］。与此类似，图 9-23 和图 9-24 分别给出了 OBS06 台站事件 8 和 OBS35 台站事件 8（日本大地震）的各向异性反演结果，可以看出结果是比较稳定的，快波方向约 58°，等值线图同时也指示出慢波方向约 145°（时间延迟为负值）。

　　根据经验，震源越深 ScS 波的可靠性越好，为此增选了一次震源深 527 km 的 M_S 6.5 地震（事件 11）进行了反演。该地震相对 OBS06 台站距离 27.20°，反方位角 56.44°，其反演结果与上述 M_S 7.0 以上地震相同（表 9-6，图 9-25）。根据这些结果，我们确定西南次海盆长龙海山链扩张脊快 S 波偏振方向约为 N58°E，平行于扩张脊走向，时间延迟约 0.9 s；慢波方向约 S35°E（时间延迟为负值），垂直于扩张脊。

　　南海的应力场比较复杂，动力来源多。重力资料反演结果表明，南海南部下地幔流方向为南东向（王启玲等，1987）。GPS 测量表明主要应力背景是华南块体的东南向运动。面波反演研究表明南海岩石圈应力场基本特征是西北部为近东西向拉张；中部浅层为南北拉张，深部为东西向拉张；南部以东西向拉张为主（郑月军等，2004）。另外，

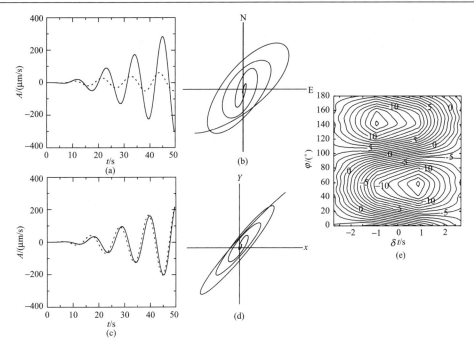

图 9-22　OBS06 台站事件 1 的反演结果分析

（a）反演前两水平分量波形；（b）反演前轨迹图；（c）反演后两水平分量波形；（d）反演后轨迹图；
（e）相关函数等值线图

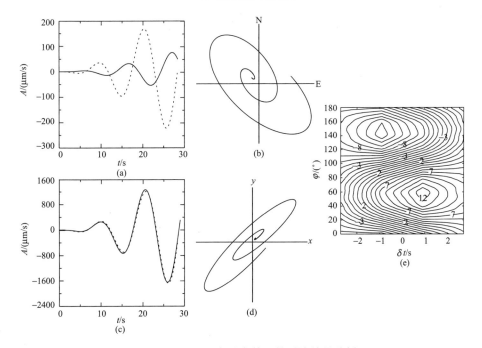

图 9-23　OBS06 台站事件 8 的反演结果分析

（a）反演前两水平分量波形；（b）反演前轨迹图；（c）反演后两水平分量波形；（d）反演后轨迹图；
（e）相关函数等值线图

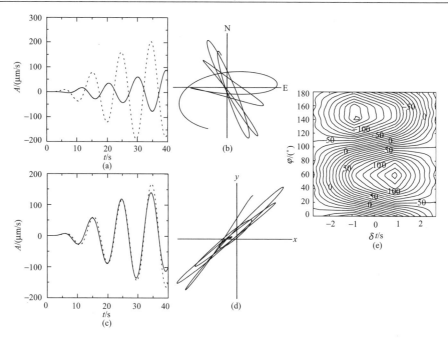

图 9-24　OBS35 台站事件 8 的反演结果分析

（a）反演前两水平分量波形；（b）反演前轨迹图；（c）反演后两水平分量波形；（d）反演后轨迹图；

（e）相关函数等值线图

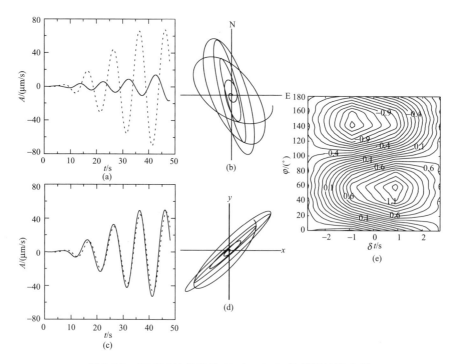

图 9-25　OBS06 站位事件 11（$Ms6.5$）的反演结果分析

（a）反演前两水平分量波形；（b）反演前轨迹图；（c）反演后两水平分量波形；（d）反演后轨迹图；

（e）相关函数等值线图

数值模拟等研究也给出了不同的结果。利用 S 波分裂现象是解决这一问题的好办法，其精细度远高于面波和重力等方法，S 波各向异性是由应变导致的橄榄石晶格的优势排列，最大张应力方向对应快 S 波的偏振方向，而这种应变是由上地幔或岩石圈物质的运动造成的。

　　OBS 数据研究结果（Ruan *et al.*，2012）表明，快 S 偏振方向为 N58°E 并与扩张脊平行，验证了前人关于南海海盆海底扩张是由中央海盆向西南海盆发展的说法，因为这种沿扩张轴的线性张裂造成的橄榄石晶格的优势排列是平行于扩张轴的。结合慢波方向 S35°E 垂直于扩张轴，说明西南次海盆停止扩张的洋脊处于应力挤压状态，反映了南海南部边缘的碰撞格局和洋脊停止扩张的动力学原因。

参 考 文 献

陈九辉, 刘启元. 1999. 合成三维横向非均匀介质远震体波接收函数的 Maslov 方法. 地球物理学报, 42(1): 84-93.

陈雪, 林进峰. 1997. 南海中央海盆岩石圈厚度和地壳年代的初步分析. 海洋学报, 19(2): 71-84.

高原, 郑斯华. 1994. 唐山地区剪切波分裂研究(Ⅱ)——相关函数分析方法. 中国地震, 10(增刊): 22-32.

胡昊, 阮爱国, 游庆瑜等. 2016. 海底地震仪远震记录接收函数反演——以南海西南次海盆为例. 地球物理学报, 59(4): 1426-1434.

刘启元, Kind R. 2004. 分离三分量远震接收函数的多道最大或然性反褶积方法. 地震地质, 26(3): 416-425.

刘启元, Kind R, 李顺成等. 1996. 接收函数复谱比的最大或然性估计及非线性反演. 地球物理学报, 39(4): 502-513.

王启玲, 刘祖惠, 黄慈流等. 1987. 南海及其围区壳下地漫流应力场和陆缘扩张. 热带海洋, 6(4): 19-27.

王叶剑, 韩喜球, 罗照华等. 2008. 晚中新世南海珍贝-黄岩海山岩浆活动及其演化: 岩石地球化学和年代学证据. 见: 金翔龙, 秦蕴珊, 朱日祥等编. 中国地质地球物理研究进展——庆贺刘光鼎院士八十华诞. 北京: 海洋出版社. 658-668.

王叶剑, 韩喜球, 罗照华等. 2009. 晚中新世南海珍贝-黄岩海山岩浆活动及其演化: 岩石地球化学和年代学证据. 海洋学报, 31(4): 93-102.

吴庆举, 曾融生. 1998. 用宽频带远震接收函数研究青藏高原的地壳结构. 地球物理学报, 41: 669-679.

吴庆举, 田小波, 张乃铃等. 2003. 计算台站接收函数的最大熵谱反褶积方法. 地震学报, 25(4): 382-389.

吴庆举, 李永华, 张瑞青等. 2007. 用多道反褶积方法测定台站接收函数. 地球物理学报, 50: 791-796.

姚伯初. 1998. 南海海盆海底扩张年代之探讨. 南海地质研究, 10: 23-33.

张健, 施小斌. 2008. 南海岩石圈热-流变结构及其张裂动力学过程的数值模拟. 见: 李家彪. 中国边缘海形成演化与资源效应. 北京: 海洋出版社, 283-299.

张洁. 2013. 南海西南次海盆海底地震探测及其地壳速度结构. 国家海洋局第二海洋研究所硕士学位论文.

郑月军, 黄忠贤, 彭艳菊. 2004. 中国边缘海上地幔各向异性及其构造意义. 见: 李家彪, 高抒. 中国边缘海海盆演化与资源效应. 北京: 海洋出版社, 3-8.

周蕙兰, 杨毅. 2003. 接收函数反演上地幔速度结构和间断面的剥壳遗传算法. 地球物理学报, 46(3): 382-389.

邹最红, 陈晓非. 2003. 利用 SV 分量接收函数反演地壳横波速度结构. 地震学报, 25(1): 15-23.

Ammon C J, Randall G, Zandt G. 1990. On the nonuniqueness of receiver function inversions. Journal of

Geophysical Research: Solid Earth, 95(B10): 15303-15318.

Bamford D. 1973. Refraction data in western German—a time-term interpretation. Zeitschrift fur Geophysik, Ban, 39: 907-927.

Bamford D. 1976. Mozaic time-term analysis. Geophysical Journal Royal Astronomical Society, 44: 433-446.

Bina C R, Helffrich G R. 1994. Phase transition Clapeyron slopes and transition zone seismic discontinuity topography. Journal of Geophysical Research: Solid Earth, 99(B8): 15853-15860.

Bowman J R, Ando M. 1987. Shear-wave splitting in the upper-mantle wedge above the Tonga subduction zone. Geophysical Journal International, 88(1): 25-41.

Briais A, Patriat P, Tapponnier P. 1993. Updated interpretation of magnetic anomalies and seafloor spreading in the South China Sea: implications for the Tertiary tectonics of Southeast Asia. Journal of Geophysical Research: Solid Earth, 98(B4): 6299-6328.

Christensen U R. 1984. Heat transported by variable viscosity convection and implications for the Earth's thermal evolution. Physics of the Earth and Planetary Interiors, 35(4): 264-282.

Coleman R G. 1977. Ophiolites, Ancient Oceanic Lithosphere. New York: Springer-Verlag.

Crampin S, Bamford D. 1977. Inversion of P-wave velocity anisotropy. Geophysical Journal International, 49(1): 123-132.

Donoho D L. 1995. De-noising by soft-thresholding. IEEE Transactions on Information Theory, 41(3): 613-627.

Gao H, Zhou D, Qiu Y. 2009. Relationship between formation of Zhongyebei basin and spreading of southwest subbasin, South China Sea. Journal of Earth Science, 20(1): 66-76.

Gu Y J, Dziewonski A M, Agee C B. 1998. Global de-correlation of the topography of transition zone discontinuities. Earth and Planetary Science Letters, 157(1-2): 57-67.

Gurrola H, Minster J B, Owens T. 1994. The use of velocity spectrum for stacking receiver functions and imaging upper mantle discontinuities. Geophysical Journal International, 117(2): 427-440.

Helffrich G. 2000. Topography of the transition zone seismic discontinuities. Reviews of Geophysics, 38(1): 141-158.

Hess H H. 1964. Seismic anisotropy of the uppermost mantle under ocean. Nature, 203(4945): 629-631.

Ito E, Takahashi E. 1989. Postspinel transformations in the system Mg_2SiO_4-Fe_2SiO_4 and some geophysical implications. Journal of Geophysical Research: Solid Earth, 94(B4): 10637-10646.

Katsura T, Ito E. 1989. The system Mg_2SiO_4-Fe_2SiO_4 at high pressures and temperatures: precise determination of stabilities of olivine, modified spinel, and spinel. Journal of Geophysical Research: Solid Earth, 94(B11): 15663-15670.

Kennett B L N. 1979. Theoretical reflection seismograms for elastic media. Geophysical Prospecting, 27(2): 301-321.

Langston C A. 1979. Structure under Mount Rainer, Washington, inferred from teleseismic body waves. Journal of Geophysical Research: Solid Earth, 84(B9): 4749-4762.

Nicolas A C, Christensen N I. 1987. Formation of anisotropy in upper mantle peridotites-A review in composition, structure and dynamics of the lithosphere. In: Fuches K, Froidevaux C (eds.). Asthenosphere System Vol. 16. Washington DC: Am Geophys Un, 111-123.

Nicolas A C, Poirier J P. 1976. Crystalline Plasticity and Solid State Flow in Metamorphic Rocks. London: John Wiley and Sons, 111-123.

Owens T J, Crosson R S. 1988. Shallow structure effects on broadband teleseismic P waveforms. Bulletin of the Seismological Society of America, 78(1): 96-108.

Owens T J, Randall G, Taylor S R. 1984. Seismic evidence for an ancient rift beneath the umberland Plateau, Tennessee: A detailed analysis of broadband teleseismic P waveforms. Journal of Geophysical Research: Solid Earth, 89(B9): 7783-7796.

Phinney R A. 1964. Structure of the Earth's Crust from Spectral Behavior of Long-Period Body Waves. Journal of Geophysical Research, 69(14): 2997-3017.

Pichot T, Delescluse M, Chamot-Rooke N, et al. 2014. Deep crustal structure of the conjugate margins of the SW South China Sea from wide-angle refraction seismic data. Marine and Petroleum Geology, 58(3): 627-643.

Raitt R W, Shor Jr G G, Francis T G, Morris G B. 1969. Anisotropy of the Pacific mantle. Journal of Geophysical Research, 74(12): 3095-3109.

Ruan A G, Li J B, Lee C S, et al. 2012. Passive seismic experiment and ScS wave splitting in the southwestern subbasin of South China Sea. Chinese Science Bulletin, 57(25): 3381-3390.

Ruan A G, Hu H Li J B, et al. 2017. Crustal structure and mantle transition zone thickness beneath a hydrothermal vent at the ultra-slow spreading Southwest Indian Ridge (49°39'E)—A supplementary study based on passive seismic receiver functions Marine Geophysical Research. Marine Geophysical Research, 38(1-2): 39-46.

Sambridge M. 1999a. Geophysical inversion with a neighbourhood algorithm-Ⅰ. Searching a parameter space. Geophysical Journal International, 138(2): 479-494.

Sambridge M. 1999b. Geophysical inversion with a neighbourhood algorithm-Ⅱ. Appraising the ensemble. Geophysical Journal International, 138(3): 727-746.

Sambridge M. 2001. Finding acceptable models in nonlinear inverse problems using a neighbourhood algorithm. Inverse Problems, 17(3): 387.

Sambridge M, Mosegaard K. 2002. Monte Carlo methods in geophysical inverse problems. Reviews of Geophysics, 40(3): 1009.

Shibutani T, Sambridge M, Kennett B. 1996. Genetic algorithm inversion for receiver functions with application to crust and uppermost mantle structure beneath Eastern Australia. Geophysical Research Letter, 23(14): 1829-1832.

Silver P G, Chan W W. 1991. Shear wave splitting and subcontinental mantle Deformation. Journal of Geophysical Research: Solid Earth, 96(B10): 16429-16454.

Sun Z, Zhou D, Wu S M, et al. 2009. Patterns and dynamics of rifting on passive continental margin from shelf to slope of the Northern South China Sea: Evidence from 3D analogue modeling. Journal of Earth Science, 20(1): 137-146.

Tauzin B, Debayle E, Wittlinger G. 2008. The mantle transition zone as seen by global Pds phases: No clear evidence for a thin transition zone beneath hotspots. Journal of Geophysical Research Atmospheres, 113: 4177-4183.

Tselentis G A. 1990. Interstation surface wave attenuation by autoregressive deconvolution. PAGEOPH, 133: 429-446.

Vetter U, Minster J B. 1981. Pn velocity anisotropy in Southern Californin. Bulletin of the Seismological Society of America, 71(5): 1511-1530.

Vinnik L P, Farra V, Romanowicz B. 1989. Azimuthal Anisotropy in the earth from observations of SKS at Geoscope and NARS broadband station. Bulletin of the Seismological Society of America, 79(5):

1542-1558.

Willmore P L, Bancroft A M. 1960. The time-term approach of refraction seismology. Journal of Geophysical, 3: 419-432.

Yan P, Deng H, Liu H L, *et al*. 2006. The temporal and spatial distribution of volcanism in the South China Sea region. Journal of Asian Earth Sciences, 27(5): 647-659.

Zhang J, Xiong L P, Wang J Y. 2001. The characteristics and mechanism of geodynamic evolution of the south china sea. Chinese Journal of Geophysics, 44(5): 595-603.

Zhu L, Kanamori H. 2000. Moho depth variation in southern California from teleseismic receiver functions. Journal of Geophysical Research: Solid Earth, 105(B2): 2969-2980.